全国高职高专卫生部规划教材
供医疗美容技术专业用

美容化妆品

主　编　黄丽娃
副主编　李发胜　张春娜
编　者（以姓氏笔画为序）
王真子（大连医科大学）
刘　波（辽宁中医药大学职业技术学院）
李发胜（大连医科大学）
何秋星（广东药学院医药化工学院）
张春娜（江西宜春学院美容医学院）
高　媛（长春医学高等专科学校）
黄丽娃（长春医学高等专科学校）
程敏辉（黑龙江省卫生学校）

人民卫生出版社

图书在版编目（CIP）数据

美容化妆品/黄丽娃主编. —北京：人民卫生出版社，2010.6

ISBN 978-7-117-12936-7

Ⅰ.①美… Ⅱ.①黄… Ⅲ.①美容用化妆品-高等学校：技术学校-教材 Ⅳ.①TQ658.5

中国版本图书馆 CIP 数据核字(2010)第 079778 号

门户网：www.pmph.com 出版物查询、网上书店

卫人网：www.ipmph.com 护士、医师、药师、中医师、卫生资格考试培训

美容化妆品

主　　编：黄丽娃
出版发行：人民卫生出版社（中继线 010-59780011）
地　　址：北京市朝阳区潘家园南里 19 号
邮　　编：100021
E - mail：pmph @ pmph.com
购书热线：010-59787592　010-59787584　010-65264830
印　　刷：北京九州迅驰传媒文化有限公司
经　　销：新华书店
开　　本：787×1092　1/16　　**印张：**13
字　　数：316 千字
版　　次：2010 年 6 月第 1 版　　2025 年 1 月第 1 版第 18 次印刷
标准书号：ISBN 978-7-117-12936-7/R·12937
定　　价：21.00 元

出版说明

全国高职高专医疗美容技术专业卫生部规划教材于2009年3月启动编写，主干教材共13种。编写原则是以专业培养目标为导向，以职业技能培养为根本，力求体现高职高专教育的特色，内容以“必需、实用”为度，特别强调基本技能的培养，力求将相关内容写细、写透，使学生毕业后能独立、正确处理与专业相关的临床常见实际问题。

依据目前高职院校实际开设的课程以及课时数情况确定教材的种类及字数。为了增强学习效果，《美容人体解剖学》、《美容皮肤治疗技术》、《美容牙科技术》、《医疗美容技术》、《美容中医技术》、《美容医学造型艺术设计》教材配有视听内容丰富的光盘；《医学美学概论》、《美容人体解剖学》、《美容皮肤治疗技术》、《美容中医技术》、《美容化妆品》、《美容医学造型艺术设计》教材配有实训教程；《医疗美容技术》、《美容医学伦理学》教材配有学习指导及习题集。

教材的主编和编者是来自全国各地教学一线的专家学者。在卫生部教材办公室和全国高职高专相关医学类教材评审委员会的组织和指导下，对编写内容的科学性、适用性进行了反复的修改，对教材的体例和形式也进行了规范，以便于师生在教学中参考。

教材目录

医学美学概论	主　编	欧阳学平	副主编	段　渠　王诗晗
美容人体解剖学	主　编	王向义	副主编	章培军　王　岩
美容心理学	主　编	张渝成	副主编	李丽华　兰小彬
美容药物学	主　编	秦红兵	副主编	吴正平　张景云
美容外科学概论	主　编	黎　冻	副主编	顾劲松　吕金陵
美容皮肤治疗技术	主　编	边二堂	副主编	温树田　胡晓军
美容牙科技术	主　编	张秀华	副主编	张　蓉　于　江
医疗美容技术	主　编	裘名宜	副主编	陈嬡嬡　孙林潮
美容中医技术	主　编	刘　宁　聂　莉	副主编	江　琼　王德敬
美容化妆品	主　编	黄丽娃	副主编	李发胜　张春娜
美容医学造型艺术设计	主　编	于　江	副主编	张秀丽　奚晶晶
美容医学伦理学	主　编	奚　红	副主编	李春巧　刘月岩
美容营养学	主　编	晏志勇	副主编	柴茂山　徐　凤　李雪飞

前　　言

本教材系卫生部规划教材，由人民卫生出版社组织编写，作为医疗美容技术专业的教学用书。

美容化妆品是根据美容学技术、结合化妆品基本理论而新兴的一门综合性学科。本教材的编写以专业培养目标为导向，以职业技能的培养为根本，力求体现高职高专教育的特色，理论知识以“必需、实用”为度，强调基本技能的培养，列举了大量实用性强的化妆品配方及配制方法，做到学用结合，理论联系实际。

美容化妆品是以美容为目的，作用于皮肤、毛发表面的化工产品，包括各种用于化妆的膏、霜、粉、脂、液、水、气溶胶等。本教材共分为十三章。第一章为绪论，主要介绍了化妆品的定义、作用与分类、特性及发展简史。第二章、第三章介绍化妆品的基质原料和辅助原料。第四章至第十章着重介绍了清洁类、护肤类、彩妆类、特殊用途类、芳香类和发用类化妆品及美容面膜，这几章不但阐述了其主要成分及作用，还有其配方及制法，突出学用结合。第十一章是化妆品的选择和使用，介绍了选择化妆品的原则、如何合理选用和使用化妆品，以及化妆品引起的不良反应，具有较强的实用性。第十二章化妆品的生产设备及工艺，介绍了化妆品的生产设备与生产工艺及化妆品容器和包装。第十三章化妆品的卫生规范与质量控制，主要介绍了对化妆品管理的卫生规范与质量控制。

由于作者水平和经验有限，编写难免有不妥之处，恳请同行及读者提出批评指正。

黄丽娃

2010年3月31日

目　录

1 第一章 绪论

“爱美之心人皆有之”，人类对于美的追求是和人类的降生而同步的。有了人类，美就在有意无意之中诞生了，化妆品也在自然不自然之中产生了。

美容化妆品学是根据美容学技术、结合化妆品基本理论而新兴的一门综合性学科。

美容化妆品是以美容为目的，作用于皮肤、毛发表面的化工产品，包括各种用于化妆的膏、霜粉、脂、液、水、气溶胶等化工产品。

近年来，随着我国的日用化学工业迅速发展，美容化妆品行业也发展得非常迅速。化妆品的新原料、新技术、新工艺、新设备、新包装等不断推出，化妆品工业已经从单纯油与水结合的膏体状化妆品发展到与生物学、医学、美容学密切结合的新兴产业，并且化妆品“回归大自然”是一种发展趋势。

第一节　化妆品的定义

在《现代汉语词典》中，对化妆品的解释就是“脂粉、香水等化妆用的物品”，其作用主要是修饰。2007 年，我国卫生部《化妆品卫生规范》对化妆品的定义是：化妆品是指以涂搽、喷洒或者其他类似的方法，散布于人体表面任何部位(皮肤、毛发、指甲、口唇等)，以达到清洁、消除不良气味、护肤、美容和修饰目的的日用化学工业产品。2007 年 8 月 27 日国家质量监督检验检疫总局公布的《化妆品标识管理规定》中对化妆品的定义是：化妆品是指以涂抹、喷、洒或者其他类似方法，施于人体(皮肤、毛发、指趾甲、口唇齿等)，以达到清洁、保养、美化、修饰和改变外观，或者修正人体气味，保持良好状态为目的的产品。它包括膏霜、奶液、化妆水、面膜(护肤类)；香波、护发素、摩丝、发胶(发类用品)；洗面奶、浴液(清洁类)；牙膏(粉)、漱口液(口腔类用品)；香水、花露水、古龙水(芳香类)；防晒霜、祛斑霜、减肥霜等(特殊用途类)等。

目前国际上对化妆品没有统一的定义，对化妆品的解释也多种多样。例如美国对化妆品的定义是：以涂抹、撒布、喷洒或其他方法用于人体，使之清洁、美化、增加魅力或改变外貌，而不影响机体结构和功能的物品。日本对化妆品的定义是：为了清洁和美化身体、增加魅力、改变容貌、保护皮肤和头发，以涂搽、撒布或其他方法使用在身体，对人体作用缓和的制品。韩国对化妆品的定义是：用于人体清洁、美化、增加魅力，使人容貌变得靓丽；维持和提高皮肤、毛发健美；使用后对人体作用轻微的物品。

第二节　化妆品的作用与分类

一、化妆品的作用

化妆品对人体的作用必须缓和、安全、无毒、无副作用，并且主要以清洁、保护、美化为目的。因此，用于治疗的、具有药效活性的制品，日本等国称之为类医药品，中华人民共和国《化妆品卫生监督条例》中称之为“特殊用途化妆品”，如用于育发、染发、烫发、脱毛、美乳、健美、除臭、祛斑、防晒等目的的化妆品。1923年，哥伦比亚大学C. P. Wimmer概括化妆品的作用为：使皮肤感到舒适和避免皮肤病；遮盖某些缺陷；美化面容；使人清洁、整齐、增加神采。

应当指出，无论是化妆品或是特殊用途化妆品，都不同于医药用品，其使用目的在于清洁、保护和美化修饰方面，并不是为了达到影响人体构造和功能的目的。为方便起见，常将二者统称为化妆品。

化妆品的作用可概括为如下5方面：

1. 清洁作用　去除皮肤、毛发、口腔和牙齿上面的污垢，以及人体分泌与代谢过程中产生的不洁物质。如香皂、清洁霜、洗面奶、洗发香波、浴液等。

2. 保护作用　保护皮肤及毛发等处，使其滋润、柔软、光滑、富有弹性，以抵御寒风、烈日、紫外线辐射等的损害，增加分泌功能活力，防止皮肤皲裂、毛发枯断。如雪花膏、冷霜、润肤霜、奶液、润发油、发乳、护发素等。

3. 营养作用　补充皮肤及毛发营养，增加组织活力，保持皮肤角质层的含水量，减少皮肤皱纹，减缓皮肤衰老以及促进毛发生理功能，防止脱发。如人参霜、维生素霜、珍珠霜等各种营养霜、营养面膜、发乳等。

4. 美化作用　美化皮肤及毛发，使之增加魅力或散发香气。如粉底霜、粉饼、香粉、胭脂、唇膏、发胶、摩丝、眼影膏、眉笔、睫毛膏、香水等。

5. 特殊功能作用　预防或治疗皮肤及毛发、口腔和牙齿等部位影响外表功能的作用以及具有育发、染发、烫发、脱毛、美乳、美体、除臭、祛斑、防晒等作用。如祛斑霜、粉刺霜、美乳霜、减肥霜、脱毛膏、防晒霜、抑汗剂、祛臭剂、生发水、染发剂、烫发剂、痱子水、药物牙膏等。

二、化妆品的分类

由于化妆品的种类繁多，又不是单纯的化学制品，很难科学、规范地分类。世界各国分类方法不尽相同，有按产品使用目的和使用部位分类，也有按剂型分类，还有按生产工艺及配方特点分类以及按性别、年龄组分类等。目前国际上对化妆品也没有统一的分类方法，各种分类方法都有其优缺点。化妆品若按功能划分，大致可分以下7大类：清洁类、护肤类、粉饰类、护发类、芳香类、口腔类、特殊用途类等。

1. 清洁类　用于清除皮肤、毛发上的污垢。包括：香皂、清洁霜、洗面奶（摩丝、啫喱）、磨砂膏、去死皮膏（液、啫喱）、泡沫浴液、洗发香波、牙膏等。

2. 护肤类　用于保护、滋养皮肤。包括：冷霜、润肤霜、乳液、柔肤水、面膜。

3. 粉饰类　用于修饰、美化。包括：粉底、胭脂、眼影粉、唇彩、睫毛膏、指甲油。

4. 护发类 用于养护头发。包括:护发素、摩丝。

5. 芳香类 用于身体和毛发散发香味。包括:香水、香精、花露水、古龙水。

6. 口腔类 用于清洁口腔。包括:牙膏、牙粉、漱口液。

7. 特殊用途类 用于治疗、防晒、健美。包括:防晒霜、祛斑霜、丰乳霜、减肥霜、暗疮霜、染发剂、除皱霜。

第三节 化妆品的特性

化妆品是一类高附加值的知识密集型高技术精细化工产品,化妆品应具备以下特性:安全性、稳定性、功效性、使用性。

一、化妆品的安全性

化妆品的安全性是指无毒、无致畸、无致癌、无刺激、无致敏、无致突变。即化妆品在正常、合理和可预见的使用条件下,均不得对人体健康产生危害。为向消费者提供符合卫生要求的化妆品,保证化妆品的安全性,防止化妆品对人体近期和远期的危害,我国于1999年制定了《化妆品安全性评价程序和方法》。该程序和方法适用于在我国生产和销售的一切化妆品原料和化妆品产品。

1. 化妆品原料的安全性 化妆品原料的安全性直接影响化妆品产品的安全性。因此,必须严格加强控制,其中与安全性有关的原料主要是油脂、表面活性剂、粉剂、溶剂、保湿剂等。

(1) 油脂的安全性:油脂的安全性因品种及对象的不同而异。在通常情况下,刺激性较强的脂肪族化合物是:月桂醇、油醇、2-辛基十二烷醇、硬脂酸丁酯、十三酸乙酯等。中等刺激强度的脂肪族化合物是:油酸、十四酸异丙酯、棕榈酸异丙酯、椰子油等。刺激性较弱的脂肪族化合物是:蓖麻油、橄榄油、杏仁油、茶油、芝麻油、花生油、可可脂、大豆磷脂、凡士林、液体石蜡等。

(2) 表面活性剂的安全性:表面活性剂品种较多,就它们对皮肤及黏膜的刺激性而言,其顺序为:阳离子表面活性剂>阴离子表面活性剂>非离子型表面活性剂。

(3) 粉剂的安全性:粉剂有高岭土、滑石粉、钛白粉等,它们的安全性并不反映在使用于化妆品,而是存在于生产过程中产生的粉尘污染。

(4) 其他原料的安全性

1) 香料:香料中的一些品种有可能会引起接触性皮炎,可能产生过敏的香料有:杏仁油、桂皮油、丁香油、薄荷油、肉桂醇等。

2) 色素:色素中的一些品种也可引起皮肤过敏反应,如苯二胺类的氧化型染料会对皮肤产生过敏反应。

2. 提高化妆品安全性的方法

(1) 尽可能简化化妆品的组分。

(2) 科学合理地选用化妆品原料。

(3) 提高化妆品原料的纯度。

(4) 避免原料各组分配合时所产生的过敏增加作用。

(5) 加强化妆品安全性的检测。

(6) 提高化妆品生产中的安全性控制。

二、化妆品的稳定性

化妆品的稳定性是指在一段时间(保质期)内,化妆品在其储存、使用过程中,不发生变色、褪色、变味、污染、出现结晶等化学变化及分离、沉淀、凝聚、挥发、固化、软化、解裂等物理变化。化妆品如果出现这些变化,不仅会影响产品的外观,而且也可能影响产品的功能。绝大多数化妆品都是多组合的分散体系。如膏霜类是由油脂、蜡分散于水中的分散体系,它们往往是热力学的不稳定体系,即遇热易分解。所以化妆品的稳定性是相对的,对一般化妆品来说,要求化妆品具有 2～3 年的稳定期限即可,而并不要求也不可能是永久性稳定。

三、化妆品的功效性

化妆品的功效性是指化妆品产品功能作用及使用效果。在化妆品中加入活性制剂或具有某种疗效的药物制剂,具有育发、烫发、染发、脱毛、美乳、美体、除臭、祛斑、防晒等作用的化妆品为功效性化妆品,也称为特殊用途化妆品。这类化妆品除了具有护肤、美容的功能外,同时还兼具各种不同功能特点,如祛斑、防晒、除臭等。

功效性化妆品不仅要求美容,而且还同时注重疗效,要求化妆品在确保安全性的前提下,力求能促进皮肤细胞的新陈代谢,在保持皮肤生机、延缓皮肤衰老等方面取得效果。为此,目前化妆品中竞相添加各种营养物质,以期得到一定的疗效性。

四、化妆品的使用性

化妆品的使用性是指化妆品在使用过程中的感觉与感受。如“滋润、润滑、清爽、黏性、发泡性”等。由于年龄、皮肤、季节、目的不同,对化妆品的要求及使用感觉也不同。因此,应根据具体情况具体分析,选择适合自己、感觉舒适的化妆品。

第四节　化妆品的发展简史

化妆品的发展历史大致可分为下列四个阶段:第一阶段是使用天然的动植物油脂对皮肤作单纯的物理防护,即直接使用动植物或矿物来源的不经过化学处理的各类油脂。第二阶段是以油和水的乳化技术为基础的化妆品。第三阶段是添加各类动植物萃取精华的化妆品。例如从皂角、果酸、木瓜等天然植物或者从动物皮肉和内脏中提取的深海鱼蛋白和激素类等精华素加入到化妆品中。第四阶段是仿生化妆品和药物化妆品。仿生化妆品即采用生物技术制造与人体自身结构相仿并具有高亲和力的生物精华物质并复配到化妆品中,以补充、修复和调整细胞因子来达到抗衰老、修复受损皮肤等功效,这类化妆品代表了 21 世纪化妆品的发展方向。这些化妆品以生物工程制剂如神经酰胺和基因工程制剂如脱氧核糖核酸和表皮生长因子的参与为代表。药物化妆品即功效性化妆品,兼具治疗作用和美容效果,其种类繁多,如防晒产品、祛斑美白产品、减肥产品、丰胸产品、脱毛产品等。

一、中国化妆品的发展简史

早在远古时期，古人就利用自然界中丰富的植物和动物的脏器来提炼用于美容的化妆品。直至今日，在民间仍流传着直接用植物的茎叶来护肤、护发、护甲等方法。

化妆品在我国具有悠久的历史。在还没有“化妆”这个术语的时候，我们的祖先就已在身上涂上各种颜色，这就是我国最初的化妆。据文献记载，殷纣时代已有燕支（胭脂），即用燕地红兰花叶捣烂取汁，凝作脂来饰面。春秋时，已开始用白粉敷面，用青黑颜料画眉。古人还把上等好米磨成粉，用于敷面、美容。米粉分为红、白两种，红粉是用白米染制而成的。汉代时，妇女即以白米粉敷面，染红米粉着颊。汉代在文字上出现了“妆饰”、“扮妆”等词语。随着美容的普及，化妆品也随之进一步发展。《毛诗疏注》中说：“兰，香草也。汉宫种之可著粉。”这不难看出当时已有能制作化妆用的粉，而且已经有了专门从事制作化妆品的人。

随着生产力的不断发展，人类对美容的探索和追求也在不断发展和提高。唐代由于社会安定、经济繁荣，人们对美容有了更高的要求，对皮肤的装扮从形式到内容也在逐步完善。人们已不再单纯地注重美容化妆术，而是向养颜护肤和调整生理功能方面发展。一些医学家常常用可以入药的植物和动物的某些组织为原料，按比例配成药物，长期使用，收到了良好的预防和治疗效果。唐代大医学家孙思邈编撰的《千金复方》明确提出了治疗面疮、雀斑、润泽肌肤的美容方 80 余个。唐代女皇武则天，80 岁高龄时仍然保持着青春般的容颜而不显衰老，《新唐书》上说她“虽春秋高，善自涂泽，虽左右不悟其衰。”而武则天所用的美容秘方在药典《新修本草》上也有记录，其方法是：五月初五采益母全草，不能带土，晒干后捣成细粉过筛，然后加面粉和水，调好后，捏成如鸡蛋大药团，再晒干，用黄泥做一个炉子，四旁开窍，上下放木炭，药团放中间，大火烧一顿饭时间后，改用文火再烧一昼夜，取出凉透，细研过筛，放入干燥的瓷皿中，用时再加十分之一的滑石粉、百分之一的胭脂，调匀、研细，沐浴或洗面、洗手时，用药末擦洗。此方又名“神仙玉女粉”。

唐代还用美容药品制成面膜，如珍珠、白术、人参等，将其研制成粉，并配以上等藕粉等一起调和制成面膜，这类面膜不但可以使皮肤白嫩光泽而富有弹性，还可以将毛孔深处的污垢、油脂及死细胞清除。

到了宋代，人们同样注重皮肤的养护，并沿袭和发展了唐代以来的美容秘方。中外文化的交流、各种书籍的发展，其中记载了不少美容方剂，如《太平圣剂方》中包括了“治粉刺诸方”、“治黑痣诸方”、“治狐臭诸方”等。史载，南宋时杭州成为化妆品生产重要基地，“杭粉”已久负脂粉品牌的盛名。

明代，李时珍将医学和养生学紧密结合，编写出《本草纲目》，书中记载了 700 多个既是药物又是食物，既营养肌肤又美容养颜的验方，有外用和内服的。所用之药大多数根据皮肤反映出来的现象，或从内部调理，或从外部加以润泽、保护，很科学而且很少有副作用。如“冬瓜瓤美容方”，用新鲜冬瓜瓤擦拭颜面及全身，可使皮肤光泽白润。

清代宫廷的美容方法是在各代养颜护肤的基础上，对美容药物和方法进行了筛选和补充，同时比较注重饮食营养，形成了一套系列化的美颜健体的独特方法。清代慈禧太后常用的美容秘方在《慈禧光绪医方选仪》有著，即：绿豆粉六份，山柰四份，白附子四份，白僵蚕四份，冰片两份，麝香一份，研成细末，过细目罗，对胰皂 124 克搅匀后方可使用。

胰子乃古代的一种洗涤用品，在制作“澡豆”的工艺基础上，在猪胰研磨过程中加入砂糖，并以纯碱代替豆粉，再加入熔融后的猪油和香料等，均匀后压制成球或块状即成。其化学组成与现在的香皂近似。我国东北和华北主要使用胰子。清末北京有胰子店 70 多家，新的肥皂工业兴起后，才逐渐取代了胰子。直至 20 世纪 50 年代，北京前门外还保留有和香楼、花汉冲等老胰子店。

由于我国长期处在封建势力的统治下，生产技术十分落后，化妆品的生产长期处于"小作坊"式的生产状态。1840 年鸦片战争以后，由于资本主义国家对中国的经济侵略，外国的化妆品开始流进中国市场，直到 20 世纪初，在上海、云南、四川等地出现了一些专门生产雪花膏的小型化妆品厂。最早创办的是扬州"谢馥春"化妆品作坊，始创于 1830 年，是国内化妆品工业的先驱。杭州市"孔凤春"化妆品作坊始创于 1862 年。1898 年千里行在香港建厂，开始生产花露水，以后又在广州、上海、营口建厂生产雪花膏。1911 年中国化学工业在上海建厂，即目前上海牙膏厂的前身。

建国以后，各地相继建起一些化妆品厂。1956 年我国有化妆品厂 288 家。但由于我国人民长期受封建社会的影响，化妆品在一般人的概念中是一种奢侈品，加之人民生活水平低，使化妆品的发展十分缓慢。20 世纪 80 年代后，我国的日用化学工业迅速发展。目前正式注册的化妆品企业有 3000 多家，生产的化妆品种目繁多。从洁肤、护肤、美发、护发、美甲、美体到功能性化妆品，抗衰老化妆品，美白化妆品，祛斑化妆品，防晒化妆品等，应有尽有。进入 21 世纪，人们预测化妆品将是生物化妆品时代。化妆品的研究课题为：抗皮肤衰老化妆品，高安全性、高效防晒化妆品，深层保湿化妆品，清除自由基的新材料，加速表皮角质层代谢更新，在减少黑色素细胞情况下产生的美白效果等。

二、国外化妆品的发展简史

最早有意识使用化妆品来装饰个人的是埃及人。在古埃及，人们为防止热和干燥的侵扰，常用动物油脂涂抹皮肤，同时还在眼圈上下染上绿、蓝等颜色的染料，可预防沙眼和飞虫侵入。据研究，古埃及人眼睛上的颜料主要成分是孔雀石，具有杀毒的作用。他们还从印度北部和阿拉伯南部运来大量芳香性香胶树脂、植物根部以及树皮等，制造香水和化妆品。埃及人还建立了一种沐浴系统，沐浴后用香油、香水或油膏来滋润皮肤，达到护肤的目的。

在古希腊，人们最早用烟黑(灰)涂抹眉毛，从指甲花(凤仙花)里萃取红色染料涂在嘴唇和脸颊。到了公元前 460 年～公元 146 年，他们大量地使用香水及化妆品，用白铅制成脸部化妆的配方，眼部涂锑粉，面颊及唇则涂抹朱砂。

古罗马人继承了许多希腊人的习惯，他们同样也很喜欢使用香料及化妆品。妇女们把从植物中提取的香水滴入洗澡水中，并用浸透这种香液的海绵来擦洗身体。沐浴后抹用大量油脂以及其配方的护肤品来保持肌肤的健康、漂亮。

在中世纪时期(约公元 476 年～1450 年)，人们对发型、皮肤保养都很注意，并大量使用化妆品。中世纪的人们并非每天都洗澡，但富裕人家则经常使用香油，并喜欢在面颊及唇涂抹色彩丰富的化妆品。

在英王伊丽莎白一世时期(公元 1558 年～1603 年)非常流行敷面膏，面膏的成分为粉状蛋壳、明矾、硼砂、杏仁及罂粟的籽粒(制鸦片的材料)，像牛乳、牛油、水果、蔬菜也常被用作化妆原料。

18 世纪初叶，流行脸上涂抹各色香粉，用牛奶洗澡，用葡萄汁或柠檬汁涂搽皮肤或按摩皮肤，以达到增白肤色、保养肌肤的效果。当时欧洲的贵妇人使用的口红和香粉是掺用铅丹、锡、硫黄和汞等化学药品制作而成的。长期浓妆艳抹，反而会使皮肤变硬，皱纹增多。欧洲的贵妇人为了美容，反而衰老得更早更快。

在19世纪，英国维多利亚女王时代(公元1837年～1901年)历史上被认为是最苛刻、最朴素的时代。人们很少用化妆品，妇女宁愿用手捏面颊及嘴唇来造成自然的颜色，也不使用唇膏、胭脂等有色彩的化妆品。

到了近代，由于科学技术的进步，化妆品的品种已经十分繁多，许多化妆品含有保护皮肤的营养素如维生素、蛋白质等。人们可以根据本身皮肤的特性来选用各种不同的化妆品。20世纪70年代，许多化妆品、保养品纷纷上市，人们开始针对自己的特点而采用最适合自身的美容方式。现在，随着各国美容界的频繁技术交流，现代人对皮肤的科学保养方法及化妆品的正确使用方法有了更多的认识。化妆品的新原料、新技术、新工艺、新设备、新包装等不断推出，化妆品工业已经从单纯油与水结合的膏体状化妆品发展到与生物学、医学、美容学密切结合的新兴产业，并且化妆品“回归大自然”是一种发展趋势。

三、化妆品的发展趋势

美容化妆品既是一个科技产业也是一种现代文化，美容化妆品科技是多种学科的结晶。随着精细化工、生物科学、材料科学的飞速发展，细胞科学在皮肤医学中的深入，使美容化妆品向深度和广度进展。科技发展永无止境，化妆品行业的发展也不会停止，纳米技术、生物技术在化妆品产业中的应用以及回归自然，使用天然化妆品将是今后化妆品发展的方向。

1982年扫描隧道显微镜发明后，便诞生了一门以0.1～100nm长度为研究分子的技术，它的最终目标是直接以原子或分子来构造具有特定功能的产品。同样，纳米技术因具有彻底改变物质生产方式的巨大潜能，有可能在新世纪引发一场新的美容化妆品产业的技术革命。例如在化妆品原料的研究与生产方面，由于采用了纳米技术，也可将活性物质包裹在直径仅为几十纳米的超微粒中(脂质体包裹技术)，从而使活性物质得到有效的保护，并且还可有效控制其释放的速度，延长释放时间。用纳米技术加工中草药能使某些中草药中的有效成分产生意想不到的治疗效果，有报道用纳米技术使中药花粉破壁后，不仅皮肤吸收好，而且其保健功效大大增加。

采用纳米技术研制的化妆品，其独到之处在于，它是将化妆品中最具功效的成分特殊处理成纳米级这种极其微小的结构，顺利渗透到皮肤内层，事半功倍地发挥护肤、疗肤效果。

随着生物医学技术的发展，人工重组生物工程的突破，生物细胞因子广泛地应用于美容化妆品，使得美容修复的概念真正在美容护肤中提倡起来。科学家们利用DNA重组技术将人的某种蛋白质基因切割下来，组装到细菌中，让人的基因在细菌中按指令合成人的某种蛋白，获得具有生物效应的生物细胞因子，如：EGF、bFGF、aFGF、TGF-β、白介素、干扰素等，并将这些高效生物因子添加到化妆品中。因此，这类化妆品与传统化妆品有着极大的不同，它是在分子水平上对受损细胞进行修复和调整，改善或更新其组织和代谢等功能，如促进皮肤细胞的生长，预防皮肤受到各种损伤，调节细胞中色素的平衡等，再创建皮肤的最佳结构和状态，从根本上达到保健皮肤、延缓衰老的目的，从而开创了美容化妆品研发的新卖点。

随着基因组研究中对“青春基因”功能了解的深入，许多疾病包括人体衰老都可以在分子水平上得到治疗。现在基因工程技术已开始影响人类的美容保健,国际上已有十多种基因工程产品用于美容目的,如神经生长因子(NGF)用于健身塑形;表皮生长因子(EGF)用来治疗皮肤缺损;转化生长因子-α(TGF-α)已试用于整形外科;而在中国美容界,成纤维细胞生长因子(FGF)早已被广泛应用于换肤后修复。

(黄丽娃)

2 第二章

化妆品基质原料

化妆品的各种特性和质量除了与配制技术及生产设备等有密切关系外，还主要取决于化妆品的原料。只有掌握了原料的结构、性能、特点，才能正确、灵活运用各类原料，制造出各种新颖的产品。

化妆品的原料非常广泛，凡是对施于人体表面任何部位（皮肤、毛发、指甲、口唇黏膜等）有清洁、保护、滋养、疗效、美化、修饰等作用，或为便于化妆品配制而添加的物料以及为提高产品品质而添加的物料，均称为化妆品原料。根据化妆品原料的用途与性能，可分为基质原料和辅助原料。基质原料是构成化妆品基体的物质原料，在化妆品配方中占有较大的比重，体现化妆品的主要性质和功能。主要有油脂和蜡类原料、粉质原料和溶剂类原料。

第一节　油脂和蜡类原料

油脂和蜡类是用于化妆品的油性物质的总称，是化妆品的主要基质原料。

油脂广泛存在于天然的动植物界，其主要成分是脂肪酸三甘油酯（简称三酰甘油）。油脂用作化妆品原料时，对皮肤作用缓和。其功能主要有：使皮肤细胞柔软，增加其吸收力；在皮肤表面形成疏水薄膜，能抑制表皮水分的蒸发，防止皮肤干燥、粗糙；涂布于皮肤表面能避免机械和药物引起的刺激，提供保护作用；能抑制皮肤炎症，促进剥落层的表皮形成。

蜡类是高碳脂肪酸与一元醇形成的酯类，其中还含有游离脂肪酸、游离醇、烃类、树脂等。蜡类原料的主要功能包括：作为固化剂提高制品的性能和稳定性等；提高液态油的熔点，赋予产品触变性，改善对皮肤的柔软效果；在皮肤表面形成疏水薄膜，抑制表皮水分的蒸发；赋予产品光泽，提高其商品价值；改善产品成型性，便于使用。

通常，在常温下呈液态的称为油，呈半固态的称为脂，呈固态的称为蜡。油脂和蜡类根据其来源可分为动植物油脂和蜡、矿物油脂和蜡、合成油脂和蜡。前两大类也称为天然油脂和蜡。根据其化学成分，还有脂肪酸、脂肪醇和酯等。

一、动植物油脂和蜡

1. 动植物油脂　由动植物组织中得到的油脂称为动植物油脂。油脂包括植物性油脂与动物性油脂。化妆品常用的植物性油脂主要有：橄榄油、蓖麻油、椰子油、棕榈油、茶籽油、杏仁油、月见草油、葡萄籽油、小麦胚芽油、玫瑰果油、可可脂、杏核油、棉籽油。动物性油脂主要有水貂油、蛇油、牛脂、海龟油等。与植物性油脂相比，动物性油脂色泽、气味等略差。

这些动植物油脂加氢后的产物称为硬化油。在化妆品中较常见的硬化油有：硬化椰子油、硬化牛脂、硬化蓖麻油、硬化大豆油等。下面将就常见的化妆品用动植物油脂进行介绍。

(1) 橄榄油：是从橄榄果中榨取出来的一种淡黄色透明液体，其脂肪酸的主要成分有：油酸82.5%、棕榈酸9%、亚油酸6%、硬脂酸2.3%和微量的肉豆蔻酸。橄榄油含有丰富的不饱和脂肪酸及维生素E，具有滋润、营养肤质，使皮肤光泽细腻而富有弹性，促进血液循环和肌肤新陈代谢，有助于减肥，减少皱纹，延缓皮肤衰老的作用。同时，橄榄油极易被皮肤吸收，清爽自然，无油腻感，是天然的美容佳品，被称为“可食护肤品”，尤其在防止秋冬皮肤干燥、皮肤瘙痒、祛除眼角皱纹、光洁皮肤、光亮秀发等方面，效果显著。

橄榄油主要用于润肤霜、抗皱霜、健肤油、按摩油、发油和护发素等化妆品；在口红中用作四溴荧光素的分散剂；此外也用于高级香皂和防晒油中。

(2) 蓖麻油：为大戟科植物蓖麻的成熟种子经榨取并精制而得，呈淡黄色黏稠状。主要含有蓖麻油酸(12-羟基-9-十八烯酸)87%，油酸7%，亚油酸3%，硬脂酸1%等。在蓖麻油的分子中含有羟基和双键，使它易溶于低碳醇而难溶于石油类溶剂，可与其体积一半的轻质石油溶剂混溶。蓖麻油的黏度比一般的油脂高得多，且受温度的影响较小。蓖麻油是美发化妆油和演员用化妆品的主要原料，特别适合制作口红，也可以制作化妆皂、膏霜和润发油等。蓖麻油的主要缺点是有不愉快的特殊气味，采用适当的处理方法和用香精掩盖，可以消除蓖麻油的气味，但存放一段时间后又会出现这种气味，特别是黏附在容器的螺纹处更容易产生这种气味。蓖麻油精炼后可消除这个缺点。

(3) 椰子油：为棕榈种植物椰子的胚乳，经碾碎烘蒸后榨取而得到的油；低温时为牛油样的固体，受热则变为白色液体。它具有特殊气味，新鲜时气味芬芳。椰子油是含低级脂肪酸较多的甘油酯，这些脂肪酸主要包括含有月桂酸44%～52%，肉豆蔻酸13%～19%，辛酸5%～9%，癸酸6%～10%，棕榈酸8%～11%，油酸5%～8%。椰子油对头发和皮肤略有刺激性，因此无法直接应用于乳膏或面霜等化妆品，但它是化妆品工业中很重要的间接原料。如椰子油和棉籽油混合半硬化后可用于乳膏类化妆品。

(4) 棕榈油：从油棕树上棕果的果肉压榨出的油称为棕榈油，而果仁压榨出的油称为棕榈仁油，这两种油脂的组成相差比较大，其中棕榈油主要含有棕榈酸和油酸；棕榈仁油主要含有月桂酸。棕榈油主要用于制造肥皂及香皂，精炼棕榈油可用于涂抹油和油膏制品。

(5) 茶籽油：又名山茶油、野山茶油、油茶籽油、茶树籽油，是由油茶的种子经浸出而制得，呈无色或淡黄色液体。茶籽油的脂肪酸成分为油酸、亚油酸、棕榈酸、硬脂酸、亚麻油酸、豆蔻酸等；茶籽油富含茶多酚、维生素E和类胡萝卜素等，因而具有较好的抗氧化能力，具有一定的清除皮肤过量的氧自由基的功效。茶籽油中还含有一定量的氨基酸，利于皮肤吸收，增加皮肤的营养，可用作香脂、膏霜、乳液的油基原料。

(6) 杏仁油：选用优质杏仁压榨而得到的高档营养油，在温度低至−10℃时仍可保持透明。其主要成分是油酸、亚油酸和亚麻酸。杏仁油为天然润肤用油，可应用于各类护肤、护发品以及彩妆中，使用后留下非常清爽而不油腻的感觉，使皮肤柔软，头发富有光泽。它的迅速铺展性尤其适用于浴油、护体油、眼部以及喉部用油。

(7) 月见草油：主要是来自月见草种子，经低温压榨而制得。天然的月见草油呈淡黄色，含月桂酸、肉豆蔻酸、棕榈酸、硬脂酸、花生素、辛酸等成分。月见草油约含有90%的不饱和脂肪酸如亚麻油酸，易被空气氧化而变质，因此，常添加少量的维生素 E 作为稳定品质的抗氧化剂。月见草油具有促进脂肪代谢、滋润皮肤及减肥等作用。

（8）葡萄籽油：是由精选的葡萄籽经低温压榨精制而得到的纯天然制品。葡萄籽油中含有人体必需的不饱和脂肪酸，丰富的维生素 E、A、D 等脂溶性维生素和各种微量元素，是一种不可多得的纯天然高营养油脂，具有清除体内自由基、纠正过敏体质的作用；葡萄籽油外用护肤，可经皮肤吸收，营养皮肤细胞，防止皮肤粗糙和角化，加速胶原蛋白的产生，使皮肤保持弹性；而且极为润滑清爽，无刺激性，是一种良好的天然护肤品，特别适宜儿童使用。

（9）小麦胚芽油：是以小麦胚芽为原料加工提纯而成。它属于亚油酸油种，含有丰富的不饱和脂肪酸，其中油酸、亚油酸总含量高达 70%，小麦胚芽油富含天然维生素 E，是含有β-生育酚的唯一油种，因而具有抗衰老、促进人体新陈代谢、增强体力、降低胆固醇、改善血液循环、增强人体免疫力的功能。小麦胚芽油作为天然营养剂，它具有增强体力、改善肌肉功能、提高反应灵敏性的作用。此外，还含有胆碱、植物胆固醇等营养物质和谷胱甘肽等多种微量元素，因其独特的生理功效而在欧美国家中被誉为"长寿维生素宝库"。在化妆品中可作为基础油或功效油使用，具有促进皮肤新陈代谢、减缓色素沉淀、保护皮肤水分、护肤美容、保持青春等作用。

（10）玫瑰果油：由压榨玫瑰籽的果实而得，大部分是从野生植物果实制取，呈金红色、黄色至深棕色。含丰富天然维生素 C、γ-亚麻油酸、蛋白质、矿物质。以治疮疤闻名，可平衡皮脂分泌，预防青春痘，使皮肤健康，能促进皮肤再生、抚平细纹，可使肌肤保持弹性与光泽。对于干燥、暗沉、有鳞裂隙的皮肤、瘢痕愈合、创伤、烧烫伤、晒伤、湿疹、牛皮癣、老化皮肤或干裂发质皆有极佳功效。对烧伤或者创伤后的皮肤，可预防伤痕的产生。

（11）棉籽油：棉籽油是棉花种植业的副产品，取自各类棉的种子，整粒棉籽含油质量分数为 15%～24%，棉仁含油质量分数为 30%～38%。棉籽油呈淡黄或黄色油状液体，其毛油有强烈的特殊气味，但精制棉籽油几乎无味。棉籽油略溶于乙醇，可溶于乙醚、三氯甲烷和轻质矿物油。相对密度为 0.916～0.918，折光率(25℃)为 1.468～1.472，碘值为 99～113，皂化值为 189～198，酸值不大于 0.5，不皂化物质量分数小于 1.5%。

棉籽油属于半干性油，精制棉籽油可代替杏仁油和橄榄油应用于化妆品，对皮肤刺激性小，有较好的润肤作用。

（12）可可脂：又称可可白脱，是从可可树果实内的可可仁中提取而制得，呈乳黄色。可可脂的主要成分为硬脂酸酯、月桂酸酯和棕榈酸酯等，可可脂除了具有浓重而优美的独特香味外，还具有相当坚实和脆裂的特性。可可脂中含有能防止变质的天然抗氧化剂，还可以作为天然抗氧剂作用。通常可可脂主要用于面膜、香油、化妆皂、医药油膏及栓剂。由于可可脂的熔点较低，接近体温，也可以应用于唇膏中，在唇膏中加入可可脂不但能降低体系的凝固点，还可以增加唇膏涂抹时的速溶性，可可脂在唇膏中的用量一般不超过 8%，过量则易起粉末而影响唇膏的光亮性，并有可能产生凹凸的感觉。

（13）杏核油：杏核油亦称桃仁油，取自杏树的干果仁。果仁含油质量分数为 40%～50%。杏核油为淡黄色油状液体，相似于杏仁油，具有不溶于水、易溶于乙醚的特性。杏核油较广泛地用于护肤制品，有助于赋予皮肤弹性和柔软度。由于其熔点低(＜－10℃)，寒冷气候下稳定性好，制品能保持透明。它是优质润肤剂，相对较干，没有油腻感，很润滑，有润湿剂作用，可以阻止水分通过表皮过分损失。另外，杏核油中维生素E的含量较高，可保护细胞膜，有延长循环系统中血液红细胞生存的功能。

（14）海龟油：是自海龟的皮和肉及生殖器官中提取得到的，经脱臭处理后可用作化妆品油性原料，它呈黄色半固体状油脂。海龟油的主要成分为不饱和脂肪酸的甘油酯类，并含有维生素A、D、F，海龟油对皮肤有很好的渗透性，且具有良好的收敛及润滑作用，可用作皮肤润滑剂、抗皱霜等，不会引起急性皮肤刺激和过敏，使用安全。

（15）水貂油：其脂肪酸组成是肉豆蔻酸4%，棕榈酸16%，棕榈油酸18%，硬脂酸2%，油酸42%，亚油酸18%。水貂油具有较好的吸收紫外线性能和优良的抗氧化性能，对热和氧稳定，不易变质。由于水貂油渗透性能良好，对人体皮肤有较好的亲和性，易于被人体吸收，用后滑润而不油腻，并使皮肤柔软和有弹性，对干性皮肤尤为适用，为优质的发油原料。目前，其用途已逐渐扩大到婴儿用油和各种膏霜类化妆品中。

（16）蛇油：由蟒蛇科动物蟒蛇的脂肪提纯精制而成，呈淡黄色油状液体。我国南方各省野生和饲养的蛇资源丰富，蛇油的应用也逐渐扩大。蛇油对皮肤皲裂有良好的治疗功效，可令皮肤产生平滑、凉爽的感觉，适用于护肤品和药用油膏。

（17）牛脂：取自食用牛的脂肪。呈白色软固体，有特殊臭味，可溶于乙醚和三氯甲烷。牛脂的脂肪酸组成为：肉豆蔻酸2%～8%，棕榈酸24%～37%，硬脂酸14%～29%，棕榈油酸2%～3%，油酸40%～50%。牛脂不直接应用于化妆品，与椰子油和猪油作为制皂的重要油脂原料。

2. 动植物蜡　动植物蜡是指由动植物组织中得到的蜡性物质。动植物蜡的种类较多。具有代表性的植物蜡主要有巴西棕榈蜡、小烛树蜡、米糠蜡和霍霍巴蜡等；动物蜡有抹香鲸油、蜂蜡、鲸蜡、虫蜡和羊毛脂等。

（1）巴西棕榈蜡：简称巴西蜡，是从南美巴西产的棕榈树干中浸取而得，粗品为黄色或灰褐色，精制品为白色或淡黄硬蜡状固体。熔点为66～82℃，是化妆品原料中硬度最高的一种，与蓖麻油的互溶性很好。它的主要成分为蜡酸蜂花醇酯，主要是由蜡酯、高碳醇、烃类和树脂状物质组成。巴西棕榈蜡广泛用于唇膏的制造，以增加其耐热性，并赋予光泽，还可用作睫毛膏等锭状化妆品。一般多与蜂蜡等调配使用，以提高其他蜡的熔点、硬度、坚韧性、光泽性。由于其熔点较高，因而将巴西棕榈蜡用于唇膏中有利于保持唇膏膏体在较高的熔点下依然具有良好的触变性能，但用量过多会使成品的组织有粒子感觉，一般不超过5%为宜。

（2）小烛树蜡：是从墨西哥北部、美国加利福尼亚州、得克萨斯州南部产的小烛树的茎中提取而得。其熔点为66～71℃，为淡黄色半透明或不透明固体。在小烛树蜡中烃类占50%～51%，与高碳脂肪酸和高碳一元醇合成的蜡质占28%～29%，另外是游离脂肪酸和高碳醇。小烛树蜡和巴西棕榈蜡一样，同蓖麻油的相溶性很好，多用作锭状化妆品的固化剂，尤其用作光泽剂。

（3）米糠蜡：多为棕褐色硬质固体，精制程度高的色泽为棕色，经脱色处理的精制蜡色泽为橘黄色至白色。米糠蜡是多种不同碳链长度的高级一元羧酸与高级一元伯醇所形成的酯类混合物。精制米糠蜡可代替川蜡及巴西棕榈蜡使用，可用作化妆品和医药用品。

（4）霍霍巴蜡：呈淡黄色油状液体，精炼的霍霍巴蜡为无色、无味透明液体。霍霍巴蜡中还含有丰富的复合维生素、游离植物甾醇及不可皂化物。霍霍巴蜡的酸值很低，冷或热的稳定性好，抗氧化性强，温度变化时黏度改变小。它容易被皮肤吸收，与皮脂能混溶，用后不留油腻感。它是很好的润肤剂，所形成的油膜与矿物油不同，可透过蒸发的水分，也能控制水分的损失。可用于各类护发、护肤、沐浴、防晒等化妆品。霍霍巴蜡用作化妆品油是十分安全的，不会产生粉刺，并能减轻牛皮癣的症状。

（5）鲸蜡：是由抹香鲸头部提取出来的油腻物经冷却和压榨而得到，呈白色固体，其精制品几乎无色无味，长期暴露于空气中易腐败。鲸蜡的主要成分为：棕榈酸十六酯、月桂酸和豆蔻酸等。棕榈酸十六酯极易乳化，故可用作膏霜类的油分和用于口红等锭状化妆品及需赋予光泽的乳液制品中。

（6）蜂蜡：又称蜜蜡，由蜜蜂腹部的蜡腺分泌而得到的淡黄色固体，是构成蜂巢的主要成分。其主要成分是蜡质 17%，游离脂肪酸 13%～15%，烃 10%～14%。蜂蜡可以和几乎所有的蜡类和油类配伍。由于蜜蜂的种类以及采蜜的花卉种类不同，其品质各异。根据蜂蜡的品质不同，可分为欧洲产和东亚产两大类。蜂蜡含有大量游离脂肪酸，经皂化可作为乳化剂。蜂蜡是制造香脂的原料，也是口红等美容化妆品的原料，其中以东亚产的蜂蜡较为适用。欧洲产的蜂蜡可作为油性膏霜类的油分，制备出色泽洁白的产品。此外，蜂蜡还具有抗细菌、抗真菌、愈合创伤的功能，因而近年来用它制造香波、洗发剂、高效去头屑洗发剂（治疗真菌引起的多头皮屑症）。

（7）虫蜡：又称白蜡、中国蜡、川蜡，系中国特产之一。早在 13 世纪，中国人已通过饲养白蜡虫用于生产虫蜡。呈白色或淡黄色固体；熔点 80～85℃；其主要成分为二十六碳酸-二十六碳醇酯，硬度大，性质稳定，不溶于水，易溶于苯、汽油等有机溶剂。许多美容化妆品中都含有虫蜡，如口红、胭脂、眉笔等。

（8）羊毛脂：来自洗羊毛的废水，是从羊毛中提取的脂肪物。羊毛中含有 10%～25% 的羊毛脂，它能使羊毛润滑，有抗日光和防风的作用。羊毛脂的熔点为 34～42℃，是微黄色的半固体，略有特殊臭味。羊毛脂的组成复杂，其主要成分是各种酯的混合物及少量游离醇，痕量游离脂肪酸和烃类。构成酯的醇以 C_{18}～C_{26} 脂肪醇为主，还有少量的二元醇及甾醇。羊毛脂能溶于苯、乙醚、三氯甲烷、丙酮、石油醚和热的无水醋酸，不溶于水，但能吸收两倍重的水而不分离。

羊毛脂具有良好的润湿、保湿、渗透性能以及防止脱脂的功能。很早以来，羊毛脂一直被用作化妆品的原料，可用作皮肤化妆品的调理剂及装饰化妆品的颜料分散剂，没有油腻感，能形成一层致密的润肤膜。还可用作肥皂、香波的脂剂，也常用于浴油、晒黑油和美容化妆品中，在口红中部分或全部取代蓖麻油，用作指甲油的清除剂及气溶胶中的添加剂。羊毛脂加氢制成羊毛醇，广泛用于化妆品。羊毛醇的乳化性能比羊毛脂好得多。羊毛醇与环氧乙烷或环氧丙烷的缩合产物即羊毛醇醚，其铺展性和渗透性能好，用于护肤和护发用品，在皮肤和头发上形成致密膜，给人以柔软、光滑之感。

羊毛脂易被皮肤吸收，不仅通过阻滞外表皮水分传递的损失起到润湿作用，且同时使水乳化，因此可作为保湿剂和乳化剂。羊毛脂的乳化能力主要来自于组成中的二醇，此外，胆固醇酯类和高级醇也有助乳化作用。

二、矿物油脂和蜡

矿物油脂和蜡是指以石油、煤为原料，经过一系列加工精制得到的油蜡性物质，以直链饱和烃为主要成分，它们的沸点较高，多在300℃以上。矿物性油脂、蜡类来源丰富，易精制，不易腐败，性质稳定，是化妆品价廉物美的原料。此类原料很少单独使用，常与动植物油脂和蜡调配使用。起到提高稳定性或清洁皮肤的溶剂作用。还可在皮肤表面上形成憎水性油膜，抑制皮肤表面水分的蒸发，从而提高化妆品的效果。

化妆品常用的矿物油和蜡类有：

1. 液体石蜡　液体石蜡是也称矿油或白油，是一类液态烃类的混合物，主要成分为$C_{16}H_{34}$～$C_{21}H_{44}$正异构烷烃的混合体系，呈无色、无臭、透明的黏稠状液体。化学稳定性及对微生物的稳定性好，具有润滑性，对皮肤、毛发柔软效果好。市售的白油分为轻质和重质两种，前者黏度低，对皮肤毛发的洁净及润湿效果好，但柔软性差；后者黏度高，柔软效果好，但洁净、润湿性差。

白油在化妆品中应用广泛，需用量也很大，是香脂类的主要原料，发油、发蜡、发乳及膏霜和乳液等各种乳化制品的重要原料。

2. 凡士林　凡士林是石油残油脱蜡精制而成，其主要成分是多种石蜡的混合饱和烃，常含微量不饱和烃，是一种无色、无臭的半固体。

常以加氢精制得到的凡士林用于化妆品中，以使其稳定性得到提高。与液体石蜡一起成为重要的油性原料，在香脂、乳液等基础化妆品中广泛应用。在化妆品中为乳液制品、膏霜及唇膏、发蜡等制品中的油性原料，也是各种软膏类药物化妆品中的重要基质，几乎能与所有的药物配伍而不会使药物发生变化。

3. 固体石蜡　固体石蜡是石油分馏油经冷冻脱蜡、脱油精制后制成，主要成分为16个碳以上的直链饱和烷烃混合物，是一种无色、无臭的结晶形固体。固体石蜡化学性质稳定，不易变质，且价格低廉，因此与其他蜡类和合成脂类一起用于香脂、口红、发蜡等化妆品。

4. 微晶石蜡　微晶石蜡又称无定形蜡，是一种无色无臭的微细结晶状固体，是石油分馏后剩下的残渣，用溶剂萃取及化学处理的方法得到的一种高沸点的长链烃类，其成分是以C_{31}～C_{70}的支链饱和烃为主，还有少量的环状、直链烃。

微晶石蜡因化学结构中有大量致密而微细的结晶，平均每个分子中含有41～50个碳原子（即高碳烃），因此熔点较高，加热黏附性能好，但光泽和油性不如石蜡。微晶石蜡可与各种矿物蜡、植物蜡及热脂肪油互溶。与其他蜡类混合时，可抑制结晶的生长，而且还具有延伸性以及低温下不脆弱的优点。此外，它与液体油混合后，具有防止油分分离（发汗）等特性，广泛用于化妆品中，作为香脂、唇膏、发蜡中的油性原料。

三、合成油脂和蜡

合成油脂和蜡一般是指由各种油脂或原料经加工合成的改性油脂和蜡，与原料油脂相似，可保持其优点，但在纯度、物理形状、化学稳定性、微生物稳定性以及对皮肤的刺激性和吸收性等方面都有明显的改善和提高，因此，已广泛用于各类化妆品中。常用的合成油脂原料有角鲨烷、羊毛脂衍生物、硅油及其衍生物等。

1. 角鲨烷　角鲨烷是由鲨鱼肝中提取的角鲨烯烃加氢后制成的，为无色、无臭的油状透明液体，主要成分是六甲基-二十四烷（异三十烷）及其他纯度较高的侧链烷烃。人体皮肤皮脂腺分泌的皮脂中约含有 10% 的角鲨烯、2.4% 的角鲨烷，体内可将角鲨烯转变为角鲨烷。

角鲨烷对皮肤的刺激性较低，能使皮肤柔软，是一种极其稳定的油脂原料，与矿物油系烷烃相比，油腻感弱，并具有良好的皮肤浸透性、润滑性及安全性。在化妆品中可作为膏霜、乳液、化妆水、口红及护发制品的油性原料。

2. 羊毛脂衍生物　羊毛脂虽是一种性能良好的原料，但由于色泽及气味等问题，在化妆品中用量不宜过多。尤其放置过久的羊毛脂，其色泽、气味及黏着性等都有所改变，对过敏体质的人还会引起变态反应。由于它是油溶性的，使其应用受到了限制。为此，近年来进行了大量的羊毛脂改性研究，其目的是在保留羊毛脂良好特性基础上消除其存在缺陷。精制羊毛脂经分馏、氢化、乙酰化、乙氧基化、烷氧基化、色谱分离和蒸馏等方法，可制得许多具有优良性质的羊毛脂衍生物，如液体羊毛脂、硬质羊毛脂、羊毛脂醇、乙酰化羊毛脂、聚氧乙烯羊毛脂等。

（1） 液体羊毛脂：经除去固体成分后，其主要组分即为低分子脂肪酸和羊毛脂醇的酯类，对皮肤的亲和性、渗透性、扩散和柔软作用较好，可用作婴儿乳液、唇膏色素的溶剂。

（2） 硬质羊毛脂：用溶剂分出液体羊毛脂后，再用溶剂采用结晶法取得的产品称为硬质羊毛脂，其熔点为 50～60℃。用于唇膏中，以增加其光泽。

（3） 羊毛脂醇：是羊毛脂水解产生，制得的产品为无色或微黄色蜡状固体，它不溶于水，但可吸收 4 倍重量的水，比羊毛脂有更好的保水性，对皮肤有很好的保湿能力，而具有乳化性和分散能力，可作为水/油（W/O）型乳化助剂，并对 W/O 型乳液有稳定作用。因能提高颜料的分散性，故适用于美容化妆品。

（4） 乙酰化羊毛脂：是羊毛脂与醋酸进行乙酰化反应而得到的，呈象牙色至黄色半固体状，溶于白油（5%），不溶于水、乙醇和蓖麻油。它具有羊毛脂的所有优点，具有较好的抗水性能和油溶性，能形成抗水薄膜，减少水分蒸发，对皮肤无刺激、无毒，是很好的柔软剂，还有增溶、分散能力，由于它性能温和且安全性高，因而被广泛使用。

（5） 聚氧乙烯羊毛脂：是在羊毛脂游离脂肪酸的羟基上加成环氧乙烷而得到的产品。可作为亲油性乳化剂、粉类化妆制品中的分散剂，也可以作增溶剂。由于其水溶性强，制成的液体产品无油腻感，是配制液体香波的理想原料。

3. 硅油及其衍生物　硅油又称硅酮，学名为聚硅氧烷，属于高分子聚合物，是一类无油腻感的合成油和蜡类化妆品原料，有优良的物理化学特性如良好的生物惰性、化学稳定性、较低的表面张力和良好的拒水性，对皮肤无刺激、无过敏，能在皮肤表面上形成均匀防水透气的保护膜等。19 世纪 70 年代后，硅油在化妆品中得到了迅速的发展，现在硅油几乎可以应用到各类化妆品中。目前，国外关于硅油改性物的研究相当活跃，硅油品种的牌号有数百种；我国对硅油的研究及应用起步较晚，目前开发的含硅油的产品也有数十种之多。

含硅油的化妆品特性有：润滑性能好，涂敷皮肤后能形成一层均匀的具有防水性的保护膜，无黏性和油腻感，光泽性好；抗紫外线辐射的性能好，在紫外线下不会氧化变质而引起皮肤刺激作用；抗静电性好，有明显的防尘效果；透气性好，即使在皮肤上形成硅氧烷膜也不影响汗液排出，对香料具有缓释定香作用，延长化妆品的保香期；稳定性高，化学惰性，对化妆品其他组成，特别是活性成分无任何不良作用，匹配性好；无毒、无臭、无味，对皮肤不会引起刺激和过敏，安全性高，对某些皮肤病具有一定疗效，如发汗困难型湿疹、神经性皮炎和职业性皮炎。

目前常用于化妆品中的硅油品种主要有二甲硅油、环状聚硅氧烷、聚醚-聚硅氧烷等。

（1）二甲硅油：是目前化妆品中应用较多的硅油品种，可在皮肤表面形成憎水膜，增加化妆品的耐水性，又可保持皮肤的正常透气，增强皮肤柔软度，增进皮肤滑爽感，对头发具有柔软作用并赋予特别的光泽，无油腻感和无残余感，在化妆品中常用于代替传统油性原料如石蜡、凡士林等的高级化妆品原料，主要应用到护肤膏霜、乳液及香波中，国外还多用于抑汗产品中。

（2）环状聚硅氧烷：呈无色透明液体，黏度低，具有良好的挥发性、流动性和铺展性及很低的表面张力等特性。这类挥发性硅油的特点是兼容性好，有较高的挥发性，在挥发时不会给皮肤造成凉湿的感觉，提供皮肤干爽、柔软的感觉，可赋予化妆品以快干、光滑、光泽性好等性能，在化妆品中除了可应用在护肤、抑汗、除臭等产品中外，还多用于美容类化妆品及发胶等化妆品。

（3）聚醚-聚硅氧烷：是在硅氧烷疏水链上接上亲水性的聚醚基团，如环氧乙烷、环氧丙烷等而形成的共聚物。经聚醚改性后，硅油具有非离子性，明显降低了表面张力，无需乳化剂就可以任何比例与水互溶，具有较好的水溶性，故常称这类硅油为水溶性硅油。在化妆品应用中，可以作为调理剂，改善毛发的梳理性，还具有防尘（抗静电）的效果，也具有稳定泡沫的作用，使肌肤更具有滑爽柔软的感觉。主要用于香波、发胶、浴液、须后水等制品。

四、脂肪酸、脂肪醇和酯

化妆品用脂肪酸、脂肪醇和酯多数来自动植物油脂、蜡水解后进一步分离纯化。高级脂肪酸、脂肪醇和酯的物理性质与油脂相似，相对密度小于1，不溶于水，可溶于乙醚、三氯甲烷和苯等有机溶剂。高级脂肪酸和醇是各种乳化制品和油膏的重要原料，脂肪酸酯不仅可代替天然油脂，而且赋予乳化制品特殊功能，也是色素和香精的理想溶剂。有部分脂肪酸酯具有优良的表面活性，属化妆品的辅助原料类型。

1. 脂肪酸　脂肪酸是动植物油脂的主要成分，以酯的形式存在于油脂中，占油脂组分的92%～95%，化妆品用的脂肪酸是将油脂经过水解、结晶分离（压榨法、溶剂分离法）或蒸馏分离而得到。一般用于化妆品的脂肪酸为C_{12}以上的饱和脂肪酸，硬脂酸占到一半以上，其他如月桂酸、肉豆蔻酸、棕榈酸、硬脂酸、油酸、二十二烷酸、十一烯酸等，也是化妆品常用的高级脂肪酸。

这些高级脂肪酸在化妆品中一般充当润肤剂，有时也起乳化剂的作用。如在传统雪花膏的配方中，利用硬脂酸与碱性物质如氢氧化钠、氢氧化钾、三乙醇胺、二乙醇胺或硼砂等发生反应，生成水溶性硬脂酸盐皂基，该种皂基在油/水（O/W）体系中起乳化作用，使油相与水相发生乳化，制备 O/W 型乳化体。所以在这种体系中，硬脂酸不但起到了油性滋润皮肤的作用，同时也起到了乳化剂的作用。同样，在皂基洗面奶的配方中也是利用高级脂肪酸与碱发生酯化反应制成脂肪酸皂，达到洗涤去污作用。

2. 脂肪醇　用于化妆品的高级脂肪醇主要有如下几类：一是将蜡类皂化分解后所得的分解脂肪醇；二是由脂肪酸高压加氢还原而得的还原脂肪醇；三是由石油化学合成而得的合成脂肪醇。收载于化妆品原料基准中的高级脂肪醇主要有以下几种，如月桂醇、鲸蜡醇、硬脂醇、油醇、羊毛醇、加氢羊毛醇、十六醇、十八醇等。

用作化妆品原料的高级脂肪醇中，十六醇的使用历史最长，多用于乳液的助乳化剂，并能抑制产品的油腻感和降低蜡类的黏接性。十八醇与十六醇的作用相仿。油醇可用来提高口红用染料的溶解性。

3. 酯类　化妆品用酯类多数是由高级脂肪酸与低相对分子质量的一元醇酯化所得。其化学一般式为 RCOOR’。这类酯与油脂有互溶性，具有黏度低、延展性好、对皮肤渗透性好、无油腻感觉等优良性能，不仅可以替代动植物油脂，而且通过各种化学处理方法所得到的酯，在其纯度、物理性能、化学稳定性、微生物稳定性及对皮肤的刺激性和皮肤的吸收性等方面都较天然油脂优越，在化妆品中得到了广泛的应用，成为一类重要的原料，也成为很有发展前景的化妆品原料。常用化妆品用合成酯主要有以下几种，如肉豆蔻酸异丙酯、棕榈酸异丙酯、硬脂酸丁酯、油酸癸酯、肉豆蔻酸十八酯、月桂酸己酯、二油酸丙二醇酯、单硬脂酸丙二醇酯、单硬脂酸乙二醇酯、三肉豆蔻酸甘油酯、醋酸羊毛酯、乳酸十六酯、乳酸十四酯、二甲基辛酸十六醇酯等。

脂肪酸酯通常是配入化妆品的油相内，一般有如下作用：一是减少化妆品的油腻感；二是保护皮肤，作润肤剂；三是植物油和矿物油不相溶时，酯类可以作为它们的混合剂。脂肪酸酯还可作为香料或染料以及各类化妆品用添加剂（维生素、防腐杀菌剂）的溶剂。根据品种和剂型的不同，还广泛用作增黏剂、增塑剂和不透明化剂。

近年来，由于侧链脂肪酸和侧链脂肪醇生成的酯如二肉豆蔻酸甘油酯不会堵塞毛孔，同时凝固点较低，使用感好而正在被大量地使用。

第二节　粉质原料

粉质原料是组成香粉、爽身粉、胭脂、粉饼和眼影等的重要基质原料，一般是不溶于水的无机粉料，其用量可高达 30%～80%，在化妆品中主要起遮盖、滑爽、吸收、吸附及摩擦等作用。使用粉体的化妆品状态一般有粉状、固体状、分散在固体状的油相中或悬浊液中等。

化妆品所选用粉质原料通常为白色粉末，细度达 300 目以上，水分含量应在 2% 以下，其质量要求很高，应符合皮肤的安全性，不能对皮肤有任何刺激性；原料的 pH 值也应加以控制，如碳酸钙的 pH 值应小于 9.5，目的是使粉类制品的 pH 值接近 7；原料或制品的有毒物质如重金属含量也应加以控制，化妆品中所含有毒物质汞不得超过 1mg/kg，铅不得超过 40mg/kg，砷不得超过 10mg/kg，甲醇不得超过 2000mg/kg。一般控制含铅量小于 20×10^{-6}，含汞量小于 3×10^{-6}，含砷量小于 5×10^{-6}。

粉质原料包括滑石粉、高岭土、锌白、钛白粉、硬脂酸锌、硬脂酸镁、膨润土、碳酸钙和碳酸镁等。

1. 滑石粉　滑石粉是天然矿产的含水硅酸镁，性柔软，易粉碎成白色或灰白色细粉，主要成分是 $3MgO \cdot 4SiO_2 \cdot H_2O$。滑石粉具有薄片结构，它割裂后的性质和云母很相似，这种结构使滑石粉具有光泽和滑爽的特性。因产地不同，质地不一，成分也略有不同，以色白、有光泽和滑润者为上品，优质滑石粉具有滑爽和略有黏附于皮肤的性质。我国滑石矿蕴藏丰富，质地优良，辽宁、山东、广西等地均有蕴藏，尤以辽宁海城的滑石矿床（粉红色滑石）最为著名。

化妆品用滑石粉，经机械压碎研磨成粉末状，其细度分 200 目、325 目及 400 目等多种规格，其色泽洁白、滑爽、柔软，不溶于水、酸、碱溶液及各种有机溶剂，其延展性为粉料类中最佳者，但其吸油性及附着性稍差。在化妆品配方中，滑石粉对皮肤不发生任何化学作用，是制造香粉不可缺少的原料。

2. 高岭土　高岭土又称白（陶）土或磁（瓷）土，也是天然矿产的硅酸铝；为白色或淡黄色细粉，略带黏土气息，有油腻感，主要成分是 $2SiO_2 \cdot Al_2O_3 \cdot 2H_2O$，以白色或微黄或灰的细粉，色泽白、质地细者为上品。我国的高岭土矿分布非常广泛，几乎各省都有。目前，较著名的产地有安徽的祁门、江苏的苏州等。

高岭土不溶于水、冷稀酸及碱中，但容易分散于水或其他液体中，对皮肤的黏附性好，有抑制皮脂及吸收汗液的性能。将其制成细粉用于香粉中，有吸收汗液的性质；与滑石粉配合使用，能消除滑石粉的闪光性，广泛应用于制造香粉、粉饼、水粉、胭脂等。

3. 锌白　锌白又称锌白粉，是从氧化锌、锌矿的蒸气或碳酸锌加热制取的，其化学成分为 ZnO，为无臭、无味的白色非晶形粉末，在空气中能吸收二氧化碳而生成碳酸锌，能溶于酸，不溶于水及醇，高温时呈黄色，冷却后恢复白色。

锌白带有碱性，因而可与油类原料调制成乳膏，富有较强的着色力和遮盖力，此外，锌白对皮肤微有起燥和杀菌的作用。锌白可用作粉类或防晒化妆品的原料。

4. 钛白粉　钛白粉是从钛铁矿等天然矿石中用硫酸处理得到的，其纯度为 98%。钛白粉的主要成分是 TiO_2，白色、无臭、无味，化学性质稳定，不溶于水和稀酸，溶于热浓硫酸和碱。常用的二氧化钛属正方晶体，其晶型有金红石型及锐钛矿型两种，其折光率分别为 2.7 和 2.3。

钛白粉是一种重要的白色颜料，也是迄今为止世界上最白的物质，在白色颜料中其着色力和遮盖力都是最高的，着色力是锌白的 4 倍，遮盖力是锌白的 2～3 倍，当其粒度极微（粒径为 30pm）时，对紫外线透过率最小，故可用于防晒化妆品中。钛白粉的吸油性及附着性亦佳，只是其延展性差，不易与其他粉料混合均匀，故常与锌白粉混合使用，用量常在 10% 以内。钛白粉在化妆品粉类制品中应用很广，用作香粉、粉饼、粉乳等重要的遮盖剂以及防晒化妆品原料。目前市面上绝大部分防晒化妆品都含有一定量的钛白粉，特别是金红石型钛白粉。

5. 硬脂酸锌　硬脂酸锌［$Zn(C_{18}H_{35}O_2)_2$］属于金属脂肪酸盐类，其通式为 $(RCOO)_nM$，式中 R 为碳数 16～18 的脂肪酸，M 常为锌、镁、钙、铝等金属。这类盐亦称金属皂，一般不溶于水，但可溶于油脂中，对不干性油有促进氧化作用，这类粉剂对皮肤具有润滑、柔软及附着性。

硬脂酸锌是白色质轻的细粉，可用硬脂酸钠和硫酸锌溶液相互作用而得，也可以通过熔融的硬脂酸和氧化锌反应制得。工业品一般是硬脂酸和棕榈酸的锌盐混合物，且常含有氧化锌。硬脂酸锌微臭，有油腻感，不溶于水、乙醇，溶于苯和热乙醇，遇酸分解。硬脂酸锌有较好的黏着性，润滑性好，可用于香粉、爽身粉等粉类制品。

6. 硬脂酸镁　硬脂酸镁[$Mg(C_{18}H_{35}O_2)_2$]是柔软的轻粉，白色、无臭、无味。具有金属脂肪酸盐的一般特性，溶于热乙醇，不溶于水，遇酸分解，有很好的黏着性。其应用与硬脂酸锌大致相同。

7. 膨润土　膨润土又称皂土，是黏土的一种，为白色、粉红色或浅棕色土状粉末，是以蒙脱石为主的含水黏土矿，其主要成分为 Al_2O_3 与 SiO_2，为胶体性硅酸铝，是具有代表性的无机水溶性高分子。膨润土不溶于水，但与水有较强的亲和力，遇水可膨胀为原体积的 8～10 倍，加热后失去吸收的水分。其悬浮液很稳定，尤其当 pH 值大于 7 时易受电解质影响，在强酸、强碱体系易产生凝胶。膨润土应用于化妆品中有清爽的感觉，也可用于乳液制品的悬浮剂和粉饼等制品中。

8. 碳酸钙　天然的碳酸钙是以大理石、方解石、石灰石等矿石研磨精制而成，常称为重质碳酸钙。这种碳酸钙颗粒较粗，色泽较差，化妆品中较少使用。而合成碳酸钙则是将天然石灰石经过沉淀制取法制得，称为轻质碳酸钙，常用于化妆品中。

碳酸钙为白色细粉，无臭、无味、不溶于水，能被稀酸分解释放出二氧化碳，对皮肤分泌物汗液、油脂具有吸着性，还有掩盖和摩擦作用，在化妆品中多用在香粉、粉饼等化妆品中。用于粉类制品时，还具有除去滑石粉闪光的功效，因其具有良好的吸收性，可作为香精的混合剂。

9. 碳酸镁　碳酸镁为白色轻质粉末，无臭，不溶于水，遇酸分解。天然碳酸镁存在于菱镁矿，商品碳酸镁通常以硫酸镁与碳酸钠作用而制得。碳酸镁常以碱式碳酸镁[$xMgCO_3 \cdot yMg(OH)_2 \cdot zH_2O$]的形式存在，有良好的吸收性，其吸收性要比碳酸钙大 3～4 倍。在化妆品应用中，主要用在香粉、水粉等制品中作为吸收剂。碳酸镁对香精也有优良的混合特性，因此常用作香精混合剂，因吸收性强，用量过多会吸收皮脂而引起皮肤干燥，一般用量不超过 15%。

第三节　溶剂类原料

溶剂是膏状、浆状、液状化妆品，如香脂、雪花膏、发胶、发水、香水、花露水、指甲油等配方中不可缺少的主要组成成分。在配方中与其他成分互相配合，使制品具有一定的物理化学特性，便于使用。许多固体化妆品在生产过程中也通常需要一些溶剂配合，如粉饼成块时就需要溶剂帮助胶黏；一些香料和颜料的加入，也需要借助溶剂来溶解以达到分布均匀。

在化妆品中除了利用溶剂的溶解性外，还利用它的挥发、润湿、润滑、增塑、保香、防冻及收敛等性能。

溶剂原料主要包括水、醇类和酮、醚、酯类及芳香族有机化合物等。

1. 水　水是良好的溶剂，也是一些化妆品的重要原料，如清洁剂、化妆水、霜膏、乳液、水粉、卷发剂等都含有大量的水。水质的好坏往往直接影响到化妆品质量和生产的成败。为了满足化妆品高稳定性和良好使用性能的要求，对化妆品生产用水有两方面的要求，包括无机离子的浓度和微生物的污染。

经过初步纯化的水源仍然含有钠、钙、镁和钾盐，还有重金属汞、镉、锌和铬，以及流经水管夹带的铁和其他物质。到达用户的自来水水质比水厂出口要差。这些杂质对化妆品生产有很多不良的影响。如在制造古龙水、须后水和化妆水等含水量较高的产品时，微量的钙、镁、铁和铝能慢慢地形成一些不溶性的残留物；在液洗类化妆品生产中，水中钙、镁离子会和表面活性剂作用，生成钙、镁皂，影响制品的透明性和稳定性，有时去头屑剂吡啶硫酮锌(ZPT)遇铁会变色。此外，一些酚类化合物，如抗氧化剂、紫外线吸收剂和防腐剂等可能会与微量金属离子反应，形成有色化合物。对于产品中含有不饱和化合物时，金属离子可能会加速其酸败。所以，化妆品用水需去除水中的无机离子，达到纯水要求，使含盐量降至1mg/L以下，即电导率需降低至1～6$\mu s/cm^2$。

化妆品生产用水的另一要求是不含或尽量少含微生物。化妆品卫生标准规定：一般化妆品细菌总数不得多于1000个/ml或1000个/g；眼部、口唇、口腔黏膜用化妆品及婴儿和儿童用化妆品细菌总数不得多于500个/ml或500个/g，而粪大肠菌群、铜绿假单胞菌和金黄色葡萄球菌不得检出。微生物在化妆品中会繁殖，结果使产品腐败，产生不愉快气味，产品发生分离，对消费者造成伤害。任何含水的化妆品都可能滋长细菌，而且，最常见的细菌来源可能是水本身。因此，现代化妆品工厂必须使用没有微生物沾污的生产用水(主要是原料用水)。值得注意的是，微生物在静态或停滞不流动的水中繁殖最快，所以生产用水最好是现处理现使用，切勿放置太长时间。

不同的化妆品对用水的要求也有差别。洗涤类制品要求使用软化水，不含钙、镁、铁等重金属，无菌或菌量很低。而乳液和膏霜、收敛水、古龙水、含水的气溶胶制品、凝胶类制品则要求使用去离子水且无菌，特别对于气溶胶制品，为了防止罐的腐蚀，对氯离子和某些金属离子还有更严格的要求。随着对配方稳定性要求的提高，化妆品生产用水要求使用无菌纯水，其电阻率约为0.1MΩ·cm，含电解质(2～5)$\times 10^{-6}$mg/L，细菌总数≤10CFU/ml。

要获得质量稳定、优质的纯水，必须有合理的工艺流程设计，经济可行的设备、容器和管线材料的选择，良好的安装技术和严格有效的操作管理。

化妆品的生产可以根据需要和可能，采用各种水处理方法以纯化用水，如采用反渗透法、离子交换法、螯合剂沉淀、活性炭吸附、蒸馏的方法等。

2. 醇类　醇类是香料、油脂类的溶剂，也是化妆品的主要原料。根据碳原子的多少，可以将醇分为低碳醇和高碳醇；根据羟基的多少，可以将醇分为一元醇、二元醇和多元醇。其中高碳醇除在化妆品中直接使用而作为油性原料外，还可作为合成表面活性剂的原料。低碳醇是香料、油脂的溶剂，能使化妆品具有清凉感，并且有杀菌作用。常用作溶剂的低碳醇有乙醇、异丙醇、正丁醇、戊醇等。

乙醇主要是利用其溶解、挥发、芳香、防冻、灭菌、收敛等特性，应用于香水、花露水及生发水等产品的制造。乙醇是所有香水类化妆品的主要溶剂。其中香水一般采用浓度为95%的乙醇来配制，古龙水的乙醇浓度为75%～85%，花露水的乙醇浓度则为70%～75%。

不同方法生产的乙醇质量不同，以用葡萄发酵制得的乙醇质量最好，用山芋、土豆等发酵制得的乙醇含有较多的杂质而气味欠佳。未经处理的乙醇含有不少的有机杂质，如醛、杂醇等，影响其品质和气味，需经过精制而得到。

丁醇、戊醇、异戊醇等也是化妆品中常用的溶剂。丁醇在化妆品中是制造指甲油的原料；戊醇在化妆品中用作指甲油的偶联剂；异丙醇具有一定的杀菌作用，可替代乙醇应用于制品中，在化妆品中用作溶剂和指甲油中的偶联剂。

常用的多元醇有乙二醇、聚乙二醇、丙二醇、甘油、山梨糖醇等。它们作为化妆品的主要原料，可用作香料的溶剂、定香剂、黏度调节剂、凝固点降低剂和保湿剂。

3. 酮、醚、酯类及芳香族有机化合物　小分子的酮、醚、酯类，如丙酮、丁酮、二乙二醇乙醚、乙酸乙酯、乙酸丁酯、乙酸戊辛酯以及甲苯、二甲苯等均是用于指甲油中的溶剂组分，但通常存在毒性或刺激性。

（何秋星）

3 第三章 化妆品辅助原料

辅助原料可使化妆品成型、稳定或赋予色泽、香型及其他特定作用，这些物质在化妆品中的用量不大，但作用却极为重要。某一原料在一种化妆品中起着辅助原料的作用，而在另一种化妆品中则可能起着基质原料的作用，基质原料和辅助原料之间没有严格的界限。

按照化妆品中原料的化学结构、性能和用途，将辅助原料主要分为表面活性剂、水溶性高分子、色素、香料与香精、防腐剂和抗氧剂等种类。

第一节 表面活性剂

表面活性剂是化妆品的重要组分之一，它对化妆品的形成、理化特性、外观和用途都有着重要的作用。

一、表面活性剂

自然界的物质都有固、液、气三相，每一相的物理和化学性质完全均匀。相与相之间的交界面称为界面，按三相结合的形式，界面可分为固-液、固-气、液-液、液-气、固-固 5 种界面，固相、液相与气相之间的界面通常又称为表面。在界面或表面上所发生的一切物理化学现象统称为表面现象。在表面(界面)上都有表面(界面)张力。原则上讲，凡能降低表面张力的物质都有表面活性，而表面活性剂是指能显著降低溶液(一般指水溶液)表面张力和液-液界面张力的物质。

表面活性剂分子是一种两亲分子，一般是由不同性质的两部分基团所组成，一部分是非极性的亲油基团，称为亲油基或疏水基，一般为 8 个碳原子以上的烃基；另一部分是极性的亲水基团，称为亲水基或疏油基，如羧酸基、磺酸基、硫酸基、磷酸基、胺盐、季铵盐、羟基、酰胺基、醚键等。表面活性剂分子结构具有不对称性。

当表面活性剂在溶液中以很低的浓度溶解分散时，优先吸附在溶液的表面或其他(如水相与油相)界面上，亲水基伸向水相，而亲油基则伸入非水相，呈有序定向排列，使溶液表面或界面张力显著地降低，改变了系统的界面性质。当表面活性剂达到一定浓度时，溶液内部的表面活性剂两亲分子会聚集形成亲水基朝外、亲油基朝内的缔合体，称为胶束或胶团。能够形成胶束的最低浓度称为临界胶束浓度(简称 CMC)。由于胶束的形成，降低了溶液系统的表面能，使系统处于稳定状态。

表面现象普遍存在于化妆品的生产和应用中，与化妆品的制备、稳定性和应用有着密切的关系。表面活性剂在化妆品中用途十分广泛，应用表面活性剂的乳化、增溶、洗涤、润湿、分散、保湿、润滑、发泡、消泡、杀菌和抗静电等作用，可以制得具有不同性能的化妆品。

二、表面活性剂的分类

表面活性剂的种类繁多，通常根据表面活性剂分子在水中能否解离，分为离子型和非离子型两大类。其中离子型又分为阴离子型、阳离子型和两性离子型表面活性剂等3类。

1. 阴离子型表面活性剂　阴离子型表面活性剂在水溶液中解离时形成带负电荷的疏水基，起表面活性作用的部分是阴离子。阴离子型表面活性剂历史悠久，18世纪兴起的制皂业所生产的肥皂即为阴离子型表面活性剂。阴离子型表面活性剂主要有高级脂肪酸盐、磺酸盐、硫酸酯盐和磷酸酯盐等。

（1）高级脂肪酸盐：即肥皂类，其化学通式为 RCOOM，R 为烃基，其碳原子数为 8～22，以硬脂酸、油酸、月桂酸等较常见，M 为 Na、K 或胺等。肥皂是以动植物油脂与碱的水溶液经加热皂化反应而制得，代表性皂类有硬脂酸钠、月桂酸钾、油酸三乙醇胺皂等。洗涤用皂类一般为钠皂，化妆用为钾皂或胺皂。这类表面活性剂具有良好的乳化性能，主要用于膏霜、发乳和香波等类化妆品。

（2）磺酸盐：其化学通式为 $R\text{-}SO_3M$，R 的碳数为 8～20，M 主要为 Na。代表性磺酸盐有十二烷基苯磺酸钠、琥珀酸酯磺酸钠、α-十四烯磺酸钠、γ-羟基十四烷磺酸钠和烷基乙氧基磺酸盐等。这类表面活性剂易溶于水，在酸性溶液中不易发生水解，有良好的发泡性，主要用于洗涤剂、香波和泡沫浴等类化妆品。

（3）硫酸酯盐：其化学通式为 $ROSO_3M$，R 的碳数为 8～18，M 为 Na、K 或三乙醇胺等。代表性硫酸酯盐有十二烷基硫酸钠、聚氧乙烯十二醇硫酸酯钠、单月桂酸甘油酯硫酸钠等。这类表面活性剂具有良好的乳化、发泡和洗涤性能，在硬水中稳定，其水溶液呈中性或微碱性，主要用于洗涤剂及清洁用化妆品类。

（4）磷酸酯盐：主要有磷酸单酯和双酯及其盐类。代表性磷酸酯有烷基聚氧乙烯醚磷酸酯、鲸蜡醇醚磷酸单酯二乙醇胺等。这类表面活性剂对酸、碱有良好的稳定性，具有良好的乳化、润滑、抗静电、洗涤等作用，主要用作乳化剂、消泡剂和抗静电剂等。一般较少单独使用，大多数与其他类型表面活性剂配伍使用。

2. 阳离子型表面活性剂　阳离子型表面活性剂在水溶液中解离时形成带正电荷的疏水基，起表面活性作用的部分是阳离子。主要有季铵盐、胺盐型、氮苯和咪唑啉型等类，其中季铵盐类在化妆品中应用比较广泛。

代表性的季铵盐表面活性剂有十四烷基二甲基苄基氯化铵、油酰乙胺基二甲基苄基氯化铵、十八烷基三甲基氯化铵、*N*-十六烷基吡啶氯化铵、十六烷基吡啶溴化铵、2-异硬脂基-1-羟乙基-1-苄基咪唑啉氯化物等。这类表面活性剂在酸性与碱性溶液中均较稳定，除了有良好的表面活性如乳化、增溶、润湿、洗涤和分散性能外，还具有很强的杀菌作用，可用作化妆品的专用乳化剂、分散剂、抗静电剂、杀菌剂和消毒剂。还易在头发表面吸附形成保护膜，能赋予头发光泽、柔软、易梳理等特性，可用作毛发用化妆品中的调理剂、护发剂等。

3. 两性离子型表面活性剂　两性离子型表面活性剂在水溶液中解离时，因其分子结构中同时具有带正、负电荷的基团，故随介质 pH 值的变化，可分别形成阴离子、阳离子或偶极离子，表现出阴离子型、阳离子型或类似非离子型表面活性剂的性质。两性离子型表面活性剂主要有天然和合成两大类。

（1）天然两性离子型表面活性剂：应用较广的是卵磷脂，它是由磷脂酸分子中的磷酸基

(磷酸酯盐阴离子部分)与胆碱(季铵盐型阳离子部分)通过酯键结合而成的几种磷脂酰胆碱的混合物,组分中常见的脂肪酸有软脂酸、硬脂酸、油酸、亚油酸、亚麻酸及花生四烯酸等。卵磷脂不溶于水,但可与酸、碱成盐。卵磷脂对油脂的乳化能力很强,具有较高的安全性和生物降解性,广泛用作乳化剂、泡沫稳定剂和软化剂,常用于乳液与膏霜中,能使皮肤有清爽感,并具有柔软效能。

(2) 合成两性离子型表面活性剂:这类表面活性剂的阴离子部分主要是羧酸基和磺酸基,阳离子部分主要是铵盐或季铵盐。其主要类型有:

1) 咪唑啉型:如米拉诺尔 CM(miranol CM)、米拉诺尔 MSA(miranol MSA)。这类表面活性剂性能温和,并有良好的发泡力,对眼、皮肤刺激性小,广泛用于婴儿用香波和低刺激性香波中,也用作皮肤和毛发清洁剂。

2) 氨基酸型:阴离子部分为羧基,阳离子部分为铵盐。现使用的氨基酸型两性离子型表面活性剂主要有丙氨酸型和甘氨酸型两类。丙氨酸型,如十二烷基-β-氨基丙酸钠,具有良好的发泡力、去污力,性能温和,对皮肤刺激性小,用于香波、洗面奶类化妆品;甘氨酸型,如十二烷基二(氨乙基)甘氨酸,具有较强的杀菌能力,性能温和、刺激性小、毒性小,可用作特殊洗涤剂。

3) 甜菜碱型:阴离子部分为羧基,阳离子部分为季铵盐。如十二烷基二甲基甜菜碱,具有良好的发泡和洗涤性能,对皮肤刺激性小,耐硬水,多用于香波、浴液类化妆品。

4) 氧化胺型:如烷基二甲基氧化胺,具有良好的发泡、稳泡、润滑、乳化、抗静电和润湿等性能;对皮肤性能温和,对眼刺激性很小,可作增泡剂配入液体洗涤剂、香波。与季铵盐复配,可用作化妆品防腐剂。

一般来讲,两性离子型表面活性剂的毒性小,安全性较高,具有良好的杀菌作用,耐硬水性较好,与其他表面活性剂的相容性也较好。

4. 非离子型表面活性剂　非离子型表面活性剂溶于水时不发生解离,其分子中亲油基与离子型表面活性剂的大致相同,但亲水基主要是由一定数量的含氧基团(如羟基和聚氧乙烯链)构成。由于非离子型表面活性剂在溶液中不是以离子状态存在,故其不易受酸、碱和电解质的影响,其稳定性高,在各种溶剂中溶解性均好,与其他类型表面活性剂相容性好、能混合使用。

非离子型表面活性剂大多为液态或浆状物质,在水中的溶解度随温度升高而降低。非离子型表面活性剂具有较好的洗涤、乳化、发泡、增溶、抗静电、杀菌和保护胶体等多种性能,广泛应用于各类化妆品中。非离子型表面活性剂主要分为聚乙二醇型和多元醇型两类。

(1) 聚乙二醇型非离子表面活性剂:是由具有活泼氢原子的疏水性原料与环氧乙烷加成反应而制得。代表性的聚乙二醇型非离子表面活性剂有以下几类:

1) 长碳链脂肪醇聚氧乙烯醚:常用的长碳链脂肪醇有月桂醇、十四醇、鲸蜡醇、油醇和硬脂醇等。这类表面活性剂稳定性高,生物降解性和水溶性均好,并具有良好的乳化、渗透、分散、增溶和润湿性能,常用作奶液类化妆品的乳化剂、微乳液中香精的增溶剂等。

2) 脂肪酸聚氧乙烯酯:常用的脂肪酸有月桂酸、油酸、硬脂酸等。这类表面活性剂具有较好的乳化、分散、增溶性能,常用作乳膏类化妆品的乳化剂、润滑剂、增溶剂和分散剂,香水中的增溶剂等。

3) 聚氧乙烯烷基醇酰胺:这类表面活性剂具有较强的发泡和稳泡能力,其中有的具有良好的洗涤力、增溶力和增稠作用,故常用作泡沫促进剂和稳定剂,用于香波、洗涤剂中。如聚氧乙烯月桂酰二乙醇胺。这类表面活性剂的稳定性和耐水性优于脂肪酸聚氧乙烯酯。

(2) 多元醇型非离子表面活性剂:是由含多个羟基的多元醇(如甘油、失水山梨醇、氨基醇和醛糖等)与高级脂肪酸酯化反应而制得,这部分表面活性剂亲水性小,亲油性大,多数具有自乳化性。此外,还将多元醇与高级脂肪酸形成的酯再与环氧乙烷加成的产物也归为多元醇型非离子表面活性剂,因其亲水性来自聚氧乙烯基,这部分表面活性剂的亲水性由聚乙烯链的长短来确定,多数具有良好的亲水性。

多元醇型非离子表面活性剂的最大特点是安全性高,对皮肤刺激性极小。故广泛用作化妆品中的乳化剂、分散剂等。代表性的多元醇型非离子表面活性剂有以下几类:

1) 单脂肪酸甘油酯类:是由高级脂肪酸与甘油在酸存在下,发生酯化反应而制得,是应用最广泛的化妆品原料之一。代表物有:单月桂酸甘油酯、单硬脂酸甘油酯和单油酸甘油酯。单脂肪酸甘油酯是一类亲油性乳化剂,可用于油包水型乳剂,具有黏度低、使形成的膏霜有较好稠度的优点。

2) 失水山梨醇脂肪酸酯类:是由山梨醇与高级脂肪酸酯化反应而制得,又称为司盘(Span)。根据所结合的高级脂肪酸种类和数量不同,有不同产品,并附以相应号数以示区别。例如,Span-20(失水山梨醇单月桂酸酯)、Span-40(失水山梨醇单棕榈酸酯)、Span-60(失水山梨醇单硬脂酸酯)、Span-80(失水山梨醇单油酸酯)等。这类表面活性剂亲油性较强,是一类常用的亲油性乳化剂,广泛用于油包水型膏霜、乳蜜类化妆品。

3) 聚氧乙烯失水山梨醇脂肪酸酯类:是失水山梨醇脂肪酸酯与环氧乙烷加成反应而制得,又称为吐温(Tween)。根据所结合的高级脂肪酸种类和所形成的环氧乙烷数目不同而有不同品种,如 Tween-20(聚氧乙烯失水山梨醇单月桂酸酯)、Tween-40(聚氧乙烯失水山梨醇单棕榈酸酯)、Tween-60(聚氧乙烯失水山梨醇单硬脂酸酯)、Tween-80(聚氧乙烯失水山梨醇单油酸酯)、Tween-85(聚氧乙烯失水山梨醇三油酸酯)。这类表面活性剂为水溶性表面活性剂,常用作增溶剂、水包油型乳化剂、分散剂和润湿剂。广泛应用于水包油型膏霜、乳蜜类化妆品。

三、表面活性剂的应用

表面活性剂在化妆品中具有多种作用,下面主要介绍增溶和乳化作用。

(一) 增溶作用

表面活性剂在水溶液中形成胶束后(浓度超过 CMC),能使不溶或微溶于水的物质的溶解度显著地增加,形成热力学稳定的、各向同性的均一溶液,这种作用称为增溶作用。起到增溶作用的表面活性剂称为增溶剂,被增溶的物质称为(被)增溶物。

在化妆品制备过程中,常用非离子表面活性剂作增溶剂,通过增溶作用以增加难溶或微溶性化妆品原料的溶解度,使之混合成透明或半透明的化妆品。例如,利用 Tween-80 提高香精或精油的溶解度,可以制成澄明的香水、花露水或古龙水。

近年来,化妆品与特殊化妆品中使用的功效性成分日益增加,如脂溶性维生素、甾体激素、中药有效成分等,其中很大部分结构较复杂、溶解度较小,但又需要在化妆品中达到一定浓度才有效果,因此这就需要加入表面活性剂,通过增溶作用达到这一目的。

(二) 乳化作用

1. 乳化作用机制　目前,人们日常使用的化妆品几乎都是由某种载体所形成的乳化体、水溶液、油溶液、悬浮液、粉剂或固体等。其中以乳化体即乳状液的形式最多,如雪花膏、冷霜、润肤霜、营养霜和乳液等。

乳状液是一种或几种液相以液珠形式分散在另一种与它不相混溶的液相中所形成的分散系统，被分散的物质称为分散相，容纳分散相的连续介质则称为分散介质。在乳状液中，往往一相为水或水溶液，称为水相；另一相为与水不相溶的液体，习惯上称为油相。如果分散相为油相，分散介质为水相，油分散在水中，形成的乳状液称为水包油型乳状液，用符号 O/W 表示，例如洗面奶；如果分散相为水相，分散介质为油相，水分散在油中，形成的乳状液称为油包水型乳状液，用符号 W/O 表示，例如冷霜。此外，还有一种称作复乳的多重乳状液，它是含小水滴的油滴(W/O)分散在水相中的分散系统，用符号 W/O/W 表示；或含有小油滴的水滴(O/W)分散在油相中的分散系统，用符号 O/W/O 表示。

一般乳状液的分散相是直径为 0.1～10μm 的微小液珠，对可见光有反射现象而呈乳白色，乳状液也因此而得名。如果乳状液分散相液珠直径小于 0.1μm 而小于入射光的波长时，发生光的散射或透射，则乳状液呈半透明或透明状。

乳化是两种不相混溶的液体形成乳状液的过程。如油和水两相借机械力振摇或搅拌等方式混合之后，其中一相呈微球状液滴分散于另一相中，形成一种暂时的乳状液。该系统是不稳定的，这是因为分散相的比表面积很大，两相的界面积也相当大，使该系统的界面能很高，有自动降低能量的倾向，所以分散相的小液珠会自发相互聚集，力图缩小界面积，降低界面能。这种乳状液经过一定时间的静置后，分散的微小液珠逐渐合并，液滴逐渐变大，最后使油和水重新分开成为两层液体，油和水又恢复到原来状态。

为了制得均匀稳定的乳状液，除了用机械方法(即用特定的乳化设备，施以机械力)或超声波震荡以提高液珠的分散程度之外，还必须加入降低两相之间界面张力的物质—乳化剂，提高乳状液的稳定性。

乳化剂大多为各种类型的表面活性剂，其主要作用机制是：①表面活性剂分子在两相界面上定向吸附，降低了液-液界面张力，从而减少因乳化而带来的系统的热力学不稳定性；②表面活性剂分子在液滴周围形成具有一定机械强度的单分子保护膜或形成具有静电斥力的双电层，阻止微小液珠相互凝结，增大乳状液的稳定性。

一般乳化剂的用量为溶液总质量的 1%～10%。

2. 乳状液的类型鉴别　O/W 型和 W/O 型乳状液在外观上往往无明显区别，可利用以下几种方法加以鉴别。

(1) 稀释法：将乳状液置于洁净的玻璃载片上，然后滴加水，能与水相混溶的为 O/W 型，否则为 W/O 型。

(2) 染色法：于乳状液中加入一种油性染料(如苏丹红Ⅲ)并振摇，若整个乳状液呈红色，则为 W/O 型乳状液，若只见到分散相液滴呈红色，则为 O/W 型乳状液。也可以同时加入不同颜色的油溶性和水溶性染料，对乳状液进行实验，提高其鉴别的可靠性。

(3) 电导法：一般来说，水的导电能力强于油，因此对乳状液进行电导测量可以鉴别其类型。电导性较好、与水相电导率相近的即为 O/W 型乳状液；电导性较差、与油相电导率相近的即为 W/O 型乳状液。但应注意，有时乳状液中 W/O 型分散相占比例大或有电解质时，也可能有较大的电导率。

3. 乳化剂的选择　选择适宜的乳化剂不仅可以促进乳状液的形成，有利于形成细小的分散相液珠，提高乳状液的稳定性，而且还可以控制乳状液的类型。因此，乳化剂的选择十分重要。

（1）乳化剂选择的一般原则：选择乳化剂的一般原则是①要有良好的表面活性，能降低其表面（界面）张力；②乳化剂分子在界面上能形成稳定和紧密排列的吸附膜；③乳化剂要对皮肤刺激性较小，安全性较高；④乳化剂与化妆品的其他成分要有较好的配伍性；⑤要能用最小的浓度和最低的成本达到乳化效果，乳化工艺简单；⑥乳化剂的乳化性能与其分子中的亲水基和亲油基的大小、强度有关，用亲水亲油的平衡（HLB）值来表示。

（2）HLB 值：1949 年，葛利芬（Griffin）在总结前人大量实验的基础上提出，各种表面活性剂分子的亲水亲油性质都可用一个 HLB 值来衡量其相对强弱。以石蜡 HLB＝0、聚乙二醇 HLB＝20、十二烷基硫酸钠 HLB＝40 作为标准，通过计算确定其他表面活性剂的 HLB 值。非离子型表面活性剂的 HLB 值为 1～20，离子型表面活性剂 HLB 值则为 1～40。HLB 值高，表示表面活性剂的亲水性强；HLB 值低，则表示其亲油性强。部分典型表面活性剂的 HLB 值及作用如表 3-1 所示。

表 3-1 部分典型表面活性剂的 HLB 值及其应用

名称	化学组成	HLB 值		应用范围
石蜡	C_{16}～C_{22}烷烃混合物	0	↑	HLB 1.5～3.0
Span-85	失水山梨醇三油酸酯	1.8		消泡剂
Span-65	失水山梨醇三硬脂酸酯	2.1		
Span-80	失水山梨醇单油酸酯	4.3	亲油	HLB 3～6
Span-60	失水山梨醇单硬脂酸酯	4.7		W/O 型乳化剂
Aldo-28	单硬脂酸甘油酯	3.8～5.5		
Span-40	失水山梨醇单棕榈酸酯	6.7		HLB 7～9
Span-20	失水山梨醇单月桂酸酯	8.6		润湿剂
Tween-61	聚氧乙烯失水山梨醇单硬脂酸酯	9.6		HLB 8～18
Atlas G-1790	聚氧乙烯羊毛脂衍生物	11.0		O/W 型乳化剂
Atlas G-2133	聚氧乙烯月桂醇醚	13.1		
Tween-60	聚氧乙烯失水山梨醇单硬脂酸酯	14.9		
Atlas G-1441	羊毛醇酯衍生物	14.0		HLB
Tween-80	聚氧乙烯失水山梨醇单油酸酯	15.0		13～15
Myri-49	聚氧乙烯单硬脂酸酯	15.0		洗涤剂
Atlas G-3720	聚氧乙烯十八醇醚	15.3		
Atlas G-3920	聚氧乙烯油醇醚	15.4		
Tween-40	聚氧乙烯失水山梨醇单棕榈酸酯	15.6		
Atlas G-2162	聚氧乙烯氧丙烯硬脂酸酯	15.7		HLB
Myri-51	聚氧乙烯单硬脂酸酯	16.0		15～18
Atlas G-2129	聚氧乙烯单月桂酸酯	16.3		增溶济
Atlas G-3930	聚氧乙烯醚	16.6		
Tween-20	聚氧乙烯失水山梨醇单月桂酸酯	16.7		
Brij-35	聚氧乙烯月桂醚	16.9		
油酸钠	油酸钠	18.0		
Atlas G-2159	聚乙烯单硬脂酸酯	18.8		
PEG	聚乙二醇	20.0		
SDS	十二烷基硫酸钠	40.0		

由表 3-1 可以看出。司盘类是亲油性表面活性剂，其 HLB 值为 1.8～8.6；吐温类是亲水性表面活性剂，其 HLB 值为 9.6～16.7。

(3) 选择乳化剂的方法：当化妆品配方中的各种组成大致确定后，即可对乳化剂进行选择。通常根据 HLB 值来选择适宜的乳化剂。

制备 O/W 型乳状液，需要亲水性较强、在水相中溶解度较大的表面活性剂，HLB 值为 8～18，通常多为低价的离子型表面活性剂。制备 W/O 型乳状液，需要亲油性较强、在油相中溶解度好的表面活性剂，HLB 值为 3～6，通常多为非离子型表面活性剂。

通常选用混合乳化剂比单一乳化剂的乳化效果更好。

第二节 水溶性高分子

水溶性高分子又称水溶性聚合物，它们是一类分子中大多含有羟基、羧基、氨基等亲水基的高分子化合物，在水中能溶解或溶胀而呈水溶液或凝胶状态，表现出不同的黏稠度性质，构成化妆品的胶质类原料。它们在化妆品中起着如下作用：对乳状液和悬浮液等分散系起着稳定作用；对乳状液、蜜类半流体起着增稠作用；对膏霜类半固体起着增黏或凝胶化作用；另外还具有胶黏、成膜、泡沫稳定及保湿作用等。水溶性高分子具有多种多样的品种和各种特定的作用，已经成为化妆品中一类重要的原料。

水溶性高分子按其来源和制备方法，可分为有机天然、有机半合成、有机合成和无机水溶性高分子四大类。

一、有机天然水溶性高分子

有机天然高分子是以动植物为原料，通过物理过程或物理化学方法提取而得。常见的有胶原类（如明胶、酪蛋白等）和多糖类（如阿拉伯胶、黄蓍树胶、果胶、木瓜子胶、鹿角菜胶、海藻酸钠和透明质酸等）。

1. 明胶　明胶是以某些动物组织如牛、驴等的骨、皮、筋等为原料，部分水解，纯化后制得的胶性高分子聚合物。呈白色或淡黄色、透明或半透明的粉末或片状物。在水中浸泡吸水而膨胀，可吸水增重 5～10 倍，充分吸水的明胶加热可溶解成胶体溶液，冷却后成凝胶状。明胶具有胶体保护及黏合作用，可用作成膜剂、润湿剂和皮肤保护剂。

2. 酪蛋白　酪蛋白又称酪素或干酪素。它是一种含磷蛋白质，呈白色或淡黄色粉末或颗粒状，略有乳臭或酸味。在水中溶胀，加入稀碱或盐即可分散溶解于水。在膏霜、乳液类化妆品中主要用作乳化剂或乳化稳定剂、增黏剂等。因它含有丰富的蛋白质和氨基酸，也可作为营养添加剂用于化妆品中。

3. 阿拉伯胶　阿拉伯胶又称金合欢胶，是阿拉伯树胶的分泌物，是由称为阿拉伯胶酸的多聚糖类物质的钙、镁、钾盐。呈白色粉末或颗粒状、淡黄色块状物。不溶于乙醇，水溶液是酸性黏稠状液体，水溶液的黏度随时间延长而降低。主要用作胶黏剂、乳化剂、润滑剂和头发定性剂等。常与其他水溶性高分子配合使用。

4. 黄蓍树胶　黄蓍树胶是由黄蓍树皮分泌物经加工而制得的胶性物质。呈白色或淡黄色半透明粉状物，不溶于乙醇，吸水性强，在水中膨胀成凝胶。主要用作胶黏剂、增稠剂及胶体保护剂等，常用于粉类化妆品、发胶中。

5. 果胶 果胶是凝胶状多聚糖类物质，广泛存在于植物组织中。呈白色或深黄色粉末，不溶于乙醇、丙酮等，溶于甘油，在水中呈凝胶状黏稠液体。果胶无毒、对皮肤无刺激性和无过敏性。主要用作胶体保护剂和乳化剂等，适用于化妆水、微酸性乳液和面膜类化妆品。

6. 木瓜子胶 木瓜子胶是由一种名为榲桲植物的种子中提取而得的黏液物质，具有比其他天然、合成水溶性高分子更为优异的感觉性能，即涂抹在皮肤上可有爽快而润滑的感觉。常用于乳液护肤化妆品。

7. 鹿角菜胶 鹿角菜胶又称角叉菜胶，它是由鹿角菜或爱尔兰苔等红海藻以水提醇沉而制得。呈无臭、无味、白色至褐色粉末。易溶于水，在 60℃ 以上完全溶解，降至室温时则呈透明黏稠液或凝胶状，热稳定性好，但在强碱性中不稳定。鹿角菜胶对皮肤有滑爽感和滋润效果，常与甘油、丙二醇、山梨醇等应用于膏霜类化妆品中，用作胶黏剂、增稠剂等。

8. 海藻酸钠 海藻酸钠是由各种海藻（如海带、褐带菜等）经稀碱溶液浸取，再经过滤除去纤维素等，并经漂白后精制而得，呈白色或淡黄色粉末状，无臭、无味，不溶于有机溶剂，易溶于水成黏稠状胶体溶液。主要用作增稠剂、稳泡剂、乳化稳定剂、胶凝剂和成膜剂，用于发用类化妆品、护肤乳液和面膜等化妆品。

海藻酸酯如海藻酸丙二醇酯也具有海藻酸钠相似的作用。

9. 透明质酸 透明质酸广泛存在于动物机体中，如脐带、公鸡冠、牛眼、角膜和关节液中。市售透明质酸主要以鸡冠为原料，经生化技术提取而制得的呈白色纤维状粉末或淡黄色透明液体。具有较强的吸湿、保湿和润滑性能，主要用作保湿剂、增稠剂和悬浮剂，用于膏霜、乳液、香波和护发素等类化妆品。透明质酸是高档化妆品的添加剂。

二、有机半合成水溶性高分子

有机半合成水溶性高分子是以天然物质为原料、经化学改性而制得。主要分为变性淀粉和改性纤维素两大类。

1. 变性淀粉 淀粉是多糖类天然高分子，可作为粉剂用于香粉类化妆品中，但因其抗微生物性能差，现多用变性淀粉。即淀粉分别经酸、碱、盐、氧化剂和淀粉酶进一步反应，得到各种变性淀粉，扩展了淀粉的性能和用途。常用的是 β-环糊精（简称 β-CD）。

β-环糊精是一种特殊的变性淀粉，其结构为闭合的筒状结构，具有“笼效应”。它既有一定的水溶性，又能在其分子内腔包含脂溶性强的有机物，形成单分子包容复合物。添加在化妆品中可以延长化妆品的储存期、减小其刺激性、保持留香持久。也可以用 β-CD 代替表面活性剂制备乳化状化妆品时，可使油性原料易乳化，乳化时不形成凝胶状态，流动性好，乳化条件也较易控制。

2. 改性纤维素 改性纤维素是以天然的纤维素为原料，经化学反应而合成的具有胶性的各种衍生物，其中纤维素醚类及其盐在化妆品中应用得最多。例如甲基纤维素、羟丙基甲基纤维素、羧甲基纤维素钠等。

（1）甲基纤维素（简称 MC）和羟丙基甲基纤维素（简称 HPMC）：二者都是纤维素的醚类，呈无臭、无味、白色纤维状粉末，不溶于水及一般有机溶剂，对光、热稳定，在水中膨胀成透明、黏稠的胶体溶液。主要用作增稠剂、增泡和稳泡剂、乳化剂、润滑剂和保湿剂等。

（2）羧甲基纤维素钠（CMC-Na）：是纤维素的多羧甲基醚的钠盐，呈无臭、无味、白色粉末或颗粒状物，易溶于水及碱性溶液形成透明黏胶体。CMC-Na 在水中不是溶解而是解聚，即聚合分子的解聚。在水中先以悬浮状态存在，然后在水中膨胀至黏度最高，最后完成解聚而黏度稍有下降，对光、热较稳定。主要用作增黏剂、保湿剂、赋形剂和胶体保护剂，用于膏霜、乳液和香波等类化妆品。

三、有机合成水溶性高分子

有机合成水溶性高分子是利用有机单体通过聚合反应而制得。因这类高分子具有高效和多功能的特性，故近年来发展十分迅速，其品种和数量远远超过其他类水溶性高分子。下面仅介绍在化妆品中应用较广的几种。

1. 聚乙烯醇　聚乙烯醇(简称 PVA)是由乙酸乙烯酯经过聚合后，再水解脱去乙酸基而制取。通常呈白色至淡黄色颗粒或粉末状，无臭、无味，易溶于水。稀溶液呈胶状，浓度高时呈凝胶状。具有表面活性、很好的成膜性和较强的亲和性。主要用作成膜剂、黏合剂、增稠剂、胶体保护剂和乳化剂等，用于乳液、冷霜和面膜等类化妆品。

2. 聚氧乙烯　聚氧乙烯(简称 PEO)是由环氧乙烷经催化聚合反应而制得。相对分子质量范围为 $1\times10^5\sim5\times10^6$，呈白色、无臭、无味的粉末，其水溶液是稳定的水溶性化合物。可用作润滑剂、增稠剂和成膜剂等，最适用于皮肤清洁剂，能产生滑润、厚实的泡沫。

3. 聚乙二醇　聚乙二醇(简称 PEG)是由环氧乙烷与水或乙二醇的聚合产物。各种型号的聚乙二醇实际上是不同聚合度的聚乙二醇的混合物，型号用其平均相对分子质量来表示，如聚乙二醇 200 是聚合度为 6 和 7 的混合物，平均相对分子质量为 190～210。根据相对分子质量的大小不同，聚乙二醇呈白色的黏液(平均相对分子质量为 200～700)至蜡状半固体(平均相对分子质量为 1000～2000)，直至坚硬的蜡状固体(平均相对分子质量为 3000～20 000)。聚乙二醇易溶于水，可溶于乙醇、三氯甲烷中，不溶于醚和脂肪烃。

聚乙二醇具有不挥发性、生理惰性、温和性、润滑性和使皮肤润湿、柔软的性能。平均相对分子质量低于 2000 的聚乙二醇适于用作润湿剂和稠度调节剂，用于膏霜、乳液和剃须膏等类化妆品；平均相对分子质量大于 2000 的聚乙二醇适用于唇膏、香皂、剃须皂和粉底等类化妆品。

4. 聚乙烯吡咯烷酮　聚乙烯吡咯烷酮(简称 PVP)是由 *N*-乙烯基吡咯烷酮聚合而制得的直链聚合物。呈白色至淡黄色粉末，易溶于水，可溶于醇、三氯甲烷、胺类、酮类及低分子脂肪酸。PVP 的相对分子质量不同，其性能和使用范围亦不同。它具有较好的保湿性和成膜性，并与其他许多水溶性高分子有着良好的相容性，因此广泛用作定发用化妆品中的成膜剂，能在头发上形成光滑和有光泽的透明薄膜，还可用作护肤乳液和膏霜的柔润剂及稳定剂、彩妆类化妆品中的基质原料、染发剂中的分散剂和香波的稳泡剂等。

5. 乙烯吡咯烷酮的共聚物　因为聚乙烯吡咯烷酮对潮性较敏感，所以在化妆品中通过使用乙烯吡咯烷酮的共聚物以减轻水分和湿度的影响。共聚物主要有乙烯吡咯烷酮/乙酸乙烯酯共聚物(PVP/VA)、乙烯吡咯烷酮/二甲氨基乙基甲基丙烯酸酯共聚物(PVP/DMAEMA)、乙烯吡咯烷酮/甲基丙烯酸酯/甲基丙烯酸共聚物(PVP/methacrylate)，主要用作发用化妆品中的定型剂、成膜剂和增稠剂等。

6. 聚丙烯酸钠　聚丙烯酸钠(简称 PA-Na)是丙烯酸聚合物的钠盐。呈无臭、无味、白色粉末状，溶解于水时，先溶胀，再加水使之完全溶解。水溶液的黏度很高，但对铁离子不稳定。主要用作高效增稠剂、乳状液稳定剂等，用于护肤、护发类化妆品，特别适用于透明凝胶类化妆品。

四、无机水溶性高分子

无机水溶性高分子是在水或水-油系统中可分散形成胶体或凝胶的天然或合成的复合硅酸盐。最常见的有硅酸铝镁和硅酸镁钠。

1. 硅酸铝镁　硅酸铝镁是由火山灰形成的岩矿物制取的硅酸盐，其组成是较复杂的胶性物质，呈无臭、无味、白色柔软的细小片状或粉末。不溶于水和有机溶剂中，但在水中可膨胀成较自身体积大许多倍的胶态分散体。它可以与大多数化妆品原料配伍，与其他的有机水溶性高分子配合使用有较好的协同作用。主要用作悬浮剂、乳液稳定剂和黏度的调节剂，用于各类护肤和护发、防晒、止汗类化妆品。

2. 硅酸镁钠　硅酸镁钠是通过化学方法合成的层状结构的硅酸盐。呈可自由流动的白色粉末，在水中溶胀形成溶胶，加入少量电解质时，可形成较高强度的凝胶。其纯度高、粒子小，形成溶胶清澈透明。此外作为无机胶体，不会生物降解，抗微生物性能较好。主要用作增稠剂、悬浮剂和流动性改变剂，用于香波、护发素、膏霜和乳液等类化妆品，特别适用于有粉体的制剂，如去头屑香波。

第三节　色　　素

色素也称着色剂，是用来赋予化妆品一定颜色的原料。化妆品中添加色素可起到美化、修饰的作用，或掩盖化妆品中某些有色组分的不悦色感，以增加化妆品的视觉效果。

化妆品用色素除了对颜色的要求外，还有严格的安全性要求，因此在选用着色剂时，必须遵守国家《化妆品卫生标准》(GB7916—87)中对化妆品组分中暂用着色剂的允许使用范围及限制条件。

化妆品用色素按其来源可分为有机合成色素、无机颜料、天然色素和珠光颜料等四类。

一、有机合成色素

有机合成色素，也称焦油色素，它是由石油焦油、煤焦油中得到的各种芳香烃类为基本原料，根据发色基团和助色基团的结构有机合成而制得。有机合成色素纯度高、颜色鲜艳稳定，但安全性较差，是化妆品着色剂较主要的部分。按其化学结构可分为偶氮系、三苯甲烷系、呫吨系、蒽醌系、喹啉系、硝基系和靛蓝系等色素。

1. 偶氮系色素　偶氮系色素是发色基团为偶氮基(—N＝N—)的色素，广泛应用于化妆品中。偶氮系色素又可分为未磺化偶氮型颜料、未磺化偶氮型染料、不溶性磺化偶氮型颜料和可溶性磺化偶氮型染料。色调一般为黄色或红色，如颜料橙 5、食品黄 3(落日黄)和颜料 63∶1(色淀枣红)等。

2. 三苯甲烷系色素　三苯甲烷系色素分为盐基性染料和磺酸盐染料，仅后者适宜用化妆品。一般含有多个磺酸盐基，易溶于水。不易溶于非极性有机溶剂或矿物油等。色调一般为绿、蓝或紫色，如食品绿 3(坚牢绿)、食品蓝 2(光蓝)等。

3. 呫吨系色素　呫吨系色素分子结构中都有呫吨基或称为夹氧杂蒽基，是荧光素染料的衍生物，它们在酸、碱中可以酚型和醌型两种互变异构的状态存在，而醌型易溶于水。色彩鲜艳强烈，着色力强。色调一般为黄色或红色，如溶剂黄 94、酸性黄 73、溶剂红 43(四溴荧光素钠)、溶剂红 72(二碘荧光素)等。

4. 蒽醌系色素　蒽醌系色素可分为未磺化蒽醌型和磺化蒽醌型两类。前者是油溶性的，后者是酸性水溶性的。以蒽醌为色体，着色力、耐光性好。色调一般为暗紫色或暗绿色，如溶剂红 13、酸性绿 25(茜素花青绿)等。

5. 喹啉系色素　喹啉系色素只有两种可适用于化妆品，即水溶性喹啉黄和醇溶性喹啉黄。色调一般为绿黄色，如溶剂黄 33 和酸性黄 3。

6. 硝基系色素　硝基系色素发色基团为硝基(—NO)染料，色调一般为黄色，如酸性黄 11(萘酚黄 S)。

7. 靛蓝系色素　靛蓝系色素适用于化妆品的仅有靛蓝染料，是一种磺酸盐，溶于水和乙醇中。色调一般为靛蓝色，如食品蓝 1。

二、无机颜料

无机颜料应用历史悠久，多以天然矿物为原料，经提取精炼而制得，因对色素的纯度要求较高，现多以合成无机化合物为主。无机颜料不易溶于水和有机溶剂，而是借助于油性溶剂分散后，将其涂于物体表面，使之产生颜色。无机颜料具有遮盖力强、耐光、耐热、耐溶剂性等特点。

无机颜料主要有金属和合金粉末、白色颜料和有色颜料三类。

(一) 金属和合金粉末

无机颜料中有 3 种金属和合金粉末：铝粉、铜粉和青铜粉(铜锌合金，含少量铝和锡)。其主要特点是有金属光泽，在透明介质中，其光泽的颜色随入射光的角度和视角的变化可发生光和色的变化。主要用于眼影膏和指甲油等化妆品。近年来，随着珠光颜料的发展，已较少用于化妆品中。

(二) 白色颜料

化妆品中使用白色颜料的目的是利用它的强遮盖能力，并使化妆品具有润滑感或稀释有色颜料的作用。主要有钛白粉(TiO_2)、锌白(ZnO)、滑石粉等，具体介绍详见第二章相关内容。

(三) 有色颜料

有色颜料是指那些有色的化合物，一般是不溶于水、醇或油等溶剂的着色粉末(沉淀)性色素。通常具有较好的着色力、遮盖力、抗溶剂性等特点。主要有：氧化铁、氧化铬绿、氢氧化铬绿、群青和锰紫等。

1. 氧化铁　用于化妆品色素的氧化铁是以不同的形式而制得各种颜色的氧化铁，且是在严格控制的条件下制备。包括黄色氧化铁($Fe_2O_3 \cdot H_2O$)、棕色氧化铁($Fe_2O_3 \cdot H_2O$、Fe_2O_3 和 Fe_3O_4 的混合物)、红色氧化铁(Fe_2O_3)、黑色氧化铁(Fe_3O_4)等。

2. 氧化铬绿(Cr_2O_3)　氧化铬绿色调为浅至深橄榄绿，对光、热、酸、碱和有机溶剂的稳定性好。

3. 氢氧化铬绿[$Cr(OH)_3$]　氢氧化铬绿呈亮青绿色粉末，色调为翠绿。

4. 群青　群青呈绿色至紫色等的粉末，色调鲜艳。群青的结构与沸石相似，为硫代硅铝酸钠的复合物。群青对光、热、碱及有机溶剂稳定性好，但对酸敏感，易褪色和产生硫化氢气体。主要用于眼影膏、睫毛膏和眉笔等类化妆品。

5. 锰紫($NH_4MnP_2O_7$) 锰紫色调为紫色，亮度、遮盖力、耐氧化和还原性中等，耐光性、耐酸性好，耐碱性差。主要用作眼影膏、眉笔和香皂中的着色剂。

三、天然色素

天然色素主要来源于动植物的组织，亦称为动植物性色素，其优点是安全性较高，色调鲜艳而不刺目，赋有天然感。因其产量少、纯度低、价格高和稳定性较差等因素，现已大部分被合成色素所代替。近年来因合成色素存在安全性问题，故越来越重视天然色素，尤其是提取分离及生物技术的发展，又使天然色素广泛兴起。常用的天然色素主要有以下几种。

1. β-胡萝卜素 β-胡萝卜素是一种黄色或橙黄色色素。易被氧化而褪色，也易受金属离子的影响，这是因其分子结构中含有多个碳碳双键，易发生反应所致，需要与抗氧剂和螯合剂一起使用。

2. 胭脂红 胭脂红也称胭脂红酸，是由寄生在仙人掌上的胭脂虫干燥粉中提取的红色色素，主要成分是胭脂红酸、蒽醌衍生物。颜色因 pH 值不同而异，在酸性中呈橙色至红色，而在碱性中则呈紫红色，对酸、光和热较稳定。常用作胭脂、口红、眼影膏、乳液和化妆水类化妆品的色素。

3. 叶绿酸钾钠铜 叶绿酸钾钠铜(potassium sodium copper chlorophyllin)也称天然绿，它是从绿色植物中先提取出叶绿素 A，再经一系列化学反应和处理而制得。呈墨绿色粉末，易溶于水，水溶液呈透明，无沉淀，偏酸性。用于膏霜、乳液的着色。

四、珠光颜料

珠光颜料是使化妆品产生珍珠般色泽效果的着色剂。主要有鸟嘌呤、氯氧化铋和覆盖云母颜料等。产生珠光是由于同时发生光干扰和散射的多重反射结果。因珠光颜料能加强色泽效果，现广泛应用于膏霜、乳液、乳化香波、彩妆等类化妆品。

1. 鸟嘌呤 鸟嘌呤是由鱼鳞制取的晶体材料，其颜色由鱼鳞中的颜色类型和含量决定。其珍珠光泽比较凝重，主要用作唇部、眼部、指甲等彩妆类化妆品的珠光剂。因其价格较昂贵，故逐渐被合成颜料所代替。

2. 氯氧化铋 氯氧化铋是由硝酸铋的稀硝酸溶液与氯化钠反应而制得，呈白色带有光泽的结晶粉末。具有较好的不透光性和柔和的珍珠光泽，光照时间过长，色泽会变深。也可在云母粉表面覆盖氯氧化铋，制成珠光颜料，使其在溶剂中分散性更好，扩大其应用范围。主要用于唇膏、眼影膏和指甲油等类化妆品。

3. 覆盖云母颜料 云母是一种白色、质地轻、略有珠光片状的粉末。它具有一定的黏附性和遮盖性，易于着色。利用其特点，将片状云母粉的表面用化学方法涂上二氧化钛薄膜，制得二氧化钛-云母珠光颜料。该颜料是一种夹心结构的物质，具有银白色光泽和润滑感觉。现还研制出在云母粉表面涂上二氧化钛薄层后，再覆上 Fe、Cr、Ni、Co、Al、Sn、Bi 等金属氧化物薄膜，而使之具有不同颜色的珠光颜料。这类珠光颜料是当今品种最多和最重要的珠光颜料。

第四节　香料和香精

虽然各种化妆品的作用、性能、状态等有所不同，但都有一个共同的特点，即常具有一定的温馨、优雅的香气。化妆品的香气是通过在配制时添加一定量的香精所赋予的，而香精则是由各种香料经调配混合而成。化妆品中添加的香精量虽少，但它起的作用却是非常重要的。香精的质量不仅影响到化妆品的气味、颜色、剂型的稳定性等，还可能影响消费者的喜欢程度，甚至可能还会对化妆品的刺激性、过敏性等方面产生作用。因此香精是化妆品关键原料之一。

一、香料

（一）香料的定义及结构特点

香料也称香原料，是一种能被嗅感嗅出香气或味感尝出香味的物质，是配制香精的原料。

香料所具有的香气与香料物质的化学结构及其理化性质，如蒸气压、相对分子质量、溶解性等有密切关系。香料具有挥发性，相对分子质量一般为26～300，可溶于水、乙醇或其他有机溶剂。其分子中常含有$—OH$、$—C=O$、$—NH_2$、$—SH$、$—CHO$、$—COOH$、$—COOR$等基团，这些基团在香料化学中常称为发香基团或发香基。

（二）香气的分类

香气是香料的"灵魂"，每种香料都散发出不同的香气。香料的香味千差万别，极不统一。对香气的分类方法也多种多样，各有所长。在此介绍两种较实用的分类方法。

1. 按香气类型分类　1865年Rimmel根据天然香料的香气特征，将香气类型归纳为18种，如表3-2所示。这种分类方法与客观实际比较符合，容易被人们接受，有一定指导意义。

表3-2　按香气类型分类方法

香气类型	代表香料	属于同类别的香气
杏仁类	苦杏仁	月桂、桃仁、硝基苯
龙涎香类	龙涎香	橡苔、龙涎香
茴香类	大茴香	小茴香、葛缕子、芫荽子、大茴香
膏香类	香子兰	吐鲁香、秘鲁香、安息香、苏合香、黑香豆
樟脑类	樟脑	迷迭香、广藿香
丁香类	丁香	香石竹、紫丁香
柠檬类	柠檬	香柠檬、甜橙、白橡、白柠檬
果香类	梨	苹果、菠萝、榅桲
茉莉类	茉莉	铃兰
薰衣草类	薰衣草	穗薰衣草、百里香、甘牛至
薄荷类	薄荷	留兰香、芸香、紫苏、鼠尾草
麝香类	麝香	灵猫香、麝香木、秋葵子
橙花类	橙花	刺槐、橙叶、山梅花
玫瑰类	玫瑰	香叶、欧蔷薇、玫瑰木
檀香类	檀香	岩兰草、柏木
辛香类	肉桂	桂皮、肉豆蔻、肉豆蔻衣
晚香玉类	晚香玉	百合、风信子、水仙、黄水仙
紫罗兰类	紫罗兰	金合欢、鸢尾根、木犀草

2. 按挥发度分类 1954 年 Poucher 提出了按香料香气挥发度来对香气进行分类的方法。依据香料在辨香纸上挥发后留香时间长短，将香料分为头香、体香和基香三大类。把在不到一天就嗅不到香气的香料，规定其系数为“1”，不到两天的系数定为“2”，依此类推，将留香时间最长的定为“100”。规定系数为 1～14 的香料划为头香；15～60 的划为体香；61～100 的划为基香或定香剂。

（三）香料的分类

根据香料的来源，香料可分为天然香料和合成香料两大类。

1. 天然香料 天然香料是指从含香味物质的动、植物某些生理器官（或组织）或分泌物中经加工处理而得到的含有发香成分的物质，它们多为成分组成复杂的混合物。又分为动物性香料和植物性香料两类。

（1）动物性香料：动物性香料是从动物（麝鹿、灵猫、海狸、抹香鲸和麝鼠等）的某些生理器官或分泌物中提取出来的香料，主要有麝香、灵猫香、海狸香、龙涎香和麝香鼠香 5 种。因其来源少、价格昂贵，多用于高档化妆品中。

1）麝香：是从雄麝鹿生殖腺分泌物得到，干燥后呈红棕色至暗褐色粒状物质，用水润湿后有香气，一般制成酊剂使用。其主要香成分是麝香酮，另外还有麝香吡啶、胆固醇、酚类、脂肪醇类等。麝香香气强烈，扩散力强且持久，常用作高档化妆品中的定香剂。

2）灵猫香：是灵猫的囊状分泌腺所分泌出来的褐色半流体物，稀释后有强烈而愉快的香气，一般制成酊剂使用。其主要香成分是灵猫酮，另外还有吲哚、3-甲基吲哚、乙酸苄酯、四氢对甲基喹啉等成分。灵猫香香气比麝香更为优雅，常用作高级香水中香精的定香剂。

3）海狸香：是从海狸生殖器旁的梨形腺囊中取得的分泌物，经干燥后呈红棕色树脂状物。其香气比较浓烈而且持久，一般制成酊剂使用。其主要香成分是海狸香胺、三甲基吡嗪和四甲基吡嗪，另外还有树脂、苯甲酸及酮类、酚类和酯类等。海狸香主要用于定香剂，配入花精油中能提高其芳香性，增加留香时间。

4）龙涎香：是在抹香鲸胃肠内所形成的结石病态产物，自体内排除后熟化而制得，呈灰白色或棕褐色的蜡块状物质。一般制成酊剂使用。其主要香成分是龙涎香醇和甾醇（粪甾烷-3α-醇）。龙涎香醇本身并不香，经放置自然氧化后，其分解产物龙涎香醚和 γ-紫罗兰酮成为主要香气物质。龙涎香具有清灵而温雅的特殊动物香，香气非常优美，是品质最高的动物香料，常用作高档香精的定香剂。

5）麝香鼠香：是麝鼠腺囊肿的分泌物，新鲜的为淡黄色黏稠液体，久置则颜色变深。其主要香成分是麝香酮、环十七酮等，可作为麝香代用品。

（2）植物性香料：是从含香植物的花、叶、枝、干、根、皮、草、种子或树脂中提取出来的有机混合物。大多数呈油状或膏状，少数呈树脂或半固态。

植物性香料的提取方法通常有水蒸气蒸馏法、浸提法、压榨法和吸收法等。用水蒸气蒸馏法和压榨法制取的植物性香料通常是芳香性挥发油，是植物芳香的精华部分，所以也称为精油。用挥发性溶剂浸提法浸提植物原料中含香成分，因含有植物蜡、色素、叶绿素和糖类等杂质，通常是半固态膏状物，故称为浸膏。用非挥发溶剂吸收法制取的半固体物质称为香脂。浸膏和香脂用乙醇溶解，冷却后滤去植物蜡等固体杂质，减压蒸馏回收乙醇后所得到的浓缩物称为净油。如果用乙醇浸提芳香成分物质，所得到的产品则称为酊剂。

植物性香料存在于各种植物的不同部位情况如表 3-3 所示。

表 3-3　精油存在植物部位

部位	代表性植物
花	玫瑰、茉莉、橙花、水仙、合欢、蜡菊、紫罗兰、香石竹、伊兰、桂花
叶	马鞭草、桉叶、香茅、月桂、香叶、橙叶、冬青、香紫苏、枫茅、岩蔷薇、风信子
枝干	玫瑰木、檀香木、柏木、香樟木
树皮	桂皮、肉桂
树脂	吐鲁香脂、秘鲁香脂、安息香树脂
果皮	柠檬、柑桔、香柠檬、白柠檬
种子	黑香豆、茴香、肉豆蔻、杜松、丁香、桃仁
根茎	生姜、白菖、鸢尾
苔衣	橡苔、树苔
草	薰衣草、薄荷、留兰香、迷迭香

由表 3-3 可以看出，从含香植物的不同含香部分分离提取的芳香成分，常代表该香料植物部分的香气。植物性香料的含香成分为数极多，从化学结构上大体可分为萜类化合物、芳香族化合物、脂肪族化合物及含氮和含硫化合物四类。

2. 合成香料　由于天然香料受到原料资源及加工等因素的限制，从产量和质量等方面都不能满足需求。利用单离香料(采用物理或化学方法从天然香料中分离出单体香料化合物)或有机化工原料通过有机合成的方法而制得的香料，称为合成香料。具有明确化学结构、芳香气味、纯度高、品种多、产量大、价廉等特点。不仅满足了天然香料不足的问题，而且也扩大了香料的来源，同时也增加了天然香料尚没有的新品种。在目前使用的香精配方中，合成香料约占 85%。

按化学结构分类具有代表性的合成香料见表 3-4。

表 3-4　有代表性的合成香料

化学结构分类		有代表性的合成香料名称	香　气
烃类		柠檬烯	柠檬或甜橙似的香气
醇类	脂肪醇	1-壬醇	玫瑰似的香气
	萜类醇	薄荷醇	薄荷香气
	芳香醇	β-苯乙醇	玫瑰似的香气
酚类		丁子香酚	丁香似的香气
醚类	萜类醚	芳樟醇甲基醚	香柠檬香气
	芳香醚	茴香醚	茴香香气
醛类	脂肪醛	月桂醛	紫罗兰似的香气
	萜类醛	柠檬醛	柠檬似的香气
	芳香醛	香兰素	香荚兰豆香气
	缩醛	柠檬醛二乙缩醛	柠檬香气
酮类	脂环酮	α-紫罗兰酮	紫罗兰似的香气
	萜类酮	香芹酮	留兰香似的香气

续表

化学结构分类		有代表性的合成香料名称	香　气
	芳香酮	甲基-β-萘基甲酮	橙花似的香气
	大环酮	十五酮	麝香香气
酯类	脂肪酸酯	乙酸芳樟醇酯	香柠檬、薰衣草似的香气
	芳香酸酯	苯甲酸丁酯	水果香气
内酯类	脂肪族羟基酸内酯	γ-十一内酯	桃子似的香气
	芳香羟基酸内酯	香豆素	新鲜干草香气
	大环内酯	十五内酯	麝香香气
	含氧内酯	12-氧杂十六内酯	麝香香气
硝基化合物		葵子麝香	似天然麝香的香气
杂环类		吲哚	茉莉花香气

二、香精

天然香料由于产量、质量等因素，合成香料因其香气较单一，二者都不能直接用于加香产品中。天然香料和合成香料需要调配成一定的香型后才能使用。将数种或几十种香料（包括天然香料和合成香料），按照一定的配比和加入顺序调和成具有某种香气或香型及一定用途的调和香料的过程称为调香。这种调和香料称之为香精。

1. 香精的分类　经调配而制得的香精所具有的香型是其整体的香气综合结果，香精根据其香型主要分为：

（1）花香型香精：模拟天然鲜花的香味，酷似自然界的各种花香而调合成的香精。如玫瑰、茉莉、桂花、橙花、合欢、康乃馨、紫罗兰、丁香、水仙、玉兰、铃兰等花香型香精。

（2）水果型香精：模仿水果的香味而调合成的香精。如香蕉、柠檬、苹果、菠萝、杨梅、橘子、樱桃、梨等水果型香精。

（3）非花香型香精：这类香精既不是花香，也不是果香。它可能是模仿某一种芳香物质的香气调配而成，如琥珀香、草香、木香等香型香精。另一种可能是幻想或创拟出的香型，如素心兰、东方、国际、巴黎之春等型的香精。

2. 香精的组成

（1）按香料的作用：按香料在香精中所起的作用，香精通常包括如下几个部分香料：

1）主香剂：也称主香香料，是形成香精主体香韵的基础，是构成各种类型香精香气的主要原料，一般用量较多。其香型必须与所要调配的香精香型相一致。

2）和香剂：也称协调剂，其作用是调和各种成分的香气，突出主香剂香气，使香精不致过分浓烈刺激而变得圆韵。其香型也应和主香剂的香型相同。

3）修饰剂：也称变调剂，其作用是使香精变化格调，补充香气上的某些不足或增添新的香韵，使香气更为润和。修饰剂的香型与主香剂的香型不同，用量较少。

4）定香剂：也称保香剂，其本身不易挥发，且能抑制其他易挥发香料的挥发速度，使香精的香气特征或香型保持稳定、持久。定香剂一般多为天然香料，或者是相对分子质量较大或分子间作用力较强、沸点较高、蒸气压较低的合成香料。

5）香花香料：也称增加天然感的香料，其作用是使香精的香气甜悦，更接近于天然花香。主要是用香花精油作为香花香料。

（2）按香料挥发度和留香时间：从对香气感觉的观点出发，根据香精配方中所用香料的挥发度和留香时间不同，香精可分为头香、体香和基香三个相互关联的组成部分。

1）头香香料：用于头香的香料称为头香香料，一般是由挥发快、在评香纸上的留香时间在2小时之内、扩散性强的香料组成。

2）体香香料：用于体香的香料称为体香香料。一般是由中等挥发度香料组成的，在评香纸上的留香时间为2～6小时。体香香料是组成该香精的主体部分，代表该香精的主体香气。

3）基香香料：用于基香的香料称为基香香料。一般是由沸点高、挥发性低的香料或定香剂所组成，在评香纸上的留香时间为6小时以上。基香是香精的基础部分，代表着该香精的香气特征。

第五节　防　腐　剂

化妆品容易被微生物污染，特别当其含有营养成分时，微生物更易在其中滋生与繁殖，导致化妆品变质。为了确保化妆品在保质期内的安全有效性，除了在化妆品生产过程中加强卫生管理外，还常在化妆品中添加适量防腐剂，以达到防腐的目的。能够防止或抑制微生物生长和繁殖的物质称为防腐剂。其作用机制是使化妆品免受微生物的污染，延长化妆品的寿命，确保其安全性。

我国《化妆品卫生标准》(GB7916—87)规定了化妆品组分中限用防腐剂、化妆品中最大允许浓度及限用范围和必要条件，下面将按其化学结构分类介绍，并列举常用防腐剂加以说明。

1．醇类　醇类可用作防腐剂的有乙醇、丙二醇、苯甲醇、三氯叔丁醇、2,4-二氯苄醇、苯乙醇、2-溴-2-硝基-1,3-丙二醇等。

较常用的醇类防腐剂有2-溴-2-硝基-1,3-丙二醇，又称为布罗波尔(bronopol)。呈白色结晶或结晶状粉末，易溶于水，最佳使用pH值范围为5～7。与尼泊金酯配伍使用比单独使用的抗菌效果更好。对皮肤一般无刺激性和过敏性。它在低浓度下是一种广谱抗菌剂，最大允许浓度为0.1%。常用于膏霜、奶液和香波等类化妆品。

2．酚类　酚类可用作防腐剂的有苯酚、2-苯基苯酚、2-甲基-4-氯苯酚、六氯酚、2-甲基-3,4,5,6-四溴苯酚等。常用酚类防腐剂有：

（1）2-苯基苯酚：呈白色的片状结晶，略有苯酚的气味，不溶于水，能溶于碱溶液及大部分有机溶剂。它的防腐活性很高，在低浓度(0.005%～0.006%)时有很好的杀菌效果，较苯甲酸和对羟基苯甲酸甲酯、乙酯活性高，一般使用浓度为0.05%～0.2%，按规定最大允许用量0.2%。

（2）六氯酚：呈白色可流动性粉末，无臭、无味，溶于乙醇、乙醚、丙酮和三氯甲烷中，不溶于水。对革兰阳性菌有很好的杀菌作用，可用于皮肤杀菌剂，一般用于皂类、油膏类化妆品。因在较高浓度(1%～3%)时才对真菌有作用，所以在化妆品内受到限制，其最大允许浓度为0.1%。与其具有相似作用的还有双氯酚，化学名称为2,2'-亚甲基双(4-氯苯酚)，也有较好的抗真菌作用。

3. 羧酸及其酯类或盐类　羧酸及其酯类或盐类用于防腐剂的有苯甲酸及其钠盐、山梨酸及其钾盐、水杨酸及其钠盐、对氨基苯甲酸乙酯等。常用的防腐剂有：

(1) 苯甲酸及苯甲酸钠：苯甲酸呈白色荧光的鳞片状或针状结晶或白色粉末，苯甲酸钠呈白色颗粒或结晶性粉末或雪花状，稍带安息香气味。防腐作用主要依靠未解离的分子，pH值最佳使用范围为2～5，一般使用浓度为0.1%～0.3%，最大允许用量0.5%(以酸计)。

(2) 对羟基苯甲酸酯类：又称为尼泊金酯，其酯类包括甲酯、乙酯、丙酯、异丙酯和丁酯等，这类物质均为无臭、白色结晶或无色细小晶体。该系列用于化妆品防腐剂已有很久历史，因具有不易挥发、无毒、稳定性好等优点，现仍广泛使用。在酸性或碱性介质中都有良好的抗菌活性。其活性随酯基碳链的数目增加而增强，但在水中溶解度降低。其酯类混合使用比单独使用效果更佳，常用于油脂类化妆品，最大允许浓度单酯为0.4%，混合酯为0.8%。

(3) *N*-羟甲基甘氨酸钠：又称为suttocide A，是一种广谱抗菌剂，在pH值8～12的范围内防腐活性高。一般使用浓度为0.003%～0.3%，主要用于香波、护发素等类化妆品。

4. 酰胺类　酰胺类化合物用于防腐剂的有：卤二苯脲、三氯二苯脲、咪唑烷基脲等。常用的防腐剂有：

(1) 咪唑烷基脲：又称为Germa 115，呈无臭、无味、白色粉末，极易溶于水，对皮肤无毒、无刺激性、无过敏性，与尼泊金酯配伍使用可大大提高其抗菌活力。对各种表面活性剂都能配伍，适宜的pH值范围为4～9，最大允许浓度为0.6%，一般使用浓度为0.2%～0.5%。常用于膏霜、乳液、香波、婴儿用品、眼部和防晒等类化妆品。

(2) N-(羟甲基)-N-(1,3-二羟甲基-2,4-二氧-5-咪唑啉基)-N'-(羟甲基)脲：又称为Germal Ⅱ，呈白色流动吸湿性粉末，无味或略有特殊气味。可在pH值4～8时使用；稳定性好，可与各种表面活性剂配伍，也可与大多数化妆品组分配伍。其抗细菌活性较咪唑烷基脲好，但抗真菌活性较咪唑烷基脲差，与对羟基苯甲酸酯类配伍使用，可增强其抗真菌的活性。常以Germal Ⅱ 0.2%，对羟基苯甲酸甲酯0.1%～0.2%和丙酯0.1%～0.15%混合使用。

5. 杂环类　杂环类化合物用于防腐剂的有：1-羟甲基-5,5-二甲基-乙内酰脲和1,3-双(羟甲基)-5,5-二甲基乙内酰脲的混合物、5-氯-2-甲基-异噻唑啉-3-酮和2-甲基-4-异噻唑啉-3-酮的混合物等。后者又称为凯松-CG。呈淡琥珀色透明液体，气味温和。最佳使用pH值范围为4～8，pH > 8时稳定性下降。可与各种表面活性剂配伍。但胺类、硫醇等含硫化合物和漂白剂均会使其失活。最大允许浓度为0.005%(以活性成分计)。主要用于洗发液、护发素、洗液、染发液、膏霜和乳液等类化妆品。

6. 季铵盐类　季铵盐类是阳离子表面活性剂的一类重要化合物，除了具有表面活性作用外，还具有较好的抗菌、杀菌作用。用于化妆品的防腐剂的有：1-(3-氯丙烯基)氯化乌洛托品、烷基三甲基氯化铵、烷基溴化喹啉、十六烷氯化吡啶等。在碱性介质中抗菌活性高，但与阴离子基团接触时，则会发生作用而失效。

代表性季铵盐：1-(3-氯丙烯基)氯化乌洛托品，又称为Dowicil 200，呈浅黄色粉末，无臭、无味，易溶于水、甘油等，不溶于油性溶剂。在pH值4～9范围内抗菌活性高，是一种较新型的抗菌剂，可用于膏霜类化妆品中，一般使用浓度为 0.1%。

7. 其他类　用于化妆品防腐剂的其他类有：

(1) 氯己定(洗必泰)，以葡萄糖酸、盐酸、醋酸氯己定形式使用。如葡萄糖酸洗必泰，呈淡黄色结晶性粉末，无臭、有苦味，溶于乙醇、水，具有相当强的广谱抑菌、杀菌作用，无毒、无刺激性、无过敏性，最大允许浓度为 0.3%。

(2) 某些香料也有抑菌效果，一种是具有酚结构的，如丁香酚、香兰素等；另一种是不饱和香叶烯结构的，如柠檬醛、香叶醇等。

第六节　抗　氧　剂

化妆品中常含有油脂、蜡等原料，其中的不饱和碳碳键易被氧化而使化妆品发生变质，这种氧化变质称为酸败。从外因看，空气中的氧、水分、光、热、微生物及金属离子等均可促使氧化反应进行而加速酸败。从内因看，酸败过程一般被认为是按自由基链式反应进行的。为了防止或减缓化妆品氧化酸败作用的物质称为抗氧剂，其作用机制是抑制自由基链式反应的进行，从而防止油脂、蜡类等化妆品原料的氧化。

抗氧剂的种类很多，按照它们的化学结构，大致可分为 5 类：

1. 酚类　包括丁基羟基苯甲醚、丁基羟基甲苯、二羟基酚、没食子酸及其丙酯与戊酯、生育酚、2,6-二叔丁基对甲酚、2,5-二叔丁基对苯二酚、对羟基苯甲酸酯类、去甲二氢愈创木脂酸等。具有代表性的抗氧剂如下所述。

(1) 丁基羟基苯甲醚：简称 BHA，它是 3-叔丁基-4-羟基苯甲醚和 2-叔丁基-4-羟基苯甲醚两种异构体的混合物。呈稳定的白色蜡状固体，易溶于油脂，不溶于水。一般使用浓度为 0.005%～0.01%，最大允许浓度为 0.15%。在有效浓度内无毒性，是一种较好的抗氧剂，与没食子酸丙酯、柠檬酸、丙二醇等配合使用，抗氧效果更佳。

(2) 丁基羟基甲苯：简称 BHT，其化学名称为 2,6-二叔丁基-4-甲基苯酚。呈白色或淡黄色的结晶，易溶于油脂，不溶于碱，也没有很多酚类的反应。其抗氧效果与 BHA 相近，在高温或高浓度时，不像 BHA 那样带有苯酚的气味，也允许用于食品中。一般使用浓度为 0.01%～0.1%，最大允许浓度为 0.15%。柠檬酸和维生素 C 对 BHT 有增效作用。BHT 是最常用的抗氧剂之一，广泛应用于各类油脂。

(3) 没食子酸丙酯：简称 PG。呈白色的结晶粉末，溶于乙醇和乙醚，在水中仅能溶解 0.1%左右，加热时可溶于油脂中，热稳定性较好。单独或与 BHT、BHA 和柠檬酸复配使用都具有较好的抗氧作用，但颜色容易变深。一般使用浓度为 0.005%～0.01%，一般最大允许浓度为 0.1%。

(4) 生育酚：存在于植物种子内。呈橙红色至红棕色黏液，略有气味，对热和光照均稳定，不溶于水，易溶于乙醇、乙醚和三氯甲烷。γ-和 δ-生育酚具有较好的抗氧化能力，广泛用作天然抗氧剂。在高档化妆品中用作抗氧剂。一般使用浓度为 0.01%～0.1%(按活性成分 30%)。

2. 醌类　包括叔丁基氢醌、维生素、羟基氧杂四氢化茚、羟基氧杂十氢化萘、溶剂浸出的麦芽油等。有代表性的如叔丁基氢醌(TBHQ)，呈白色至淡棕色结晶，稍有气味。抗氧能力远比 BHA、BHT 和生育酚强，是较新型的抗氧剂。不能与没食子丙酸复配使用，一般使用浓度为0.01%～0.02%。

3. 胺类　包括乙醇胺、异羟肟酸、谷氨酸、酪蛋白及麻仁蛋白、嘌呤、卵磷脂、脑磷脂等。

4. 有机酸、醇及酯　包括草酸、柠檬酸、酒石酸、丙酸、丙二酸、硫代丙酸、维生素C、葡萄糖醛酸、半乳糖醛酸、甘露醇、山梨醇、硫代二丙酸双月桂醇酯、硫代二丙酸双硬脂醇酯、硫代琥珀酸单十八酯和羧甲基硫代琥珀酸单十八酯等。有代表性的如硫代二丙酸双月桂酯，呈白色絮片状结晶或粉末，不溶于水，有特殊甜味。主要用作辅助抗氧剂等。

5. 无机酸及其盐类　包括磷酸及其盐类、亚磷酸及其盐类。

在上述五类抗氧剂中，前三类抗氧剂作用是主要的；而后两类则起辅助抗氧剂作用，单独使用抗氧效果不明显，须与前三类配合使用，可提高其抗氧化的效果。

（李发胜）

4 第四章 清洁类化妆品

清洁类化妆品是用于清洁养护皮肤的化妆品。健康的皮肤具有很强的防御功能，是人体自然防御的第一道屏障。而清洁卫生是保持皮肤健康美丽的首要条件。皮肤表面极易黏附粉尘、污物、微生物等，这些物质与皮脂、汗液、死亡脱落的表皮细胞及残留的化妆品相混合会形成污垢，阻塞毛孔和汗腺导管，影响皮肤的正常代谢，加速皮肤老化，甚至引起各种皮肤疾病，危害人体健康。因此必须使用清洁类化妆品来清除皮肤表面污垢、油脂及分泌物；保持皮脂腺、汗腺分泌畅通；防止细菌感染；使皮肤放松休息，充分发挥其生理功能。优良的洁肤类化妆品应具备以下性能：①质地细腻，稳定性好，无不良气味，使用方便；②能够清洁软化皮肤，容易均匀涂布，无拖滞感；③能迅速去除皮肤表面和毛孔内的各种污垢；④使用后无紧绷感、油腻感或干燥感，并可在皮肤上留有一层保护皮肤、滋润皮肤的薄膜。

第一节 清洁类化妆品的分类

清洁类化妆品的种类繁多，分类方法也很多，包括按作用机制分类、按剂型分类、按适用的皮肤类型分类、按适用年龄分类等。

一、按作用机制分类

清洁类化妆品按其主要的活性成分和作用机制分类，可分为以表面活性剂型为主和以溶剂型为主的两大类产品。表面活性剂型又分皂基型和非皂基型两类；溶剂型是以油性成分、保湿剂、乙醇和水为主。介于二者之间的为水包油乳化型。香皂、泡沫洁面乳属表面活性剂型，清洁霜则属于溶剂型。

表面活性剂型脱脂力较强，适用于油性、中性皮肤；溶剂型适用于干性皮肤；乳化型有护肤作用，适用于中、干性皮肤。

二、按剂型分类

清洁类化妆品按照其产品的剂型可分为以下几种类型：

1. 固体皂剂　是较为普遍使用的洁肤用品，为表面活性剂型的碱性清洁剂。如肥皂、香皂、各种美容皂等。美容皂依据 pH 值的不同还可分为碱性皂、中性皂、弱碱性皂；按功能分为美白皂、保湿皂、减肥皂、抗菌皂等。

2. 溶液类　如洁肤用的化妆水，卸妆用的卸妆水、卸妆油等。洁肤用化妆水是含有大量水、亲油-亲水两性的醇类、多元醇和酯类的洁肤溶液。卸妆油是一种加了乳化剂的油脂，主要用于卸除面部彩妆，清洁皮肤。

3. 乳剂　是目前市场上最为流行的洁肤用品，主要用于日常普通洁肤及卸除面部淡妆。如各种洗面奶、洁面乳等，多数是泡沫清洁剂，为不含碱性成分或弱碱性的液体软皂。此类产品种类繁多，以洗面奶为例，按功效还可分为美白洗面奶、保湿洗面奶、祛斑洗面奶等；按照添加植物种类不同可分为柠檬洗面奶、绿茶洗面奶、杏仁洗面奶等。

4. 膏霜剂　是一种半固体膏状制品，如清洁霜、磨砂膏、去死皮膏等。清洁霜主要作用是帮助去除积聚在皮肤上的异物，尤其适用于去除油性化妆品成分，如油污、唇膏和香粉等。清洁霜分为油/水型和水/油型两类。磨砂膏是一种含有极微细颗粒状物质的洁肤用品。可通过微细颗粒与皮肤表面的摩擦作用，有效去除皮肤深层污垢及角质层老化或死亡的细胞。去死皮膏是以膏霜为原料，加入磨砂剂和去角质成分组成。

5. 其他剂型　还有清洁面膜、气溶胶剂和洁面啫喱等多种类型清洁产品。

三、按适用皮肤类型分类

1. 适用于油性皮肤的清洁类化妆品　此类产品多为单纯的表面活性剂溶液，不含油脂和蜡类，以免加重皮肤的油腻感。在去除油脂和污垢的同时，还能控制皮脂的分泌。油性皮肤皮脂腺分泌旺盛，易堵塞毛孔、诱发粉刺和毛囊炎，所以适用于油性皮肤的洁肤品中一般会加一些抗菌成分。

2. 适用于干性皮肤的清洁类化妆品　此类产品油脂含量高，多采用非离子表面活性剂如去水山梨糖脂肪酸酯作为乳化剂。清洁皮肤时，可在皮肤表面留有一层滋润性薄膜。

3. 适用于混合性皮肤的清洁类化妆品　多为油脂和蜡含量较低、表面活性剂含量较高的乳液。它们一般以三乙醇胺硬脂酸盐或去水山梨糖脂肪酸酯作为乳化剂，很容易清洗，洗后感觉十分清洁。如果“T”区为油性而两颊为干性的混合性皮肤，“T”区应该选择水包油型的乳液类洁肤品，而干燥部位应适当补充油脂。

四、按适用年龄分类

1. 适用于婴幼儿的洁肤品　婴幼儿皮肤薄嫩，很容易受到伤害，成人洁肤品不适用于婴幼儿。现在市面上有很多婴幼儿专用洁肤品。如儿童皂、儿童浴液、儿童香波等品种。一般选用两性的咪唑啉型洗涤剂或其他刺激性很小的洗涤剂，这一类制品多是微酸性或中性。婴幼儿洁肤用品的特点是脱脂作用很小，去污力不太强，对皮肤、毛发和眼没有刺激性，可以有效地保护皮脂膜不受伤害。

2. 适用于青年的洁肤品　青年人皮肤胆固醇含量较高，肌肤细腻有弹性，所以选择洁肤品的范围较广。可以选用具有保湿成分的水/油型洁肤产品，润泽皮肤，保持弹性和水分。但青春期时，皮脂分泌尤其旺盛，油腻感增加，皮肤毛孔粗大，应首选去污力强的洁肤品，如清洁霜、面膜膏等，适当配合使用控油产品。

3. 适用于老年人的洁肤品　老年人的皮肤特点是松弛而有皱纹，皮下脂肪减少，皮肤干燥，防御功能下降，因此适用于老年人的洁肤品多兼有营养性。如含有水解蛋白、维生素、人参、蜂乳等物质的洗面奶、面膜等产品都适用于老年人。这类产品在清洁皮肤的同时，能使皮肤产生很好的相容性，有利于营养物质的渗透，促进皮肤的新陈代谢，增加皮肤弹性，延缓衰老。

第二节　常用清洁类化妆品

清洁类化妆品按照剂型可分为固体皂剂、乳液剂、膏霜剂、气溶胶剂等，各剂型均有其主要成分和作用特点。

一、固体皂剂

香皂是利用表面活性剂降低表面张力而达到洗净目的的清洁剂。其特点是质地细腻，泡沫丰富，去污力强，价格也相对较低，携带方便，是人们喜爱的洁肤用品。根据市场的需求，香皂的种类日益增多并趋向高档化，不仅具备原来的洗净力，而且有美丽的外观、淡雅的香味。有些皂类添加了蜂蜜、水解蛋白、珍珠等高级营养成分，使用起来更加舒适。

（一）主要成分及作用

1. 高级脂肪酸　常用的有硬脂酸、月桂酸、棕榈酸等，是香皂的基础成分。

2. 碱剂　常用的有氢氧化钠、氢氧化钾及其他有机碱，起增稠、中和作用。

3. 表面活性剂　如月桂基硫酸钠、烷基糖苷、氨基酸等。

4. 保湿剂　如丙二醇、山梨糖醇、甘油等，有保湿作用。

5. 润肤剂　如卵磷脂、高级脂肪醇，有润泽、保护皮肤的作用。

6. 其他成分　抗氧化剂、防腐剂、香料等。

（二）配方举例

配方 1　普通香皂

	组分	质量分数(%)
Ⅰ相：	蒸馏的椰子油脂肪酸	12.17
	蒸馏的牛脂脂肪酸	46.68
	去离子水	10.17
Ⅱ相：	氢氧化钠[50%(质量分数)]	18.72
	去离子水	10.17
Ⅲ相：	防腐剂	适量
Ⅳ相：	香料	适量

【配方分析】

（1）椰子油脂肪酸：表面活性剂，没有浊点，易溶于水。具有良好的发泡、调理、增稠、抗硬水等功能。可产生丰富而密集的泡沫，对阴离子表面活性剂有明显的增稠效果，能降低其他组分的刺激性。可用作添加剂、泡沫安定剂、助泡剂，适用于香皂、香波及液体洗涤剂的制造。

（2）牛脂脂肪酸：乳化剂、赋脂剂、表面活性剂、润滑剂、光泽剂和中间体作用。

（3）氢氧化钠：又称苛性钠。香皂中的游离苛性碱一般≤0.10，这样可以使香皂有适度的去污力，只去除皮肤表面灰尘和多余皮脂，而保留角质层内天然保湿因子和必要的皮脂成分，减轻刺激，使皮肤能发挥正常功能。

【制备方法】

（1）将Ⅰ相组分椰子油脂肪酸和牛脂脂肪酸加到水中，加热至 70℃融化。

(2) 将Ⅱ相组分氢氧化钠加到水中溶解。

(3) 保持70℃温度,将两者加到一起进行皂化。

(4) 加Ⅲ相防腐剂。

(5) 干燥后水分为12%～13%(质量),加入Ⅳ相香料。

【作用与用途】具有洗净性能,用于清洁皮肤。

【用法】在手中揉出泡沫后,涂于皮肤并按摩。

配方2 洁肤皂

	组分	质量分数(%)
Ⅰ相:	羟丙基甲基纤维素	3
	水	加至100
Ⅱ相:	椰子酸动物蛋白质水解物	4
三乙二醇胺盐和山梨醇聚乙二醇羊毛脂		4
	月桂酰硫酸三乙醇胺	20
	月桂酰二乙醇胺	2
	尼泊金甲酯	0.2
Ⅲ相:	香料	适量
	色料	适量

【配方分析】

(1) 羟丙基甲基纤维素:增稠剂、稳定剂、乳化剂、赋形剂、保水剂、成膜剂。水溶液具有表面活性,在水中的溶解不受pH值影响,透明度高、性能稳定。

(2) 椰子酸动物蛋白质水解物:保湿剂、营养剂。具有保湿、增加肌肤弹性的作用,可以增强使用感。

(3) 月桂酰二乙醇胺、月桂酰硫酸三乙醇胺:非离子表面活性剂。有增稠、发泡、稳泡、脱脂作用。用于香波、泡沫浴剂、液体皂、洗洁精等制品中。

(4) 尼泊金甲酯:防腐剂。抑制细菌生长,防止产品腐败变质。

【制备方法】

(1) 将Ⅰ相羟丙基甲基纤维素加入30ml水中,搅拌均匀,加热至70℃。

(2) 将Ⅱ相混合、搅拌均匀。加热至70℃。

(3) 将Ⅰ相和Ⅱ相混合并搅拌均匀。

(4) 加入Ⅲ相,混合即可。

【作用与用途】可强力清洁皮肤、滋养皮肤。

【用法】在手中揉出泡沫后,涂面。

配方3 婴幼儿护肤香皂

	组分	质量分数(%)
Ⅰ相:	精致羊毛脂	3.0
	香皂皂料	19.50
Ⅱ相:	硼酸	2.0
	钛白粉	0.4
	着色剂	0.03

香精　　　　　　　　　　　1.6

【配方分析】

（1）精致羊毛脂：润肤剂、保湿剂或缓冲剂、助乳化剂。柔软皮肤、防止脱脂及保持皮肤水分，防止皮肤皲裂。易于被皮肤吸收而无刺激性。对眼、皮肤刺激温和，无不良反应，具有良好的柔软和营养作用，广泛用于儿童护肤品及护肤、护发、防晒制品中，也用于唇膏和香皂的生产中。

（2）硼酸：有轻微消毒收敛作用，也有防腐作用，在化妆品种可中和调节酸碱度。

（3）钛白粉：可增加香皂的白度。因具有较强的遮盖力，对紫外线透过率较低，所以常应用于防晒化妆品中，作为遮盖剂也用于粉条、眼影、爽身粉、香粉、粉饼、胭脂等各种粉类的化妆品中。

【制备方法】

（1）将干燥后的皂基按比例加入刚熔化的羊毛脂中，搅拌2～3分钟。

（2）依次加入Ⅱ相，继续搅拌3～4分钟。

（3）按普通香皂的制法进行研磨、压条、打印和包装。

【作用与用途】性能温和，无刺激，适用于婴幼儿。能清洁、柔软、健美皮肤、还有一定消毒功能。

【用法】均匀涂抹于湿润的待清洁部位，经反复按摩后用洁净的水冲洗干净。

（三）使用方法

用温水将皮肤湿润后，将香皂置于手心，以温水轻轻搓揉出泡沫，然后将泡沫均匀涂敷于皮肤上，利用香皂的泡沫轻轻按摩全脸后，用温水充分冲洗干净即可。

（四）使用注意事项

1. 按摩时间不宜过长，手法要轻，用后要用温水充分清洗。避免皂屑残留皮肤，对皮肤造成伤害。

2. 根据皮肤、年龄、季节调整香皂的使用频率。青年人、油性皮肤的人或是油脂分泌旺盛的春季和夏季，使用频率可高些，每天2～3次；老人、中性和干性皮肤的人或在寒冷干燥的深秋和冬季使用率低，每天最多使用一次。

3. 皮肤有损伤、炎症或异常时请立即停用并咨询皮肤科医生。

4. 香皂保存避免阳光直接照射，且勿放于极高温或极低温处。

二、溶液剂

（一）洁肤化妆水

1. 主要成分及作用　洁肤化妆水一般配有大量水、含有亲油-亲水两性的醇类、多元醇和酯类以及溶剂类等。与普通化妆水相比，洁肤化妆水通常为弱碱性并使用醇类和温和的非离子型、两性非离子型表面活性剂，有时添加水溶性聚合物增稠或制成凝胶性制剂。

2. 配方举例

配方　洁肤化妆水

	组分	质量分数（%）
Ⅰ相：	丙二醇	6.0
	甘油	2.0

二聚丙二醇	2.0
聚氧乙烯聚丙二醇	1.0
吐温-80	2.0
乙醇	15.0
香精	适量
防腐剂	适量
色素	适量
去离子水	72.0

【配方分析】

(1) 丙二醇:溶剂、保湿剂、渗透剂、润滑剂。性质与甘油相似,但黏滞度比较小,刺激性和毒性也较小,还可以作为色素、香精油的溶剂。

(2) 甘油:优质的保湿剂、柔软剂,还可做表面活性剂的原料。无色、无臭、无刺激,纯度一般在95%以上。还可以用于粉膏制品、化妆水、洗发水和牙膏中。

(3) 聚氧乙烯聚丙二醇:非离子型表面活性剂。

(4) 吐温-80:非离子表面活性剂,HLB值15.0。乳化剂、润湿剂、渗透剂、扩散剂。

(5) 乙醇:有机溶剂、渗透剂、消毒剂。有清洁、杀菌、抑制油脂的作用。

【制备方法】参见本章第二节中的溶液剂(化妆水)。

【作用与用途】清洁、保湿皮肤,面部护理。

【用法】涂面。

3. 使用方法　参见本章第二节中的溶液剂(化妆水)。

4. 注意事项　参见本章第二节中的溶液剂(化妆水)。

(二) 卸妆油

卸妆油是一种加了乳化剂的油脂。主要用于卸除面部浓妆、油彩妆、油粉妆,其清洁效果比清洁霜更为显著。按照使用部位不同划分为眼部用、面部用、唇部用等几种。清洁的机制是利用油脂与彩妆具有很好的亲和力,借助轻轻按摩,彻底融合、溶解彩妆,将污物带出皮肤表面,最后通过水乳化的方式清除污垢。

1. 主要成分及作用

(1) 油相:植物油(如橄榄油、小麦胚芽油、葵花油、葡萄籽油等)、矿物油、合成脂。有溶解皮肤油污、彩妆的作用。植物油最安全,但原料成本最高,优点是亲肤性好,不会产生过敏、刺激,缺点是易氧化酸败;矿物油的亲肤性、安全性也很好,但常带有从石油中蒸馏出来的无法清除的杂质,透气性较差,常堵塞毛孔;合成酯是人造的油脂,易渗入皮脂及毛孔中,卸妆效果最强,但安全性较差,刺激性强,易导致面疱或粉刺。

(2) 乳化剂:山梨醇脂肪酸酯、聚山梨酯、硬脂酸辛酯等,起到乳化作用。乳化剂的含量愈高代表清洁力愈强,相对的也较具刺激性,且容易导致肌肤干燥。

2. 配方举例

配方　卸妆油

	组分	质量分数(%)
Ⅰ相:	聚乙二醇(300)单油酸酯	1.0
	山梨醇聚氧乙烯醚	1.0

羊毛脂	10.0
棕榈酸异丙酯	3.0
精纯白矿油	21.0
霍霍巴油	60.0
Ⅱ相：防腐剂	0.2
Ⅲ相：香料	适量

【配方分析】

(1) 聚乙二醇(300)单油酸酯、山梨醇聚氧乙烯醚：乳化剂、表面活性剂，有湿润、起泡、扩散作用。

(2) 霍霍巴油：稳定剂、渗透剂、抗氧化剂。极易与皮肤融合。含有丰富维生素，具有滋养、软化肌肤的功效。

(3) 羊毛脂：润肤剂、保湿剂、缓冲剂、助乳化剂。柔软皮肤、防止脱脂及保持皮肤水分，防止皮肤皲裂。易于被皮肤吸收而无刺激性。对眼、皮肤刺激温和，无不良反应，具有良好的柔软和营养作用，广泛用于儿童护肤品及护肤、护发，防晒制品中，也用于唇膏和香皂的生产。助乳化作用使膏体有稳定性、滋润作用。

(4) 棕榈酸异丙酯：基质原料，润滑剂、渗透剂、溶剂。对油脂的互溶性好，黏度低，有很好的润滑性，铺展性强。对皮肤的渗透性较其他油脂好，可留下相对无油腻的膜，配方含量一般在8%左右，常用于唇膏、雪花膏、润肤露等产品中。

(5) 矿物油：基质原料，溶剂、赋脂剂。有保护、柔软、滋润皮肤的作用。可作发乳、发油、唇膏、护肤油、防晒油、婴儿霜、雪花膏等软膏和软化剂的基础油。矿物油在膏霜中的用量为2%～35%，具有保湿、清洁、降低成本、增加油感的作用。

(6) 防腐剂：抑制微生物的生长和繁殖，防止腐败变质。

【制备方法】

(1) 将Ⅰ相在60～80℃下混合、过滤。

(2) 在此热混合物中加入热过滤的Ⅱ相，经搅拌使其乳化。

(3) 待浆液冷却至35～40℃时加入Ⅲ相。

【作用与用途】卸妆、护肤。

【用法】涂面并按摩。

3. 使用方法

(1) 卸面妆：在涂抹卸妆油前，双手及脸部要保持干燥。将适量的卸妆油涂抹在脸部，用指腹以画圈的方式由下而上轻轻按摩面部肌肤，溶解彩妆及污垢，约1分钟。然后用手蘸取少量的水，同样重复在脸上画圈动作，将卸妆油乳化，变成白色，接着再轻轻按摩约20秒，使卸妆油乳化完全，彻底清除彩妆，然后使用大量的温水冲洗干净。

(2) 卸眼妆：将化妆棉浸透卸妆油，闭眼，轻轻按在眼上3～5秒，让睫毛膏、眼影、眼线等彩妆与卸妆油充分融合，接着按照上下、左右的方向轻轻擦去彩妆，然后将化妆棉对折，用四个角来轻轻擦拭睫毛根部，这样可以去除残留的眼线和睫毛膏。再用化妆棉的四角轻轻擦拭下眼皮，将掉落到下眼皮的眼影和睫毛膏擦干净。最后将化妆棉放在上眼皮处，用棉签配合化妆棉将残留在眼睫毛下端的睫毛膏擦拭干净。

(3) 卸唇妆：首先将蘸满卸妆油的化妆棉轻轻按压在双唇上5秒，并做微笑动作展开唇纹，使卸妆油与唇面充分接触，然后把双唇分为四个区并从唇角往中间轻拭，打开嘴角，将棉片对折，清洁处理遗落的残妆。最后用化妆棉擦去卸妆油。

4. 注意事项

（1）使用前要保持手清洁干燥，否则卸妆油蘸水后会先行乳化。

（2）要轻柔地充分按摩皮肤，否则卸妆油未能充分溶解彩妆就用水冲掉，卸妆效果不佳。

（3）原则上要先卸除色彩较多、较重的部位，如眼影、唇膏，然后再清洗其他部位。

三、乳剂

按照配方的不同，洁面乳可分为两类：一为皂化配方洁面乳，它的性质与洁面皂相类似；另一类则是我们广泛使用的合成表面活性剂型洁面乳。其特点是色泽纯正，香气淡雅，油腻性小，流动性、延展性、渗透性好，使用方便。利用发泡或表面活性剂清洁皮肤，对皮肤无刺激，还可以收敛或营养皮肤，在皮肤上留下一层滋润膜，使皮肤光滑细腻，洁肤护肤效果显著。

1. 主要成分及作用

（1）清洁剂：包括表面活性剂、高级脂肪酸和碱剂，增强洗净作用。

1）表面活性剂：常用的有椰油酰羟乙基磺酸钠、N-月桂酰肌氨酸钠、羟黄基甜菜碱等，这些表面活性剂具有良好的发泡性、低刺激性和抗硬水性。

2）高级脂肪酸：月桂酸、肉豆蔻酸、棕榈酸、硬脂酸等。

3）碱剂：氢氧化钠、氢氧化钾、三乙醇胺及其他有机碱。

（2）润肤剂：包括高级脂肪醇，如十六醇、十八醇等；添加剂，如精致羊毛脂、卵磷脂、脂肪酸酯类等，起滋润皮肤、保养皮肤的作用。

（3）保湿剂：如甘油、山梨糖醇、聚乙二醇、丙二醇等，起保湿的作用。

（4）其他成分：包括去离子水、抗氧化剂、香料、防腐剂、营养剂等，起到提高稳定性的作用。

2. 配方举例

配方 1 皂基洁面乳

	组分	质量分数（%）
Ⅰ相：	十四脂肪酸	13.0
	十八脂肪酸	6.0
	丙二醇二硬脂肪酸	1.0
	甘油	10.0
Ⅱ相：	氢氧化钾	4.3
	蒸馏水	加至 100
Ⅲ相：	Aculyn 22	3.0
	蒸馏水	6.0
Ⅳ相：	PEG 6000 乙二醇双硬脂酸酯	0.2
	月桂酰基肌氨酸钾（30%）	10.0
	PEG-6 辛酸/癸酸甘油酯	1.0

十二烷基二乙醇酰胺	3.0
Ⅴ相：香精、防腐剂	适量

【配方分析】此配方是利用 Aculyn 22 与 PEG 6000 乙二醇双硬脂酸酯来增稠的皂基体系。

【制备方法】

（1）分别将Ⅰ相与Ⅱ相加热到 75℃，在搅拌下将Ⅱ相慢慢加入Ⅰ相中，恒温皂化 30 分钟。

（2）在恒温下按顺序慢慢加入Ⅲ相和Ⅳ相，搅拌均匀后，降温到 40℃。

（3）加入Ⅴ相，搅拌均匀。

【作用与用途】清洁、滋养皮肤，用于面部清洁。

【用法】涂面。

配方 2　非皂基洁面乳

组分	质量分数(%)
Ⅰ相：$C_{8\sim10}$烷基聚葡萄糖苷	20.0
椰油酰胺丙基甜菜碱	10.0
十二烷基二乙醇酰胺	3.0
丙二醇二硬脂酸酯	1.0
PEG-6 辛酸/癸酸甘油酯	1.0
甘油	20.0
Ⅱ相：Carbopol 2020	0.8
蒸馏水	至 100
Ⅲ相：三乙醇胺	1.0
Ⅳ相：香精、防腐剂	适量

【配方分析】Carbopol 2020 是聚丙烯酸的改性聚合物，对于非皂基体系效果很好。利用 Carbopol 2020 增稠，以烷基聚葡萄糖苷作为主表面活性剂的泡沫型洁面乳。

【制备方法】

（1）分别将Ⅰ相和Ⅱ相混合均匀。

（2）在 70℃下将Ⅱ相加入到Ⅰ相中，搅拌均匀。

（3）边搅拌边加入Ⅲ相。

（4）冷却到 40℃后加入Ⅳ相，搅拌均匀。

【作用与用途】清洁脸部皮肤，同时给予一定的滋养效果。

【用法】涂面、洁面。

3. 使用方法

（1）不起泡的洁面乳：首先用清水湿润面部，然后挤适量洁面乳于手心，用指尖均匀地涂于湿润后的脸、颈部，以打圈的方式轻柔按摩。鼻子以螺旋状由外而内轻抚，颈部由下而上清洁。最后用化妆棉拭净后，以大量的清水冲洗干净。

（2）起泡的洁面乳：首先用清水湿润面部和手部，然后用湿润的手把洁面乳搓出大量的泡沫，把泡沫涂在脸上，轻轻揉开，再按照从下到上、从里到外的顺序，以打圈方式按摩脸部皮肤 2～3 分钟，最后用大量的流水将脸上的泡沫冲洗干净。

4. 注意事项

(1) 洁面时不要用力搓洗。因为面部皮肤具有天然屏障和保湿作用,它可阻挡来自外界的刺激物。当过度清洗或强力搓洗时,会造成强力脱脂,导致皮肤自身的屏障和保湿作用减弱,危害极大。且易出现过敏,出现红疹、蜕皮,甚至造成顽固的皮肤炎症。

(2) 不要同时使用多种洁面乳,也不要频繁更换洁面乳。同一品牌的洁面乳常常使用同一种基础油脂、固化剂、增稠剂、表面活性剂等,它的酸碱度有一定的特性,皮肤对每种洁面乳都要有一个适应过程,如果频繁更换洁面乳,容易导致皮肤短暂的刺痛、蜕皮或干燥。

(3) 油性皮肤多选用收敛性洁面乳,干性皮肤多选用滋润营养的洁面乳。

四、膏霜剂

常见的膏霜类化妆品有清洁霜、磨砂膏、去死皮膏等。需要注意的是:去死皮膏与磨砂膏的功效几乎相同,但它们的作用机制完全不同。磨砂膏完全是利用精细颗粒的机械摩擦作用去除角质及污物;而去死皮膏的作用机制包含化学性和生物性,是利用酸性物质使角化细胞溶解后去除角质污垢,从而达到洁肤、护肤目的。磨砂膏多适用于油性皮肤,去死皮膏适用于中性皮肤和不敏感的任何皮肤。

(一) 清洁霜

清洁霜是一种兼有去污、保护和营养皮肤功能为一体的新型清洁类化妆品。其作用机制是以油相物溶解油性污垢及残留皮肤上的油性化妆品,以水相物溶解水溶性污物,以达到清洁目的。清洁霜分为油/水型和水/油型两类,但无论哪一类,其油相占 30%~70%,可见它是一类含油量很高的洁肤化妆品。清洁霜的优点是:①多为中性或弱酸性,与皮肤 pH 值相近,所以对皮肤刺激性小;②接触皮肤后,借助体温就能乳化,轻轻按摩就能液化,黏度适中,易于涂抹,使用方便;③能迅速经皮肤表面渗入毛孔,并清除深藏于毛孔内的污垢;④对唇膏、油彩和其他油污有优异的溶解和去除能力;⑤使用后在皮肤表面留有一层滋润性的薄膜,皮肤感觉舒适、柔软、无油腻感,尤其对干性皮肤有很好的保护作用。

1. 主要成分及作用

(1) 油相:以油、脂、蜡类为主要成分,如白油、高碳醇合成脂、羊毛脂、蜂蜡、石蜡等,作为清洁剂或溶剂。

(2) 水相:主要以去离子水和保湿剂等作为溶剂,调节洗净力及使用感。

(3) 乳化剂:油/水型(O/W)和水/油型(W/O)两类,起乳化作用。

2. 配方举例

配方1 无水油性清洁霜

	组分	质量分数(%)
Ⅰ相:	石蜡	10.0
	凡士林	20.0
	鲸蜡醇	6.0
	白油	58.0
	肉豆蔻酸异丙酯	6.0
	防腐剂	适量
Ⅱ相:	香精	适量

【配方分析】

(1) 石蜡和凡士林:使产品具有良好的触变性。

(2) 鲸蜡醇:赋形剂、润滑剂。具有抗紫外线、抗衰老、防晒、护肤、润泽皮肤等作用,用于配制膏霜、乳液。

(3) 白油:具有保湿、清洁、增加油感的作用。可用于浴油、雪花膏、冷霜、婴儿霜等产品中。

(4) 肉豆蔻酸异丙酯:有很好的延展性,赋予皮肤油性,不易水解和酸败,对皮肤无刺激,广泛用于护发、护肤及美容化妆品中。

【制备方法】

(1) 将Ⅰ相混合。

(2) 加热溶解(约 95℃)。

(3) 搅拌冷却后加入Ⅱ相(约 45℃),混合均匀后即可包装。

【作用与用途】清洁、保护、滋润皮肤。

【用法】涂抹在皮肤上,略加按摩后,用软纸将其擦去,达到使皮肤清洁的作用。

配方 2　W/O 型清洁霜

	组分	质量分数(%)
Ⅰ相:	蜂蜡	10.0
	凡士林	10.0
	石蜡	5.0
	硼砂	0.7
	羊毛脂	2.0
Ⅱ相:	白油	53.0
	去离子水	19.0
Ⅲ相:	香精、防腐剂	0.3

【配方分析】

(1) 蜂蜡:软化剂,乳化剂。溶解或乳化皮肤毛孔中的污垢,防止皮肤过分脱脂,使皮肤柔软和富有弹性。可用于护肤的膏、霜、乳液,眼影等美容化妆品中。

(2) 石蜡和凡士林:使产品具有良好的触变性。

(3) 白油:具有保湿、清洁、增加油感的作用。可用于浴油、雪花膏、冷霜、婴儿霜等产品中。

(4) 硼砂:含有天然抗菌剂、防霉剂和抗氧化剂。

(5) 羊毛脂:润肤剂、保湿剂、缓冲剂、助乳化剂。柔软皮肤、防止脱脂及保持皮肤水分,易于被皮肤吸收而无刺激性。它的助乳化作用使膏体更稳定、滋润。

【制备方法】

(1) 将Ⅰ相置于反应器内混溶,并加热至 60℃。

(2) 将Ⅱ相两物质分别置于两容器内加热至 60℃。

(3) 将(2)缓慢加入(1)中,由均质乳化机搅拌乳化。

(4) 继续搅拌冷却,加入Ⅲ相。

【作用与用途】清洁、保护、滋润皮肤。

【用法】涂抹在皮肤上,略加按摩后,用软纸将其擦去。

配方 3 O/W 型清洁霜

	组分	质量分数(%)
Ⅰ相:	硬脂酸	14.0
	皂化蜂蜡	6.0
	白油	40.0
	三乙醇胺	1.8
	防腐剂	适量
	香精	适量
Ⅱ相:	去离子水	38.2

【配方分析】

(1) 硬脂酸:表面活性剂、润滑剂、稳定剂。可用于化妆品冷霜、雪花膏中。

(2) 皂化蜂蜡:软化剂,乳化剂。溶解或乳化皮肤毛孔中的污垢,防止皮肤过分脱脂,使皮肤柔软和富有弹性。可用于护肤的膏、霜、乳液,眼影等美容化妆品中。

(3) 三乙醇胺:表面活性剂、洗涤剂、稳定剂、乳化剂。在化妆品配方中,与脂肪酸中和成皂,与硫酸化脂肪醇中和成胺盐。

【制备方法】

(1) 将Ⅰ相加热混合溶解,于 65～70℃保温。

(2) 将Ⅱ相加热至同温。

(3) 将(1)加入(2)进行乳化,均匀搅拌后冷却。

【作用与用途】清洁皮肤污垢、油脂,起到保护和滋润皮肤的作用。

【用法】涂抹在皮肤上,略加按摩后用软纸将其擦去,达到使皮肤清洁的作用。

3. 使用方法

(1) 卸妆:在洁面前,先用手指将适量的清洁霜均匀地涂敷于面部皮肤,并顺着皮肤的纹理轻轻按摩 1～2 分钟,彻底清除彩妆物,再用面巾纸、毛巾或其他易于吸水的柔软织物将清洁霜擦去,然后使用普通洁面乳或温水洁面。

(2) 深层清洁:先取适量清洁霜,点于额头、两颊、鼻头、下巴,用拍打的方式涂于整个面部。轻轻拍打脸部,特别是 T 字部位,以清洁霜膏体变透明油状为止。然后以打圈的方式轻轻按摩面部皮肤,溶解和乳化深藏于皮肤毛孔内的油脂污垢,使蜜粉、皮屑等异物包裹于清洁霜内。按摩 4～5 分钟后,用面巾纸、毛巾等柔软织物将清洁霜擦除,最后用洗面奶及温水洗净。

4. 注意事项

(1) 清洁霜要在洁面前使用,面部、手部最好保持干燥。

(2) 剧烈运动后、用水洗脸后、炎热的环境下,不适合马上使用清洁霜。因为清洁霜是含油量很高的洁肤化妆品,它的作用机制是以制品中油性成分的溶剂作用,对皮肤上的污垢、油彩等进行渗透溶解,清除。如果毛孔中含有过多水分,使产品渗透作用减弱,就不能很好发挥清洁作用。

(3) 按摩皮肤时,手法要柔和,否则容易将污垢揉进毛孔里。

(4) 两颊不宜过多按摩,应该重点按摩油脂分泌较旺盛的 T 字区,即额头、鼻子周围、下颏部位。

（二）去死皮膏

死皮是指残留在皮肤表面的死亡角质细胞。如果皮肤表面角质层增厚，皮肤会暗淡无光，并易形成细小皱纹。去死皮膏可以快速地去除皮肤表面的角化细胞，清除过多的油脂，预防痤疮的生成；有利于改善皮肤的呼吸；有利于汗腺、皮脂腺的分泌，加速新陈代谢；同时促进皮肤对营养的吸收，令皮肤柔软光泽、有弹性。

1. 主要成分及作用

（1）基质原料：膏霜或乳液。

（2）磨砂剂：常用的有天然的果核粉，如杏核、桃核的精细颗粒；合成磨砂剂如聚乙烯、石英精细颗粒等。通过精细颗粒与皮肤机械性的摩擦作用，清除皮肤上的污垢及皮肤表面老化角质细胞。

（3）去死皮剂：常用的有维A酸、尿囊素、微酸性海藻胶、溶胶蛋白酶等。通过去死皮剂的化学性和生物性来软化角质蛋白，去除老化或死亡角质细胞，促进角质层更新。

2. 配方举例

配方　去死皮膏

	组分	质量分数(%)
Ⅰ相：	硬脂酸	7.0
	白油	2.0
	十六醇	2.5
	石蜡	1.0
	二甲硅油	3.5
	单硬脂酸甘油酯	1.5
	溶角蛋白酶	3.5
	聚乙烯微球	8.0
	滑石粉	1.0
	Carbopol-940	1.5
	氢氧化钾	0.7
Ⅱ相：	去离子水	加至100
Ⅲ相：	丙二醇	2.0
	防腐剂、香精	适量

【配方分析】

（1）溶角蛋白酶：是一种生化活性成分，它具有突出的溶解角质蛋白的活性，能够在较温和过程中达到促进角质层更新的效果。

（2）硬脂酸：在雪花膏和冷霜等护肤品中起乳化作用，硬脂酸还是制造杏仁蜜和奶液的主要原料。

（3）白油：具有保湿、清洁、增加油感的作用。可用于浴油、雪花膏、冷霜、婴儿霜等软膏和软化剂的基础油。

（4）硅油：提高对皮肤的滋润和保护作用等，提高对皮肤的渗透能力。

（5）单硬脂酸甘油酯：乳化剂。

（6）Carbopol-940：高分子胶，可用作增稠剂、悬浮剂、乳化剂、成膜剂。在油/水相中起着主要的乳化和稳定作用，在水/油乳剂中作为稳定剂。与碱中和即生成透明稳定的凝胶，增加产品的稠度和稳定性。

【制备方法】

（1）混合溶解Ⅰ相。

（2）将Ⅰ相和Ⅱ相分别加热至约70℃。

（3）搅拌下缓慢将Ⅱ相加入Ⅰ相中。

（4）搅拌冷却至约40℃时加入Ⅲ相，搅拌均匀，冷却至室温即可。

【作用与用途】去除皮肤表面的角化细胞，增强皮肤的光泽和弹性；加速皮肤新陈代谢，促进皮肤对营养成分的吸收，令皮肤柔软、光滑。

【用法】涂于面部并按摩，再用水清洗干净。

3. 使用方法　取适量的去死皮膏薄薄地均匀地涂敷于面部，眼部除外。待去死皮膏八九成干后，左手示指与中指分开，绷紧固定皮肤，右手示指和中指插入其中，顺肌肉纹理的方向轻轻搓揉，将死皮连同去死皮膏一起搓下，然后用水将面部清洗干净。

4. 注意事项

（1）使用去死皮膏时，搓揉力度要适当，不要过分牵拉皮肤，以免损伤皮肤。

（2）由于有些去死皮膏中含有酸性物质，能溶解角化细胞，能去除积聚过厚的角质层。所以使用后需用较多的清水冲洗，或用柔和的洗面奶彻底清洗，以免出现敏感现象。

（3）去除死皮后，要及时给皮肤补充水分和营养；同时注意防晒，因为去角质后表皮变薄，相对敏感、抵抗力降低，抵抗紫外线的能力也下降，如果不注意防晒很容易长晒斑。

（4）第一次使用去死皮化妆品时，建议先在面部较小部位试用，如果无过敏现象出现，再扩大使用范围。

（三）磨砂膏

磨砂膏是一种含有均匀精细颗粒的磨面清洁制品。其主要用于去除皮肤深层的污垢。通过精细颗粒在皮肤上摩擦可使老化的鳞状角质剥起，不但有效去除皮肤上的污垢和堆积在皮肤表面老化的角质层细胞，而且通过摩擦皮肤促进了血液循环和新陈代谢，舒展皮肤的细小皱纹，增进皮肤对营养成分的吸收；还可以去除皮肤中多余的皮质，起到疏通毛孔、预防粉刺的作用，使皮肤更加洁净光滑、柔软细腻。磨砂膏根据其砂粒的大小，分为粗砂、中砂、细砂型。

1. 主要成分及作用

（1）基质原料：膏霜或乳液。

（2）磨砂剂：是磨砂膏的特效成分。通过精细颗粒与皮肤的摩擦作用，可以清除皮肤上的污垢及皮肤表面老化角质细胞。常用的磨砂剂有天然磨砂剂和合成磨砂剂。天然磨砂剂如天然植物果核粉（杏核、桃核的精细颗粒）和天然的矿物粉末（二氧化碳钛粉、滑石粉等）；合成磨砂剂如聚乙烯、石英精细颗粒等。这些磨砂剂在高倍显微镜下颗粒呈球形，硬度适中，不可有棱角，以免磨洗过程中损伤皮肤。

2. 配方举例

配方　磨砂膏

组分		质量分数(%)
Ⅰ相:	白油	9.0
	硅油	4.0
	乙酰化羊毛脂	2.5
	十六醇	2.5
	硬脂酸	5.0
	单硬脂酸甘油酯	1.0
	Span-60	1.5
	甘油	4.0
Ⅱ相:	去离子水	加至100
Ⅲ相:	微孔磨砂剂	3.0
Ⅳ相:	三乙醇胺	1.0
	防腐剂、香精、抗氧化剂	适量

【配方分析】 此配方中的微孔磨砂剂为弹性微球状的多孔高分子聚合物,可将维生素、氨基酸等营养物质或药剂吸附其中。洁面时通过与皮肤的摩擦接触,在去污的同时可释放出其孔穴中的内容物使皮肤吸收,从而达到净肤养颜的目的。

【制备方法】

(1) 混合溶解Ⅰ相。

(2) 将Ⅰ相和Ⅱ相分别加热至约70℃。

(3) 搅拌下缓慢将Ⅱ相加入Ⅰ相中。

(4) 搅拌均匀后加入Ⅲ相。

(5) 搅拌冷却至约40℃时加入Ⅳ相,搅拌均匀,冷却至室温即可。

【作用与用途】深层清洁肌肤,去除死皮。

【用法】涂于面部并按摩。

3. 使用方法

(1) 用清水湿润面部皮肤及手部,再取适量磨砂膏涂在额、双颊、鼻、下额处,将磨砂膏在面部均匀抹开,然后按额部、双颊、鼻部、嘴部的顺序,用中指和无名指指腹由里向外、由上向下作螺旋式的旋转按摩,对面部皮肤进行脱屑。

(2) 混合性皮肤和油性皮肤者的面部T字区要重点按摩,按摩过程需3分钟左右。

(3) 磨面结束后,用清水充分清洗并涂敷护肤用品。

4. 注意事项

(1) 如果用蒸汽软化皮肤后再使用磨面膏,效果更佳。

(2) 眼睛周围皮肤薄嫩而敏感,磨面时要避开眼睛,磨面过程中要防止微粒流入眼中。

(3) 注意磨面时不可用力过度,以没有痛感为宜,同时要注意手法、方向和部位等。

(4) 皮肤有损伤、痤疮或炎症者严禁使用本品,敏感皮肤、毛细血管扩张的皮肤也要慎重使用本品。

(5) 应根据皮肤的性质、年龄、季节来选择产品。一般来讲含天然植物粒子的磨砂膏弹性好、油质高、刺激性小,适用于干性皮肤;含合成型颗粒的磨砂膏具有一定的吸附力,能吸附皮肤分泌物,深层清洁毛孔内污垢,适用于油性皮肤。

五、沐浴剂

沐浴用化妆品是一类在洗浴时使用的洁肤类化妆品，包括浴液、浴盐、泡沫凝胶等种类，其状态有液态、粉状、凝胶状等。具有清洁身体的污垢、去除身体异味，促进血液循环，软化硬水等作用。

（一）沐浴露

由于沐浴露使用方便、易清洗、抗硬水，泡沫丰富，用后有滑润感，越来越多的人选择使用沐浴露，大大改善了长期以来人们使用香皂沐浴而使皮肤脱脂、干燥、无光泽的缺点。为了适应市场需求的新功能产品，如香薰、瘦身、药疗等沐浴露成为新的研发方向。

1. 主要成分及作用

(1) 表面活性剂：如月桂酸、肉豆蔻酸、硬脂酸及氢氧化钾三乙醇胺等。可以产生泡沫、润滑肌肤，对污垢和油脂有乳化和去除作用。

(2) 助表面活性剂：烷基二甲基甜菜碱、羟乙基咪唑啉、烷基氧化铵、葡萄糖苷及衍生物。与主表面活性物质配伍性好，改善沐浴露使用感，调节黏度和发泡力，降低刺激性。

(3) 赋脂剂：植物油脂、脂肪酸、高级脂肪醇、羊毛脂等。减少表面活性剂的脱脂作用，使皮肤润泽、光滑。

(4) 保湿剂：甘油、丙二醇等保持皮肤水分，防止干燥。

(5) 其他成分：功能添加剂，如芦荟精华、牛奶蛋白、维生素B族等；香精，防腐剂，螯合剂等。

2. 配方举例

配方1　非皂基型沐浴露

	组分	质量分数(%)
Ⅰ相：	脂肪醇聚氧乙烯醚硫酸盐(70%)	12.0
	椰子基两性双乙酸二钠(50%)	10.0
	椰油酰胺丙基甜菜碱	5.0
	EDTA-2Na	0.1
	去离子水	71.6
Ⅱ相：	柠檬酸	适量
Ⅲ相：	甲基葡萄糖苷衍生物	0.4
	水溶性硅蜡	1.0
	防腐剂	适量
	香精	适量
	色素	适量

【配方分析】

(1) 脂肪醇聚氧乙烯醚硫酸盐：阴离子表面活性剂，椰子基两性双乙酸二钠(50%)为辅助表面活性剂。

(2) 椰油酰胺丙基甜菜碱：减缓主表面活性剂的刺激性。

(3) 甲基葡萄糖苷衍生物：增稠剂，具有良好的增稠效果。

(4) 水溶性硅蜡：起到润肤、赋脂作用。

【制备方法】

(1) 将水加热至70℃,加入Ⅰ相,充分搅拌均匀。

(2) 加入Ⅱ相,充分搅拌均匀,将pH调节至6.5左右。

(3) 冷却至40℃,加入Ⅲ相,充分搅拌均匀。

【作用与用途】具有清洁作用,还能促进血液循环,润泽保湿肌肤。

【用法】清洁皮肤。

配方2 改进型皂基沐浴露

相	组分	质量分数(%)
Ⅰ相:	羟乙基纤维素	0.2
	去离子水	适量
Ⅱ相:	月桂酸	7
	油酸	9
	珠光片	2
Ⅲ相:	三乙醇胺	5
Ⅳ相:	去离子水	加至100
	CAB-35	16
	硼酸	0.1
	甘油	2
Ⅴ相:	香精、防腐剂、色素	适量

【配方分析】

(1) 月桂酸、油酸的三乙醇胺皂作为主要活性物,降低脱脂力、增加皮肤润滑性。

(2) CAB-35:两性表面活性剂,刺激性小,有增加泡沫和减少皂垢的作用。

(3) 甘油:润肤剂,有润肤保水作用。

(4) 硼酸:有轻微消毒收敛作用,也有防腐作用,在化妆品种可中和调节酸碱度。

(5) 羟乙基纤维素:增稠剂,兼作皮肤润滑剂。

(6) 珠光片:加入珠光片可制成珠光型产品,掩盖皂基透明性差的缺点。

【制备方法】

(1) 预先将Ⅰ相混合、浸泡溶胀备用。

(2) 将Ⅱ相混合,加热至75℃熔化成为液态,搅拌下加入Ⅲ相中和。

(3) 加入Ⅳ相,保持在60℃以上搅拌溶解。

(4) 缓慢降温到40℃后加入Ⅴ相,继续缓慢降温至室温。

(5) 静置24小时以上使产品消泡,得珠光型产品。

(6) 增减羟乙基纤维素的量调节黏稠度,增减Ⅲ相的量调节pH到8左右。

【作用与用途】具有清洁作用,还能促进血液循环,润泽保湿肌肤。

【用法】用温水冲洗身体后,将浴液倒在沐浴棉上,搓出丰富泡沫后,再用充满泡沫的沐浴棉在身体上揉搓按摩2~3分钟,用清水冲洗干净即可。

(二) 沐浴盐

无机矿物盐有消毒、杀菌止痒等功效,对皮肤作用温和,易加香加色。沐浴盐是以无机盐为主要成分,添加香精、着色剂、皮肤保湿剂和营养成分而制成的。沐浴盐可以起到保温、杀菌作用。清洁皮肤的同时软化角质，促进血液循环，消除缓解疲劳。常见有颗粒状和粉末状两类。

1. 主要成分及作用

（1）无机矿物盐：

1）氯化钠、氯化钾、硫酸钠、硫酸镁等：有保温和促进血液循环的作用。

2）碳酸氢钠、碳酸钠等：有清洁的作用。

3）磷酸盐：起到软化硬水、增强清洁的作用，但刺激性较强。

4）硼砂：具有温和的洗涤作用，溶解慢，一般与碳酸盐和磷酸盐复配使用。

5）氧化钠：稳定，大结晶，中性，易加香加色，对皮肤作用温和。

（2）香精：浴盐所加香精一般有耐碱、耐光、耐氧化作用。

（3）着色剂：不溶性的着色剂有较好的耐碱、耐光稳定性，可用于浴盐。

2. 配方举例

配方1　粉末型沐浴盐

组分	质量分数(%)
硫酸钠	45
碳酸氢钠	53
硼砂	2
荧光素钠	适量
香料	适量

配方2　颗粒型沐浴盐

组分	质量分数(%)
硫酸钠	45
碳酸氢钠	52
硼砂	2
羧甲基纤维素钠	1
荧光素钠	适量
香料	适量

【配方分析】配方1为粉末型沐浴盐，主要是利用盐的渗透性深入皮肤，促进血液循环和新陈代谢，带出毛孔中多余的水分和污垢、脂肪等，达到洁肤、护肤目的。配方2为颗粒型沐浴盐，在配方1的基础上加入半合成水溶性高分子化合物羧甲基纤维素钠，作为胶黏剂、增稠剂、稳定剂和悬浮剂，可提高其稳定性，防止污垢再沉积，提高沐浴盐的发泡力、扩散性。

【制备方法】沐浴盐制备方法较简单，一般用通用型粉末混合机将固体混合，将含有着色剂的溶液通过喷雾法或浸渍法使固体着色，然后干燥。

【作用与用途】沐浴香身，消除疲劳。

【用法】溶于水中。

（三）沐浴凝胶

沐浴凝胶是无色或有色透明凝胶状沐浴用品，它使用方便、卫生，同时具备多种功能。作用温和，易清洗，泡沫丰富，皮肤感觉舒适，而且颜色丰富、质地细腻，越来越受到人们的喜爱。

1. 主要成分及作用

(1) 表面活性剂:脂肪醇硫酸酯盐类、脂肪醇聚氧乙烯醚硫酸酯盐类等。有增泡、清洁作用。

(2) 辅助表面活性剂:烷基氧化铵、烷基二甲基甜菜碱、聚氧乙烯脂肪酸等。有增泡、降低刺激性的作用。

(3) 增泡剂:二乙醇酰胺、单一醇酰胺等。有增泡、稳泡、改善泡沫质量的作用。

(4) 其他成分:酸碱调节剂、稳定剂、着色剂、荧光剂、香精、功能性添加剂,精制水。

2. 配方举例

配方　二合一增湿沐浴凝胶

	组分	质量分数(%)
Ⅰ相:	水解蛋白	1.5
	月桂醇醚硫酸钠	60.0
	椰子油酸单乙醇酰胺	4.0
Ⅱ相:	硅铝酸镁	3.0
Ⅲ相:	防腐剂、香精	适量
	去离子水	加至100

【配方分析】

(1) 水解蛋白:营养剂、保湿剂、渗透剂。增加肌肤弹性,增强使用感。

(2) 硅铝酸镁:白色的复合胶态物质。含水量小于8%。无毒、无味、不溶于水,在水中分散。pH值为7.5~9.5。流变性和触变性好。在化妆品中可作黏结剂、中和剂、吸附剂和乳化稳定剂等。

【制备方法】

(1) 将水加热至75℃,加入硅铝酸镁,搅拌直至生成凝胶完全水合和均质。

(2) 将水解蛋白、月桂醇醚硫酸钠混合加热至75℃,然后加入预先熔融的椰子油酸单乙醇酰胺,搅拌混合至均质透明,保温。

(3) 将Ⅰ相加入Ⅱ相的水溶液中,混合搅拌。

(4) 溶液冷却至45℃时加入Ⅲ相。

【作用与用途】清洁、沐浴香身。

【用法】涂抹于沾湿的肌肤上,均匀揉搓至形成泡沫,再用清水洗净。

3. 沐浴剂使用方法

(1) 沐浴液的使用方法:用温水冲洗身体后,将浴液倒在沐浴棉上,搓出丰富泡沫后,再用充满泡沫的沐浴棉在身体上揉搓按摩2~3分钟,用清水冲洗干净即可。

(2) 沐浴盐的使用方法:将身体润湿后,取适量的沐浴盐均匀地撒于毛巾上或者直接敷在身上,然后轻轻地揉搓按摩,稍后用清水冲洗。另一种方法是把沐浴盐涂抹在身上局部肥胖处,长时间按摩直到相应部位感觉到发热为止。长期保持这种盐浴,可以起到分解脂肪和局部减肥的效果。第三种方法是每次取50g浴盐溶解在浴缸里,然后将身体浸泡其中,每次约15分钟。

(3) 沐浴凝胶的使用方法:取适量凝胶涂抹于沾湿的肌肤上,均匀揉搓至形成泡沫,再用清水洗净。

4. 注意事项

(1) 沐浴制品如不慎进入眼，应立即用大量清水冲洗，并滴入眼药，防止炎症发生。

(2) 使用沐浴制品揉搓肌肤，尤其用浴盐时，力度要轻柔，以免损伤肌肤。

(3) 使用浴盐浸泡，时间不宜超过 20 分钟，否则会造成肌肤脱水。

(4) 身体有伤口未愈时，禁用或慎用沐浴制品，以防感染。

（程敏辉）

5 第五章 护肤类化妆品

护肤用化妆品主要包括膏霜类、乳液(蜜)类等化妆品。其主要作用是保护皮肤免受外界环境刺激，补充皮肤适量的油脂、水分和营养成分等，起到滋润作用，保持皮肤柔软、光滑和弹性，促进皮肤的新陈代谢，延缓皮肤衰老并维护皮肤健康。

第一节　护肤类化妆品的分类

护肤类化妆品是一类应用广泛、种类较多的化妆品，又称为基础性化妆品，因此分类方法很多。如按剂型分类、按皮肤类型分类、按性别分类、按使用时间分类、按年龄分类等。

一、按剂型分类

护肤类化妆品按照产品剂型可分为以下几种类型。

1. 化妆水　是用来涂搽用的透明液体护肤用品。它是以水为基质、含有部分乙醇，并加入其他具有不同作用的添加剂制得的水剂型制品，但它不是乙醇溶液制品。化妆水主要具有保湿、柔软、清洁、收敛、抑菌等作用。

2. 乳剂　又称奶液，是由水相、油相和乳化剂经乳化制成，对皮肤作用温和，给皮肤一种滑嫩不腻、舒适的感觉。乳剂是使用广泛的护肤用品。

3. 膏霜剂　是根据用途或涂敷的需要制成油/水型或水/油型乳化体，半固体的称为膏霜或香脂，流体的称为蜜或奶液(乳液)。这类护肤化妆品包括润肤霜和蜜、营养霜、保湿霜、增白霜、调理霜、日霜、晚霜等。

二、按皮肤类型分类

1. 油性皮肤用护肤品　油性皮肤皮脂分泌多，毛孔粗大，易出现痤疮，所以保持皮肤清洁，抑制皮脂过多分泌尤为重要。油性皮肤的油分虽多但多数缺水，因此去油的同时要注意保湿。

2. 干性皮肤用护肤品　干性皮肤缺乏油脂，易干燥，产生紧绷感、皱纹和色素，需要保湿、滋润，防止皮肤老化及色素生成。

3. 中性皮肤用护肤品　中性皮肤是最理想的皮肤，可选择使用化妆品的范围比较大，以保湿为基础，可适当去油、收敛或美白。中性皮肤护理时应注意随气候变化选用不同的化妆品。

4. 混合性皮肤用护肤品　混合性皮肤兼具干性与油性皮肤的特点，其干性区与油性区化妆品的选择使用可分别参照上述。

5. 敏感性皮肤用护肤品　敏感性皮肤由于对外界多种因素特别是含有香料、色素的化妆品极易产生过敏反应，更需要特别保养，最好选择医学护肤品。

三、按性别分类

1. 男性用护肤品　男性需要选择油脂含量少的化妆品。

2. 女性用护肤品　女性皮肤护理的要点除了保湿及防晒外，还可用一些富含营养成分的护肤品及抗老化产品。

四、按使用时间分类

1. 日用护肤品。

2. 夜用护肤品。

五、按年龄分类

1. 婴幼儿用护肤品　选择专门针对其皮肤特点设计的护肤品，不含香料、乙醇、无刺激，能保护皮肤水分平衡，不宜经常更换婴幼儿的护肤品，以免皮肤过敏或产生不适症状。并且要注意保湿、防晒应从婴幼儿开始。

2. 青年用护肤品　这个年龄段的皮肤护理主要是加强皮肤清洁、控油及保湿和防晒。

3. 老年人用护肤品　这个时期皮肤护理要点是：选择含油脂较多的霜剂或乳剂护肤品以保湿、滋润皮肤，同时外搽防晒剂，避免色斑产生，最后还需要补充一些抗氧化产品，如维生素 E、维生素 C 等及富含营养成分的抗老化护肤品。

第二节　常用护肤类化妆品

护肤类化妆品按剂型可分为化妆水、乳液、膏霜剂、凝胶剂，各剂型均有其主要成分和作用特点。

一、化妆水

一般为低黏度、流动性好的透明液状化妆品，它大都在洁肤洗面之后、化妆之前使用，故称之为化妆水。

（一）主要成分及作用

随着化妆品工业的发展，化妆水的品种和功能也在不断扩展，使它具有良好的润肤、养肤及紧肤作用。由于该类产品少油腻、不黏稠、滑爽，使用感觉舒适，而且它一般不含或少含表面活性剂成分，对皮肤刺激小，而逐渐受到消费者的喜爱。另外，它在制备上也较简单，所以目前化妆水有较好的上市率。

化妆水的种类很多，如柔软性化妆水、收敛性化妆水等。

1. 柔软性化妆水　又称润肤水或柔肤水，它是一种能够润肤、补充皮肤角质层水分、使皮肤柔软、保持皮肤滋润、光滑的溶液剂化妆品。

润肤水的主要成分有以下几种。

(1) 润肤剂:如天然油脂橄榄油、沙棘油、霍霍巴油、羊毛脂及硅氧烷类等都有良好的柔软皮肤作用,各种支链脂肪醇、酯也具有滋润、软肤作用。

(2) 保湿剂:丙三醇(甘油)、丙二醇、丁二醇、山梨醇、聚乙二醇、透明质酸、吡咯烷酮羧酸钠及乳酸盐等。

(3) 增稠剂:天然胶质、水溶性高分子化合物如黄原胶、羟乙基纤维素、carbopol、CMG 等。

(4) 增溶剂:一般为亲水性强的非离子表面活性剂,如聚氧乙烯脂肪醇醚、聚山梨醇系列、聚氧乙烯氢化蓖麻油等。

(5) 溶剂:水、乙醇。

此外,其还含有香精、色素、防腐剂等。在润肤水的配方中,还可以加入各种天然植物或中草药提取液,赋予产品独特的功效。

2. 紧肤水　亦称为收缩水、收敛水。这是一种可收敛皮肤毛孔、绷紧皮肤,用后使皮肤显得细腻的化妆品,故适合油性皮肤和皮肤毛孔粗大者使用,宜于夏季化妆前使用。紧肤水的成分除了前述的润肤剂、保湿剂、增溶剂、溶剂等之外,另还需要添加收敛剂。用作收敛剂的组分有阳离子收敛剂,如明矾、硫酸铝、氯化铝、硫酸锌、苯酚磺酸锌等锌、铝盐;阴离子收敛剂,如柠檬酸、硼酸、丹宁酸、乳酸等。为了避免收敛剂对皮肤过分刺激,常添加非离子表面活性剂等以缓冲其作用。收敛性化妆水的主要功能是作用于皮肤上的汗孔,能使汗孔内的蛋白质凝固,起到紧缩皮肤、微孔收敛作用,可抑制脂质及汗液的分泌,对防止皮肤粉刺形成或皮肤粗糙有良好的作用。

(二) 配方举例

配方 1　保湿润肤液

	组分	质量分数(%)
Ⅰ相:	卡波姆 940	0.1
	NaOH(10%水溶液)	2.0
	蒸馏水	68.0
Ⅱ相:	水溶性霍霍巴油	0.2
	SM2115 氨基硅氧烷微乳液	5.0
	蒸馏水	17.7
Ⅲ相:	1,3-丁二醇	2.0
	中药当归萃取液	5.0
	防腐剂	适量
	香精	适量
	醋酸(调 pH=6 左右)	适量

【配方分析】

(1) 卡波姆 940:增稠剂、悬浮剂、乳化剂、成膜剂。卡波姆 940 能制备出从高黏度、短流变性到低黏度、长流变性的范围很宽的产品。由于具有很强的悬浮能力,本品被用来稳定传统的乳液与膏霜，悬浮浴液中的油滴和发胶中的气泡，作为去屑香波中的去屑剂，而其他的增稠剂往往不能提供很高的增稠悬浮力与屈服值。卡波姆 940 在油/水相中起着主要的乳化和稳定作用，在水/油乳剂中作为稳定剂。

（2）霍霍巴油：赋形剂、润滑剂。可增加乳剂润滑性，促进皮肤舒展，增强美容效果，几乎可被皮肤迅速吸收，且吸收后毛孔和毛囊都张开，可较完全地将附着物排出，具有软化皮肤、护发和防脱发的作用。

（3）1,3-丁二醇：溶剂、保湿剂。有良好的抑菌作用。可用于溶液、膏霜、乳液等。是各种精油、染料的良好溶剂。

（4）中药当归萃取液：含有谷甾醇、维生素 B_1 及维生素 A 等活性成分，具有很好的吸湿性、保水力及治愈创伤等作用，有滋润皮肤、防治和改善干燥皮肤的功效。

【制备方法】

（1）在搅拌下慢慢将卡波姆 940 加入水中，直至完全分散，随后加入 NaOH 调节至 pH＝7～8。

（2）在Ⅱ相组分，混合水溶性霍霍巴油、SM2115 氨基硅氧烷微乳液、蒸馏水。

（3）在良好搅拌下，将Ⅰ相组分慢慢加入Ⅱ相组分。

（4）再加入Ⅲ相组分。

（5）最后以醋酸调节 pH 值至 6 左右，即得。

【作用与用途】保湿、润肤，用于面部护理。

【用法】涂面。

配方 2　嫩肤水

	组分	质量分数（%）
Ⅰ相：	1,3-丁二醇	4.0
	吡咯烷酮羧酸钠	5.0
	蒸馏水	76.4
	丙二醇	4.0
	羟苯甲酯	0.1
Ⅱ相：	0.5%透明质酸溶液	10.0
	CO-40	0.2
	杰马 BP	0.3
	香精	适量

【配方分析】

（1）1,3-丁二醇：溶剂、保湿剂。有良好的抑菌作用。可用于溶液、膏霜、乳液等。是各种精油、染料的良好溶剂。

（2）吡咯烷酮羧酸钠（PCA-Na）：是皮肤中天然保湿因子的主要成分，具有很强的保湿作用。它可溶于水，为透明无色、无臭、略带咸味的液体，其吸湿性远高于甘油、丙二醇、山梨醇，而与透明质酸相当，在同样的温度及浓度下，PCA-Na 黏度比其他保湿剂低，没有甘油那种黏腻厚重的感觉，它对皮肤及眼黏膜几乎没有刺激性，安全性好，与其他保湿剂具有很好的协同性,配合使用有良好效果。

(3) 丙二醇:溶剂、保湿剂、渗透剂、润滑剂、抗冻剂、脱水剂。性质与甘油相似,但黏滞度比较小,刺激性和毒性也较小,能溶解多种药物。

(4) 羟苯甲酯:防腐剂。

(5) 0.5%透明质酸溶液:成膜剂、保湿剂。具有成膜和润滑性,保持皮肤水分,防止皮肤皲裂和皱纹的产生。用于高级化妆品,可用于膏霜、乳液、面膜、香波、凝胶剂等,先制成灭菌溶液备用,在45℃时加入制剂中,用量0.5%~1%。

(6) CO-40:增溶剂、乳化剂、稳定剂。用于乳化香水,增溶香精或精油。加于水中或水-醇体系,亦可用于配制维生素及特殊的油性活性添加剂的精华液、凝胶产品。

【制备方法】

(1) 取蒸馏水加热至90℃消毒灭菌20分钟,等温度降至50℃左右时缓慢加入透明质酸,搅拌溶解备用。

(2) 另取Ⅱ相组分混合搅拌均匀,再加入Ⅰ相组分。

(3) 再取香精加入,搅拌均匀降至室温,即得。

【作用与用途】保湿、润肤,用于面部护理。

【用法】涂面。

配方3 防晒爽肤水

	组分	质量分数(%)
Ⅰ相:	丙二醇	6.0
	海藻多糖	3.0
	甘草酸二钾	0.3
	NMF-50	3.0
	EDTA-2Na	0.05
	尿囊素	0.2
	蒸馏水	78.9
Ⅱ相:	七叶树提取液	5.0
	CO-40	0.2
	丝肽液	3.0
Ⅲ相:	杰马BP	0.3
	香精	0.05

【配方分析】

(1) 丙二醇:溶剂、保湿剂、渗透剂、润滑剂、抗冻剂、脱水剂。性质与甘油相似,但黏滞度比较小,刺激性和毒性也较小,能溶解多种药物。

(2) 海藻多糖:成膜剂、保湿剂、润滑剂。具有软化角质作用,对皮肤有光洁、细腻、保湿、滋润功效,用于护肤膏霜、蜜类、洗面奶、浴液、香波、护发素的添加剂,用量2%~6%。

(3) 甘草酸二钾:祛斑剂、抗过敏剂。阻止组胺的释放,具有解毒、消炎、抗过敏作用,类似肾上腺皮质激素作用,但长期使用亦无副作用。用于抗过敏、防晒、祛斑膏霜、乳液等。

（4）NMF-50：保湿剂。NMF-50是吸收快、活性高的新型保湿剂，具有良好的通透性，能迅速改善皮肤和头发的水分保持力，激发细胞活力，保持皮肤、毛发滋润、光滑、亮丽，防止干燥发暗，有助于伤后恢复。用于护肤、护发膏霜、乳液、香波、奶液、烫发、染发产品。

（5）EDTA-2Na：络合剂、螯合剂、稳定剂。能与金属离子络合，在药剂中用作抗氧增效剂、稳定剂和水的软化剂。因与金属离子螯合，致使细菌不能获得生长发育所必需的微量金属离子，故有抑菌作用，也可作抗菌增效剂。用于香皂、洗涤剂、膏霜的金属螯合剂。

（6）尿囊素：保湿剂、角质促成剂。尿囊素能增加皮肤角质细胞黏液质的吸湿能力，也能直接作用于角质蛋白分子，促使角质蛋白结合水的能力增加，吸收更多的水分，起到滋润皮肤、保护头发的作用。同时也使角质蛋白分散、鳞屑离解、脱落，使皮肤变得光滑柔软。

（7）CO-40：增溶剂、乳化剂、稳定剂。用于乳化香水，增溶香精或精油。加于水中或水-醇体系，亦可用于配制维生素及特殊的油性活性添加剂的精华液、凝胶产品。

（8）丝肽液：保湿剂、营养添加剂。与皮肤、头发的亲和性好，能使皮肤角质层保持一定水分，透过角质层与上皮细胞结合，并被细胞吸收，参与和改善皮肤细胞的代谢，使皮肤光泽滋润，富有弹性。丝蛋白与头发中角质蛋白的结构相似，对头发有较高的亲和性，低相对分子质量的丝蛋白成分可在头发表面形成薄而透气的保护膜，增加头发的弹性、柔软性、保湿性。用于护发、护肤的浴液、香波、护发素、发乳、膏霜等化妆品。

【制备方法】

（1）将Ⅰ相组分搅拌下加热至80℃，搅拌降温至45℃。

（2）加入Ⅱ相、Ⅲ相组分，持续搅拌均匀降温至36℃，即得。

【作用与用途】保湿、润肤、防晒。用于皮肤护理。

【用法】轻轻拍入肌肤。

配方4 保湿收缩水

	组分	质量分数(%)
Ⅰ相：	甘油	4.0
	EDTA-2Na	0.05
	抗过敏剂	3.0
	L-乳酸	1.0
	L-乳酸钠	5.0
	丙二醇	4.0
	羟苯甲酯	0.1
	蒸馏水	77.35
Ⅱ相：	金缕梅提取液	5.0
Ⅲ相：	杰马BP	0.3
	水溶香精	0.2

【配方分析】

（1）甘油：溶剂、保湿剂、助悬剂、赋形剂、稳定剂。水杨酸、硼砂、苯酚、硼酸、鞣酸等在甘油中的溶解度比在水中大，且黏滞度大，化学活性较小，作用缓和并具有防腐性，常作为黏膜用药的溶媒以及软膏剂、乳剂、栓剂等的赋形剂；10%～20%溶液有保湿作用，用于皮肤皲裂、护肤等。

(2) EDTA-2Na：络合剂、螯合剂、稳定剂。能与金属离子络合，在药剂中用作抗氧增效剂、稳定剂和水的软化剂。因与金属离子螯合，致使细菌不能获得生长发育所必需的微量金属离子，故有抑菌作用，也可作抗菌增效剂。用于香皂、洗涤剂、膏霜的金属螯合剂。

(3) 抗过敏剂(GD-2901)：也叫甘草提取物，抗过敏剂、抗炎剂。有阻止组胺释放的效能，减少致敏性，降低或减缓果酸、烫发剂等成分对皮肤的刺激，具有抗炎、防皲裂、护肤功效。

(4) L-乳酸钠：保湿剂、溶剂、吸水剂、防冻剂，可作为甘油代用品。用于膏霜、乳液、香波、洗涤剂。可调节化妆品 pH 值。

(5) L-乳酸：保湿剂、角质促成剂、角质松解剂、腐蚀剂。乳酸具有渗透性强、不溶解细胞的特点。低浓度(5%)有角质形成作用，改善新陈代谢，角质形成细胞形成加快，真皮层含水量增加，真皮黏多糖、胶原纤维、弹力纤维增加，皮肤质地得到改善。

(6) 丙二醇：溶剂、保湿剂、渗透剂、润滑剂、抗冻剂、脱水剂。性质与甘油相似，但黏滞度比较小，刺激性和毒性也较小，能溶解多种药物。

(7) 羟苯甲酯：防腐剂。

【制备方法】取Ⅰ相组分搅拌下加热至 90℃持续 20 分钟灭菌，搅拌降温至 45℃，加入Ⅱ相、Ⅲ相组分，搅拌均匀即得。

【作用与用途】保湿、润肤、收缩毛孔，用于面膜治疗后、油性皮肤、痤疮、酒渣鼻等。

【用法】涂面。

(三) 使用方法

1. 清洁皮肤后，用棉片沾湿化妆水，轻轻地擦净皮肤。
2. 可以涂保湿霜之后再敷化妆水，加速吸收。
3. 拍化妆水要由内往外，由上往下，且至少要拍到 100 下。
4. 干性肤质可以用浓稠状的化妆水，油性肤质用液体状化妆水。
5. 颈部比脸更需要补水，应从下往上按摩。

二、乳液

护肤乳液(又称奶液或蜜)是一种液态霜类化妆品，在护肤化妆品中颇受欢迎。质量好的护肤乳液应具有润湿、柔软、光滑作用，室温下流动性好。化妆品化学和稳定性好，无水分离析出，无黏腻的感觉，不影响汗液分泌，对皮肤无刺激或过敏性。虽然其作用与膏霜类护肤化妆品基本相同，但它使用方便，涂敷于皮肤上能铺展成一层极薄而均匀的油脂膜。

(一) 主要成分及作用

1. 油性成分　烃类、酯类、高碳醇、脂肪酸等。其主要作用为：赋形、清洁、润滑、护肤、封闭性保湿等作用。

2. 乳化剂　脂肪酸皂、非离子表面活性剂等。乳化剂被吸附于乳滴，在形成过程中有效地降低表面张力或表面自由能，有利于形成和扩大新的界面。同时在乳剂的制备过程不必消耗更大的能量，以至用简单的振摇搅拌的方法就能形成具有一定分散度和稳定的乳剂。

3. 水性成分 低碳醇、多元醇、水溶性高分子化合物等。这些物质可使产品在储存和使用时保持一定的湿度，有助于保持整体的稳定性，同时对皮肤的保湿起着非常重要的作用。

4. 防腐剂 乳剂中含有的大量水分、油、脂和蜡等原料是许多微生物的理想培养基，易于细菌、真菌和酵母菌的繁殖。尤其是 O/W 型乳剂更利于微生物的生产，造成乳剂分层、破坏，产品变色等，所以在配制乳剂时应加入适量防腐剂以防止霉败变质。

5. 抗氧化剂 水相的抗氧化剂常选用焦亚硫酸钠、硫代甘油、盐酸半胱氨酸等。油相的抗氧化剂常选用卵磷脂、维生素 E、维生素 C、棕榈酸酯等。最常用的油脂抗氧化剂是酚类及醌类。

乳液分为 W/O 型和 O/W 型，但后者居多。制备具有良好流动性和稳定性的乳液，其条件要比一般半固态的膏霜严格，以免在贮存过程中分层。通常采取以下措施：

(1) 选择油相和水相密度相近的物质。

(2) 选择适宜的乳化剂，如选用具有增效作用的两种以上乳化剂要比单一乳化剂效果好；添加助乳化剂，如聚乙二醇脂肪酸酯、聚氧乙烯羊毛醇醚、聚氧乙烯脂肪酸酯等非离子乳化剂。

(3) 加入胶黏剂增加连续相的黏度。

(4) 采用适当的乳化温度、搅拌、冷却方式等。

(二) 配方举例

配方 1 润肤乳液(阳离子乳化剂)

	组分	质量分数(%)		组分	质量分数(%)
Ⅰ相：	矿物油	8.0	Ⅱ相：	硬脂酰氧化胺	10.0
	棕榈酸异丙酯	4.0		氯化季铵盐	4.0
	单硬脂酸甘油酯	2.0		蒸馏水	71.0
	羊毛脂	2.0		香精	0.2
	鲸蜡醇	0.25		防腐剂	适量
	硬脂醇	0.25			

【配方分析】

(1) 矿物油、棕榈酸异丙酯等油相：赋形剂、保护剂、抗黏结剂、润滑剂。能在皮肤表面形成均匀的防水、透气的保护膜，防紫外线刺激，无毒，对皮肤和黏膜无刺激性。广泛用于制备固体、半固体及液体制剂以及浴液、护发素、防晒剂等化妆品等。

(2) 硬脂醇、鲸蜡醇：赋形剂、润滑剂。具有抗紫外线、抗衰老、防晒、护肤、润泽皮肤，用于配制膏霜、乳液。

(3) 硬脂酰氧化胺、氯化季铵盐：乳化剂。与所有化妆品成分和药品活性成分都能相溶。可制成流动奶液、奶液、稠厚奶液、流动膏霜、稠厚膏霜。

配方 2 美容乳液

	组分	质量分数(%)		组分	质量分数(%)
Ⅰ相：	液体石蜡	5.0	Ⅱ相：	丙二醇	5.0

羊毛醇	2.0		乙醇	5.0
鲸蜡醇	1.5		丙烯酸聚合物	15.0
失水山梨醇倍半油酸酯	0.8		贝类黏液提取物	5.0
聚氧乙烯(20)油酸酯	1.2		蒸馏水	59.0
防腐剂、抗氧剂	适量	Ⅲ相：	香精	0.5

【配方分析】

(1) 乙醇:溶剂、保湿剂、助悬剂、赋形剂、稳定剂。

(2) 丙二醇:溶剂、保湿剂、渗透剂、润滑剂、抗冻剂、脱水剂。性质与甘油相似,但黏滞度比较小,刺激性和毒性也较小,能溶解多种药物。

(3) 贝类黏液提取物:富含甾醇、维生素 E 及维生素 A 等活性成分,具有很好的吸湿性、保水力及治愈创伤等作用,有滋润皮肤、防治和改善干燥皮肤的功效。

(4) 失水山梨醇倍半油酸酯:增稠剂、悬浮剂、乳化剂、成膜剂。由于具有很强的悬浮能力,本品被用来稳定传统的乳液与膏霜。

(5) 聚氧乙烯(20)油酸酯:赋形剂、润滑剂、乳化剂。可增加乳剂润滑性,促进皮肤舒展,增强美容效果。

(6) 丙烯酸聚合物:溶剂、保湿剂。可用于溶液、膏霜、乳液等。

【制备方法】

(1) 将Ⅰ相、Ⅱ相组分分别加热至 90℃灭菌 20 分钟后,降温至 80℃备用。

(2) 在搅拌下把Ⅰ相组分加入Ⅱ相组分,均质 2～3 分钟后,搅拌降温至 45℃(转速 40～50r/min)。

(3) 形成均匀细腻的乳剂后加入Ⅲ相。

【作用与用途】改善皮肤营养,长期坚持可使面容丰满,精神焕发,光泽明润。

【用法】本品特别适合于中性皮肤。

(三) 使用方法及注意事项

1. 涂乳液不要先点到脸上再抹开,要先抹在手上再按到脸上。

2. 腋下不建议涂乳液,因为流汗多,但可以喷雾。

3. 如果乳液太油,就在化妆水还没有干的时候上乳液。

4. 乳液好不好,一定要抹上以后等 5～10 分钟再观察,看会不会油腻,皮肤是不是光滑。

5. 如果太黏稠,就用清爽的化妆水再擦一遍。

6. 乳液如果太油,就在脸上还有化妆水的时候,用有水的化妆棉上乳液。

三、膏霜类化妆品

护肤膏霜类化妆品是一类应用范围广、种类较多的护肤化妆品,也称为基础性化妆品。按其乳化体类型分为水/油型和油/水型两大类。

(一) 主要成分及作用

膏霜类主要成分为油脂、蜡和水(包括水溶性物质)以及乳化剂等,还可根据不同需要添加其他有效成分。其中雪花膏和冷霜是两种典型的又具有传统性的膏霜类化妆品,前者多为油/水型乳化体膏霜，而后者多为水/油型乳化体膏霜。

1. 雪花膏　是以硬脂酸和碱作用生成的皂类作为阴离子乳化剂而制得的油/水型乳化体。它是一种色泽洁白的膏体，具有令人舒适的香气。使用时涂搽在皮肤之后，立即似雪花般在皮肤上融化，故而得名。其特点是作用后舒适爽快，皮肤上无油腻感觉。主要作用为润肤或用作粉底霜等。其主要原料是硬脂酸、碱、多元醇(保湿剂)、水及其他成分等。

(1) 硬脂酸：用于制备雪花膏的硬脂酸是蜡状、微带光泽的白色结晶体，即动植物的油脂水解后得到的脂肪酸经过三次压榨而得到的，常称为三压硬脂酸。它与碱反应，使一部分硬脂酸皂化生成硬脂酸盐用作乳化剂，其余未皂化的硬脂酸作为油脂部分与其他成分如水、甘油等发生乳化，形成软膏状的乳化体。

(2) 碱类：碱和硬脂酸皂化生成硬脂酸盐作为乳化剂。一般常用的碱为氢氧化钾、氢氧化钠、三乙醇胺等。雪花膏膏体的稠度或硬度与所用的碱有关，用三乙醇胺制成的膏体软而细腻，但易改变颜色。用氢氧化钠制得的膏体硬而且稠度大，易出现水分离析现象。氢氧化钾制得的膏体硬度和稠度适中，所以一般多采用氢氧化钾，用量一般为0.5%～2.0%，为提高膏体硬度和稠度，也可用KOH∶NaOH为9∶1。

(3) 保湿剂：用于雪花膏作为保湿剂的成分主要是多元醇，如甘油、丙二醇、1,3-丁二醇、山梨醇、聚乙二醇等。多元醇除对皮肤有保湿作用外，还有保持膏体水分的作用，使膏体在一定时间内不发生干缩，软硬度合适，此外还有防冻作用。

(4) 其他油性成分：常用的多为脂肪酸酯、高碳醇类等，有代表性的单硬脂酸甘油酯，用量为1%～2%，它既起到助乳化剂作用，又起到赋予膏体细腻、润滑、稳定、光泽等良好性能作用，尤其与十六醇或十八醇混合使用效果更好。另外，添加1%～2%的白油、羊毛脂及其衍生物也有上述作用。

(5) 水：雪花膏含水量为60%～80%，因此水的质量是影响膏体质量的重要因素之一。若水中含有无机离子，如Ca^{2+}、Mg^{2+}、Ba^{2+}等对膏体稳定性有较大影响，所以化妆品中多用蒸馏水或去离子水，也称精制水。

根据雪花膏所选用原料和配方不同，雪花膏种类也不同，有弱酸性和弱碱性之别；按皮肤适应性有干性、中性和油性的不同；按作用不同又有一般和特殊(药效、增白、防裂等)作用之分。

2. 冷霜　又称香脂或护肤脂。因涂敷于皮肤后有水分离析出来，水分蒸发时吸收热量，使皮肤有凉爽感觉而得名。传统的冷霜是用硼砂皂化蜂蜡的游离脂肪酸，生成的脂肪酸钠作为阴离子乳化剂而制得的水/油型冷霜。其膏体光滑、细腻、不黏，无油水分离现象。

冷霜的原料主要有蜂蜡、白油、硼砂、其他油脂及香精、防腐剂等。蜂蜡用量2%～15%，硼砂的用量依据蜂蜡的酸值而定，欲制得好的乳化体，应是蜂蜡中50%的游离酸被中和。配方中蜂蜡与硼砂比例为10∶1～16∶1。如果硼砂用量不足以中和蜂蜡的游离酸，则生成的皂化乳化剂量少，生成的乳化体粗糙、易渗出水分，乳化体不稳定。水分与油相比例一般为1∶2左右。其他油脂有植物、动物油脂和蜡，虽有利于皮肤吸收，但植物油脂有时影响色泽，可选用杏仁油等无色的油脂。矿物油脂现多用含异构烷烃量较多的白油(白色液体石蜡)，有利于在皮肤上形成保持水分、透气性好的油性薄膜。

为了使制得的乳化体具有较好的耐热、耐寒性，光亮、洁白、润滑性好等特点，选用非离子型乳化剂，或与蜂蜡-硼砂相结合的混合乳化剂也已应用。

冷霜按其包装容器可分为盒装和瓶装冷霜。瓶装冷霜要求在35℃不得有油水分离，质地较软，油润性好；盒装冷霜质地略硬、稠度厚，受热(40℃)不渗油，受冷不变硬、不渗水、使用方便。

3. 新型膏霜和乳液(蜜)类　近年来合成化学的发展为化妆品生产提供了大量新颖的原料，例如新的表面活性剂、油脂、营养剂、保湿剂等，新型原料的应用，使新型的乳化体、护肤化妆品已不再是传统的O/W型雪花膏和W/O型冷霜，而且还有润肤霜和蜜，主要作用是滋润、柔软、补充和保持皮肤水分，使皮肤柔滑、光泽而富有弹性。

润肤霜和蜜一般都含有润肤剂、营养剂、保湿剂等，相关内容参看前面有关章节，在此不予重复。用于润肤霜的乳化剂、阴离子化剂有蜂蜡-硼砂、脂肪醇硫酸钠和脂肪醇磷酸酯；非离子型乳化剂有脂肪醇聚氧乙烯醚、单硬脂酸甘油酯、聚氧乙烯失水山梨醇脂肪酸酯、失水山梨醇脂肪酸酯、脂肪酸酯类等。阳离子乳化剂使用不多。在润肤霜和蜜中加入各种营养成分，即成营养霜和蜜。其作用是补充皮肤的油脂、氨基酸、维生素等营养成分。为了使营养成分对皮肤有效，选用的成分与皮脂膜组成相近，使之容易吸收，达到营养皮肤的目的。

营养霜和蜜中添加的营养成分不能含有过敏性成分；基质能均匀吸收营养成分，相容性好；涂敷后不能影响皮肤的pH值。

（二）配方举例

配方1　护肤霜

	组分	质量分数(%)		组分	质量分数(%)
Ⅰ相：	M-68	3.0	Ⅱ相：	1,3-丁二醇	4.0
	165自乳化单甘酯	2.0		羟苯甲酯	0.12
	十六至十八混合醇	1.0		蒸馏水	59.5
	羟苯丙酯	0.06	Ⅲ相：	透明质酸钠(1%水溶液)	10.0
	BHT	0.02		杰马BP	0.3
	维生素E烟酸酯	0.1		香精	0.1
	乳木果油	4.0			
	二甲硅油	1.5			
	氢化聚癸烯	8.0			
	神经酰胺EG	0.6			
	肉豆蔻异丙酯	5.0			

【配方分析】

(1) M-68：非离子型乳化剂，不含环氧乙烷及任何化学物质。乳化性能强，稳定性好。因为不含环氧乙烷，因而是防晒产品的理想乳化剂，可单独使用，也可与165、GC、305等配合使用。增稠性能好，耐酸、耐电解质，可制备不同浓度的油相产品。液晶结构，保湿性极好，制备的霜、乳液产品细腻、亮泽、高雅，涂展性极佳，肤感如丝绒。制备水包油乳化产品，适用于干性、油性、敏感性皮肤。用于制备防晒霜、乳液、眼霜、祛粉刺霜、染发剂、果酸霜、保湿美白霜、祛斑霜和婴儿用化妆品等。

(2) 165 自乳化单甘酯:乳化剂。适用于酸性或含有电解质的水包油乳液,与所有化妆品成分和药品活性成分都能相溶。可制成流动奶液、奶液、稠厚奶液、流动膏霜、稠厚膏霜。

(3) 十六至十八混合醇:乳化剂。制备各种膏霜、乳液,其产品可呈白色、光亮的纹理结构,性质稳定。

(4) 羟苯丙酯:防腐剂。

(5) BHT:抗氧剂。酚类通用型油相抗氧化剂,可延迟或防止油、脂肪发生氧化酸败,并能防止油溶性维生素失活。一般多与 BHA 并用,并以柠檬酸或其他有机酸为增效剂。

(6) 维生素 E 烟酸酯:维生素类药。直接作用于血管壁,扩张血管,改善微循环,对激肽酶引起的毛细血管渗透性增加有特异性拮抗作用,适用于因末梢血液循环障碍引起的缺血性贫血疾病,有较好疗效,使局部微循环改善而促进毛发生长。

(7) 乳木果油:赋形剂、润滑剂。具有特殊活性成分,抗紫外线、抗衰老、防晒、护肤、润泽皮肤,用于配制膏霜、乳液。

(8) 二甲硅油:赋形剂、保护剂、抗黏结剂、润滑剂。能在皮肤表面形成均匀的防水、透气的保护膜,防紫外线刺激,无毒,对皮肤和黏膜无刺激性。广泛用于制备固体、半固体及液体制剂以及浴液、护发素、防晒剂等化妆品等。

(9) 神经酰胺 EG:保湿剂。通过氢键形成层状结构的分子缔合体,促进表皮的水合作用,有保湿作用;增强表皮细胞的内聚力,修复皮肤屏障功能,从而缓解角质层的脱屑症状,帮助表皮再恢复,改善皮肤外观;避免或减少因紫外线照射而引起的表皮剥落,从而抗皮肤衰老。与胆固醇、脂肪酸等配伍效果更佳。用于护肤、抗衰老化妆品。

(10) 肉豆蔻异丙酯:赋形剂、分散剂、定香剂。用于膏霜、口红、发油、发膏等原料。也可作香水的定香剂。

(11) 1,3-丁二醇:溶剂、保湿剂。有良好的抑菌作用。可用于溶液、膏霜、乳液等。是各种精油、染料的良好溶剂。

(12) 丙二醇:溶剂、保湿剂、渗透剂、润滑剂、抗冻剂、脱水剂。性质与甘油相似,但黏滞度比较小,刺激性和毒性也较小,能溶解多种药物。

(13) NMF-50:保湿剂。NMF-50 是吸收快、活性高的新型保湿剂,具有良好的通透性,能迅速改善皮肤和头发的水分保持力,激发细胞活力,保持皮肤和毛发滋润、光滑、亮丽,防止干燥发暗,有助于伤后恢复。用于护肤、护发膏霜、乳液、香波、奶液、烫发、染发产品。

(14) 羟苯甲酯:防腐剂。

(15) 1%透明质酸溶液:成膜剂、保湿剂。具有成膜和润滑性,保持皮肤水分,防止皮肤皲裂和皱纹的产生。用于高级化妆品,可用于膏霜、乳液、面膜、香波、凝胶剂等。

【制备方法】

(1) 将Ⅰ相、Ⅱ相组分分别加热至 90℃灭菌 20 分钟后,降温至 80℃备用。

(2) 在搅拌下把Ⅰ相组分加入Ⅱ相组分,均质 2~3 分钟后,搅拌降温至 45℃(转速 40~50r/min)。

(3) 加入Ⅲ相组分,搅拌均匀(转速 30~40r/min),降温至 36~38℃时即得。

【作用与用途】干性皮肤用后，令肌肤保湿、改善微循环、消炎、补充营养、抗皱美白，本品稠度适中，亮泽细腻。适用于干性皮肤。

【用法】本品特别适合于干性皮肤，亦适于儿童使用。早晚洁肤后可使用本品。

配方2　眼霜精华

	组分	质量分数(%)		组分	质量分数(%)
Ⅰ相：	自乳化单硬脂酸甘油酯GC	2.0		NMF-5Q	3.0
	角鲨烷	6.0		卡波姆2020	0.3
	月桂氮䓬酮	1.5		蒸馏水	49.6
	红没药醇	0.3	Ⅲ相：	CMG	0.2
	羟苯丙酯	0.06		0.5%透明质酸溶液	10.0
	肉豆蔻异丙酯	3.0		丙二醇	4.0
	二甲硅油	1.0		20%三乙醇胺	1.5
	霍霍巴油	1.0		胶原蛋白液	3.0
	神经酰胺EG	1.0		表皮生长因子	适量
	乳化剂S(biobase S)	4.0		丝肽液	4.0
Ⅱ相：	1,3-丁二醇	4.0	Ⅳ相：	香精	0.2
	羟苯甲酯	0.12		杰马BP	0.3

【配方分析】

(1) 自乳化单硬脂酸甘油酯GC：非离子型乳化剂。可单独使用，也可配合其他乳化剂使用。用于膏霜、乳液、护发用品等的主乳化剂或助乳化剂，常与OW340B配伍。

(2) 角鲨烷：赋形剂、润滑剂、渗透剂。人皮脂中含10%角鲨烯、2.4%角鲨烷，对皮肤无刺激，能使皮肤柔软。

(3) 月桂氮䓬酮：渗透剂。为一种高效无毒、非极性的新型透皮促进剂。

(4) 红没药醇：抗过敏剂。有抗过敏、抗炎、润肤、防晒功能。

(5) 羟苯丙酯：防腐剂。

(6) 肉豆蔻异丙酯：赋形剂、分散剂、定向剂。

(7) 二甲硅油：赋形剂、润滑剂、保护剂、抗黏剂。

(8) 霍霍巴油：赋形剂、润滑剂。可增加乳剂润滑性，促进皮肤舒展，增强美容效果。

(9) 神经酰胺EG：保湿剂。

(10) 乳化剂S(biobase S)：乳化剂、保湿剂。

(11) 1,3-丁二醇：溶剂、保湿剂。有良好的抑菌作用。

(12) 羟苯甲酯：防腐剂。

(13) NMF-50：保湿剂。具有活性高的保湿剂，能迅速改善皮肤和毛发的水分保持力，激发细胞活力。

(14) 卡波姆2020：增稠剂、悬浮剂、乳化剂、成膜剂。

(15) CMG：赋活剂、营养添加剂。

(16) 0.5%透明质酸溶液：成膜剂、保湿剂。具有成膜润滑性，可保持皮肤水分，用于高档化妆品。

(17) 丙二醇:溶剂、保湿剂、渗透剂、润滑剂、抗冻剂、脱水剂。

(18) 20%三乙醇胺:阴离子表面活性剂、洗涤剂、稳定剂。在化妆品中用其脂肪酸中和成皂,硬脂酸与三乙醇胺反应生成硬脂酸铵,与硫酸化脂肪醇中和成铵盐。用于乳剂、凝胶、香波等,用20%溶液加入基质中,调整pH值。

(19) 胶原蛋白液:保湿剂、润滑剂。对皮肤、毛发都有良好的亲和性,皮肤、毛发对其有良好的吸收性,可使其渗透至毛发的内部,体现良好的亲和性和功效性,有润肤、保湿、祛皱、祛斑、护发功能。

(20) 表皮生长因子:生物制品,赋活剂。是人体重要生长因子之一,可促进表皮细胞、神经细胞和器官组织的上皮细胞生长,促进DNA复制和细胞分裂,有祛皱、抗衰老、护肤、修复创伤、祛斑作用,用于抗衰老、护肤、减皱化妆品。可制成膏霜、乳液、精华液等。

(21) 丝肽液:保湿剂、营养添加剂。与皮肤、头发的亲和性好,能使皮肤角质层保持一定水分,透过角质层与上皮细胞结合,并被细胞吸收,参与和改善皮肤细胞的代谢,使皮肤光泽滋润,富有弹性。丝蛋白与头发中角质蛋白的结构相似,对头发有较高的亲和性,低相对分子质量的丝蛋白成分可在头发表面形成薄而透气的保护膜,增加头发的弹性、柔软性、保湿性。用于护发、护肤的浴液、香波、护发素、发乳、膏霜等化妆品。

【制备工艺】

(1) 先取Ⅰ相组分混合、溶解,加热至40℃备用。

(2) 将Ⅰ相、Ⅱ相组分分别加热灭菌至80℃。

(3) 当Ⅰ相、Ⅱ相两相温度相等时,Ⅰ相加入Ⅱ相中,均质乳化3分钟,搅拌降温至50℃,加入Ⅲ相、Ⅳ相组分,继续搅拌至36℃,即得。

【作用与用途】润肤、护肤、保湿、减皱、修复瘢痕。用于眼部护理、舒展细小皱纹、痤疮后遗留瘢痕。

【用法】每日早晚涂搽1次。

【注解】人表皮生长因子系贵重生物制品,每100kg中含有3mg,每瓶含有0.1mg,临用时加灭菌水配制,在乳化后45℃时加入。

配方3　灵芝营养霜

	组分	质量分数(%)		组分	质量分数(%)
Ⅰ相:	硬脂酸	3.0		苯甲酸钠	0.15
	单硬脂酸甘油酯	7.0		乳化剂	0.5
	白油(11号)	5.0		卵磷脂和蜂蜜	3.0
	十八醇	5.0	Ⅲ相:	灵芝提取浓缩液	5.0
	十六醇	3.0		色素、香精	0.6
	尼泊金乙酯	0.1		蒸馏水	47.65
Ⅱ相:	甘油	20.0			

灵芝营养霜对皮肤具有滋润、抗皱作用。

配方4　珍珠营养霜

组分	质量分数(%)	组分	质量分数(%)
聚乙烯醇	15.0	珍珠贝水解液(5%)	10.0
羧甲基纤维素钠	5.0	蒸馏水	57.0
丙二醇	3.0	防腐剂、抗氧剂	适量
乙醇	10.0		

人参营养霜主要是利用人参中人参皂苷和可抑制黑色素的还原营养物质成分,可使皮肤白嫩、润滑光亮和延缓衰老,减轻细小皱纹。

(三) 使用方法及注意事项

1. 尽可能选择无色、无味的化妆品;并注意化妆品的"有效期限"。

2. 新使用化妆品前,最好先在耳后、手腕等处试用 1～2 天,确定对皮肤无害处后再使用。

3. 先上眼霜后再上面霜。

4. 已有眼袋和皱纹的眼睛上眼霜要稍微用力拍打。眼霜要用无名指拍打,因其力度最小。

5. 涂保养品不要先点到脸上再抹开,要先抹在手上再按到脸上。

6. 面霜好不好,一定要抹上以后等 5～10 分钟再观察,看会不会油腻,皮肤是不是光滑。

7. 如果太黏稠,就用清爽的化妆水再擦一遍。

8. 如果面霜太油腻,可以混合同功效的精华液一起使用。

四、凝胶剂

凝胶是一类含有两组分或两组分以上的包含液体的半固体胶冻和其干燥体系(干胶)的大分子网络体系的通称。将药物溶解或均匀分散于凝胶中即为凝胶剂,它能较长时间地与作用部位紧密黏附,有较好的生物黏附性,制法简单、使用舒适。

此外,凝胶是一种外观为透明或半透明的半固态胶冻状物,凝胶不仅失去了流动性,而且还具有固体的一些性质,如弹性、强度等,所以凝胶的性质介于固体与液体之间,为高分子物质的一种特有结构状态,如动物胶、琼脂等物质在热水中溶解,溶液静置冷却后即形成凝胶。

凝胶化妆品是一类较新的化妆品,其英文为 gel 或 jelly,国内现常把凝胶直译为"啫喱"。由于它呈胶冻状,着色以后色彩鲜艳、呈透明状,外观异常鲜嫩,令人喜爱,且使用感觉也较清爽,无油腻感,受到消费者的欢迎。凝胶有水溶性凝胶和油溶性凝胶两类,水溶性凝胶中含有较多的水分,可以补充给皮肤,具有保湿及清爽的效果,适于油性皮肤和夏季使用;油溶性凝胶含有较多的油分,对皮肤具有保湿、滋润作用,适于干性皮肤和冬天使用。

水溶性凝胶剂的主要基质一般由水、甘油(丙三醇)或丙二醇与纤维素衍生物、卡波姆和海藻酸钠、西黄蓍胶、明胶、淀粉等构成;油溶性凝胶剂的主要基质由液体石蜡与聚氧乙烯或脂肪油与胶体硅或铝皂、锌皂构成。

(一) 主要成分及作用

1. 凝胶剂　这是一种使产品形成凝胶的物质,在化妆品中凝胶剂目前主要使用的有天然胶质和水溶性高分子化合物。

（1）天然胶质：常用作胶凝剂的有黄原（汉生胶）、角叉胶、海藻酸钠和明胶等。

（2）水溶性高分子化合物：常用作凝胶剂的有纤维素衍生物，如羧甲基纤维素钠、羟乙基纤维素、羟丙基纤维素和阳离子纤维素聚合物（如聚季铵盐-10 等）及丙烯酸聚合物（carbopal 系列产品、芦芭胶、丙烯酸酯共聚物）等。

2. 中和剂　丙烯酸聚合物形成凝胶是在碱的中和作用下形成的，常用的中和剂有强碱氢氧化钠和弱有机碱三乙醇胺。中和剂的用量是控制在使凝胶的 pH 值在 7.0 左右。

（二）配方举例

配方 1　保湿凝胶

	组分	质量分数（%）		组分	质量分数（%）
Ⅰ相：	卡波姆 2020	0.8		NMF-50	2.0
	1,3-丁二醇	4.0	Ⅱ相：	20%三乙醇胺	3.0
	丙二醇	4.0	Ⅲ相：	芦芭胶 CG	5.0
	羟苯甲酯	0.1		水溶香精	0.1
	蒸馏水	80.7		杰马 BP	0.3

【配方分析】

（1）卡波姆 2020：增稠剂、悬浮剂、乳化剂、成膜剂。高塑变性使之能用于制备含有多种悬浮成分的产品，如含有明胶颗粒或非水溶性的去头屑剂等。对于表面活性剂产品，也有很宽的黏度调节范围。此外，该树脂还能提供给产品很好的透明度、耐热耐寒循环稳定性，以及比硅酸铝镁体系或羟丙基纤维素类有更好的增稠和助悬性能，并可作为含电解质和阳离子或两性表面活性剂体系的增稠剂。

（2）1,3-丁二醇：溶剂、保湿剂。有良好的抑菌作用。可用于溶液、膏霜、乳液等。是各种精油、染料的良好溶剂。用量 5%～10%。

（3）丙二醇：溶剂、保湿剂、渗透剂、润滑剂、抗冻剂、脱水剂。性质与甘油相似，但黏滞度比较小，刺激性和毒性也较小，能溶解多种药物。

（4）羟苯甲酯：防腐剂。

（5）NMF-50：保湿剂。NMF-50 是吸收快、活性高的新型保湿剂，具有良好的通透性，能迅速改善皮肤和头发的水分保持力，激发细胞活力，保持皮肤和毛发滋润、光滑、亮丽，防止干燥发暗，有助于伤后恢复。用于护肤、护发的膏霜、乳液、香波、奶液、烫发和染发产品，用量 0.5%～7%。

（6）20%三乙醇胺：阴离子表面活性剂、洗涤剂、稳定剂。在化妆品中用其脂肪酸中和成皂，硬脂酸与三乙醇胺反应生成硬脂酰胺，与硫酸化脂肪醇中和成胺盐。用于乳剂、凝胶、香波等，用 20%溶液加入基质中，调整 pH 值。

【制备工艺】

（1）取蒸馏水、1,3-丁二醇、丙二醇混合，搅拌均匀。

（2）另取卡波姆 2020，慢速搅拌下少量分次撒入，搅拌均匀后，加热至 80℃并提高搅拌速度。

(3) 当温度降至80℃时加入羟苯甲酯、NMF-50，搅拌均匀后，持续搅拌降温至50℃，加入适量三乙醇胺，调整pH 5～6后加入Ⅲ相组分，搅拌至36℃，即得。

【作用与用途】润肤、保湿、抗皱。用于护肤。

【用法】每日涂搽2次。

配方2 保湿凝胶

	组分	质量分数(%)		组分	质量分数(%)
Ⅰ相：	QM	0.5		NMF-50	3.0
	1,3-丁二醇	4.0	Ⅱ相：	芦芭胶CG	5.0
	丙二醇	4.0		NaOH(10%水溶液)	1.3
	EDTA-2Na	0.05		杰马BP	0.3
	蒸馏水	81.35		香精(水溶)	0.1
	羟苯甲酯	0.1		CO-40	0.3

【配方分析】

(1) QM：高分子聚合物。低使用量(0.25%～0.5%)即可形成透明水溶胶，在pH值3～11稳定，耐剪切及高温。不黏滞，在头发、皮肤上留下滑爽、柔软的感觉。

(2) 1,3-丁二醇：溶剂、保湿剂。有良好的抑菌作用。可用于溶液、膏霜、乳液等。是各种精油、染料的良好溶剂。用量5%～10%。

(3) 丙二醇：溶剂、保湿剂、渗透剂、润滑剂、抗冻剂、脱水剂。性质与甘油相似，但黏滞度比较小，刺激性和毒性也较小，能溶解多种药物。

(4) EDTA-2Na：络合剂、螯合剂、稳定剂。能与金属离子络合，在药剂中用作抗氧增效剂、稳定剂和水的软化剂。因与金属离子螯合，致使细菌不能获得生长发育所必需的微量金属离子，故有抑菌作用，也可作抗菌增效剂。用于香皂、洗涤剂、膏霜的金属整合剂。常用浓度0.001%～0.05%。

(5) 羟苯甲酯：防腐剂。

(6) NMF-50：保湿剂。NMF-50是吸收快、活性高的新型保湿剂，具有良好的通透性，能迅速改善皮肤和头发的水分保持力，激发细胞活力，保持皮肤和毛发滋润、光滑、亮丽，防止干燥发暗，有助于伤后恢复。用于护肤、护发膏霜、乳液、香波、奶液、烫发和染发产品，用量0.5%～7%。

(7) CO-40：增溶剂、乳化剂、稳定剂。用于乳化香水，增溶香精或精油。加于水中或水-醇体系，亦可用于配制维生素及特殊的油性活性添加剂的精华液、凝胶产品。

【制备工艺】

(1) 搅拌下将QM分散在丁二醇、丙二醇和水中，搅拌均匀后，升温到80℃保持20～30分钟。

(2) 搅拌降温到40℃时，用NaOH(10%水溶液)中和，并加入Ⅱ相其他原料，搅拌均匀即可，形成透明凝胶。

注：本配方中，可加入芦荟凝胶或0.1g芦荟粉于40℃时加入。

【作用与用途】润肤、保湿、抗皱。用于护肤。

【用法】每日涂搽2次。

（三）凝胶剂的质量要求

1. 混悬凝胶剂中颗粒应分散均匀，不应下沉结块并应在标签上注明“用前摇匀”。

2. 局部用凝胶剂应均匀、细腻，无豁固的块粒，在常温时保持胶状，不干涸或液化。

3. 凝胶剂必要时可加入保湿剂、防腐剂等稳定剂，以及促进皮肤、黏膜吸收的附加剂。其所用的包装材料不应与药物或基质发生理化作用。

4. 除另有规定外，凝胶剂应置于避光密闭容器中，置阴凉处（不超过25℃）贮存，并应防止结冰。

5. 每种凝胶剂均应建立准确的定性鉴别和含量测定的方法与标准，每批检查结果均应符合规定。

6. 凝胶剂应安全、无毒、无刺激性，并有自己特定的适应证及应用范围，具有确切的疗效。

（四）使用方法及注意事项

1. 清洁皮肤后，用棉片沾湿化妆水，轻轻地擦净皮肤，然后再涂抹凝胶类化妆品。

2. 干性肤质可以用浓稠状的油溶性凝胶剂，油性肤质用水溶性凝胶剂。

3. 涂凝胶剂不要先点到脸上再抹开，应先抹在手上再按到脸上。

4. 凝胶剂可以混合同功效的精华液一起使用。

5. 尽可能选择无色、无味的凝胶剂；并注意其“有效期限”。

（张春娜）

6 第六章 彩妆类化妆品

彩妆类化妆品是指涂敷、喷洒于颜面、指(趾)甲等部位,通过其遮盖力及色彩、光影,达到修饰矫形、增添魅力目的的化妆品。彩妆类化妆品对皮肤及其附属器主要起局部修饰和美化的作用,因此通常只需停留在皮肤表面,不进入毛孔及皮肤组织深部。使用后应及时彻底卸妆,清除彩妆品残留痕迹,防止不良反应的发生。

合格的彩妆类化妆品应符合下列要求:①质量符合国家标准和行业标准;②色泽均匀纯正,稳定持久;③有良好使用感,易于涂抹,附着性强;④稳定性好,使用期限内无变质、变形、变味;⑤对皮肤无刺激和毒性。

第一节 彩妆类化妆品的分类

根据使用部位,彩妆类化妆品可分为底妆修颜类化妆品(粉底、香粉、胭脂)、眼部彩妆品(眼影、睫毛膏、眉笔、眼线)、唇部彩妆品(唇膏、唇线笔)和美甲制品(指甲油、指甲油清除剂)等。

一、底妆修颜类化妆品

底妆修颜类化妆品是指应用于面部(包括颈部)的彩妆类化妆品,可在皮肤表面形成平滑的覆盖,用来遮盖面部瑕疵,调整皮肤质地、颜色和光泽。主要包括粉底类、干粉类和胭脂类产品。底妆修颜类化妆品应易于涂抹,分布均匀,具有自然的外观。粉底类和干粉类产品通常为深浅不同的肤色系列色调,可带有珠光粒子;胭脂类产品的基础色调为各种半透明的红色系,根据特殊需要亦可有其他色系选择。

(一) 粉底

按照基质体系的性质可分为水性粉底、油性粉底、乳化型粉底、气雾剂型粉底、凝胶型粉底和粉饼型粉底等,应根据不同的妆面要求和皮肤性质加以选择。

1. 水性粉底 水性粉底也称水粉,是将粉体原料悬浮分散于甘油水溶液、亲水性胶体溶液或低浓度乙醇溶液而制成的流动性浆状粉底。因其水分含量较高,使用时略有清凉感,遮盖力较弱,妆感自然。水性粉底适合没有明显瑕疵的皮肤,可用于淡妆、日常妆打底。

2. 油性粉底 可分为油基型液状粉底和油性粉底霜。适合干性皮肤或干燥季节使用。

(1) 油基型液态粉底:流动性浆状粉底,其亲油性成分含量高,与皮肤亲和性好,易于涂抹。适合干性皮肤或干燥季节使用。

(2) 油性粉底霜:通过改变油脂和蜡的种类及比例可制得不同类型的制品,如质地较软、注入浅型容器中的软膏状粉底,以及质地较硬、注入金属模具成型后放入可升降旋动的棒状容器的条状粉底(即粉条)等。

油性粉底霜在皮肤上有良好的铺展性和附着性,上妆容易;遮盖力强,可有效遮盖面部瑕疵和改善肤色,使妆面完美,适合浓妆如舞台妆、摄影妆、新娘妆等使用;油性基底可预防皮肤干燥,适合干性皮肤和干燥季节;可在皮肤表面形成耐水性涂膜,妆面持久,不易脱妆。

3. 乳化型粉底 乳化型粉底是将粉体均匀分散、悬浮于乳化体中而得到的制品。形态上可分为硬膏状、软膏状和乳液状等,即粉底膏、粉底霜和粉底液。理想的乳化型粉底应具备的基本特点:①干燥速度适度,可均匀铺展于皮肤表面;②稳定性好,有较长的货架寿命,长久放置和运输过程不会发生沉淀和分层;③有合适的稠度和触变性;④有良好的肤感,不油腻,有爽滑感,易于上妆;⑤色调与肤色匹配,达到较好的修饰皮肤效果。

按乳化体的性质可分为 O/W 型和 W/O 型。O/W 型粉底外相为水分,质地较清爽,适合油性、混合性皮肤使用。但妆面持久性不强,容易脱妆。W/O 型粉底外相为油分,质地较滋润油腻,适合干性皮肤及干燥季节使用。以硅油为外相的新型 W/O 型粉底也可做到质地清爽不油腻,妆面持久,适合油性皮肤。和油性粉底相比,乳化型粉底有良好的触变性,质地均匀,黏度较低,很容易在皮肤上分散铺展,妆效自然,适合日常妆使用。

4. 粉饼型粉底 粉饼由粉状白粉压制而成,其形状随容器形状而变化,通常附带化妆镜和粉扑。粉饼具有良好的遮盖力、吸收性、延展性和附着性,组成均匀,同时还具有适度的机械强度,使用时不会碎裂。

干湿两用粉饼是最常用的粉饼型粉底,可用干海绵或湿润海绵蘸取涂抹上妆。干湿两用粉饼使用方便,易于携带,妆面清爽自然,持久性强。适合油性皮肤和夏季使用。

5. 掩饰用粉底 掩饰用粉底是用来掩饰皮肤局部严重色素沉着缺陷和先天性外形缺陷的化妆品,属于浓妆用化妆品。

6. 其他

(1) 凝胶型粉底:属于新型粉底,起源于面部古铜色(晒黑肤色)修饰化妆品,是粉体分散于凝胶状基质而制成的粉底制品。凝胶粉底外观透明,容易分散铺展在皮肤表面。根据基质特性的不同,又可分为水溶性和油溶性凝胶粉底两类。水溶性凝胶粉底遮盖力较低,妆感透明,适合没有明显瑕疵的皮肤,可有效调节肤色。油溶性凝胶粉底遮盖力和附着性均较好。

(2) 气雾剂型粉底:主要为摩丝型粉底,为泡沫状外观,充装在铝制的压力容器内,包装成本较高。气雾剂型粉底易于铺展,携带方便,妆感清透自然。

(二) 香粉

香粉类化妆品包括散粉和粉饼两类。散粉和粉饼基本功能相同,组成相近。按其遮盖力可分为淡型、中型和深型。

1. 散粉 粉体松散,通常装入中等深度的粉盒,与粉扑之间有过滤网相隔。

2. 粉饼 是用散粉压制成的化妆品,其形状随容器的形状变化,附带有粉扑和镜子等配件,携带和使用方便,尤其适合外出补妆用。

(三) 胭脂

胭脂,又称腮红,是指涂敷于面颊颧骨部位,以呈现健康红润气色及突出面部立体感的化妆品。通常使用红色系颜料,也有适应修容使用需求的褐色、蓝色、古铜色和米色等。根据剂型的不同,胭脂可分为液体、半固体、固体剂型和气雾剂等。

胭脂通常在粉底之后使用，因此必须容易与粉底制品融合，色调均匀，显色度高，且颜色不易受汗水和皮脂分泌的影响而变化，有黏附性，卸妆后不会有颜色残留而使皮肤染色。

1. 液态胭脂　液态胭脂是流动性的液体制品，包括悬浮体和乳化体两种，其基质体系分别是分散液和乳液。

2. 膏状胭脂　膏状胭脂性质稳定，混合均匀，携带、使用方便，可做出滋润有光泽的妆面，使皮肤红润而有健康光泽，特别适合干性皮肤使用。可分为无水体系的油膏型、乳化体系的膏霜型以及蜡基体系的棒状胭脂。

(1) 油膏型胭脂：质地较油腻，可在皮肤表面形成舒适的薄膜，滋润度高。

(2) 膏霜型胭脂：质地滋润而不油腻，有适度光泽，适合各种皮肤类型使用，可做出自然的颊妆。膏霜型胭脂可分为 O/W 型和 W/O 型。

(3) 棒状胭脂：外观类似于棒状粉底或唇膏，置于可旋转升降的棒状容器。棒状胭脂附着力较强，有一定的遮瑕能力，滋润度和光泽度均较好。

3. 固体胭脂　固体胭脂是最常见的胭脂类型，包括将粉体和胶合剂等压缩固实而成的块状制品，即粉饼状胭脂(胭脂块)以及散粉状胭脂两种。固体胭脂使用最为方便，妆面均匀持久，操作简便，容易掌握，适合初学者使用。但固体粉体吸附能力较强，会吸取皮肤的水分和油分，不适合干性皮肤使用。可借助专用的刷具涂刷，均匀上妆。

4. 凝胶型胭脂　外观为胶冻状，透明而带有震颤弹性，涂抹在皮肤上可形成一层弹性薄膜。包括无水凝胶和水凝胶两种类型。凝胶型胭脂做出的妆面自然透明而富有光泽，适合自然淡妆。可用手指或海绵均匀涂抹上妆。

5. 气雾剂型胭脂　常用的有摩丝型胭脂，是将着色剂颜料分散于乳液和抛射剂中，盛装于带有喷嘴阀门的金属耐压罐中。涂抹在皮肤表面可形成有光泽的薄膜，质地清爽，可做出自然清爽妆面。但气雾剂型胭脂生产过程复杂，成本较高。

二、眼部彩妆品

眼部彩妆品是指应用于眼周部位(眼皮、睫毛、眉毛等)，通过色彩渲染、对比及明暗光影，调节眉眼比例，增强立体感，达到修饰和美化眼睛、突出眼神、增加魅力的彩妆类化妆品。

常用的眼部彩妆品包括眼影、睫毛膏、眉笔、眼线笔等。

(一) 眼影

眼影是指涂敷于上下眼睑周围皮肤和黏膜，通过色彩、光泽、层次和明暗对比，视觉上增大眼睛轮廓，修饰眼形，使眼睛周围显示立体美感，眼神深邃明亮的眼部彩妆品。

眼影色彩丰富，质地多变，可适应不同的妆面要求，与个人肤色、服饰、气质、场合等相适应，符合流行趋势变化。较常用的基础色系包括棕褐色系、灰黑色系，还有绿色、紫色、橙色及红色等鲜艳色系及珠光色调等。根据眼影的质地和剂型，可分为眼影粉、眼影膏、眼影条、眼影笔等。

1. 眼影粉　眼影粉包括压缩粉饼状和散粉状制品，眼影粉饼是最常用的眼影制品，是将各种色调的粉末压缩成型，将不同色彩分类组合，安置于化妆盒内，携带使用方便。

眼影粉显色度高，妆效持久，操作简便，易于掌握，尤其适合注重色彩渐层和晕染的眼部烟熏妆效果。可借助手指或专用眼影刷上妆。

2. 眼影膏　眼影膏主要包括油性眼影膏和乳化型眼影膏两种。油性眼影膏不含水分，膏体质地滋润，与皮肤融合度高，适合干性皮肤使用。乳化型眼影膏较为清爽，滋润度适中，适合油性皮肤。眼影膏具备一定的防水、防油性能，化妆的持久性优于眼影粉，但晕染层次效果弱于眼影粉。

3. 其他　眼影条的油脂和蜡比例高，质地黏腻，妆效明显，适合浓妆及干性皮肤使用。眼影液为水性的液体眼影制品，不含油脂，质地清爽，但润滑性较差，不适合干性皮肤。眼影笔硬度较高，携带方便，易于操作，可做出较细线条，适合细微部使用，亦可做大面积色彩晕染。

（二）睫毛彩妆品

睫毛彩妆品是使睫毛着色，并使之增长变粗、增加密度和光泽，以达到修饰、美化睫毛的目的，增强眼睛魅力的彩妆类化妆品。包括睫毛膏、睫毛液、睫毛饼等，产品附有特制睫毛刷。颜色以黑色、棕色等基础色系为主，一般采用炭黑和氧化铁棕等颜料；也有绿色、蓝色、紫色等鲜艳色系。

睫毛化妆品的质量要求是涂刷时附着均匀，不会结块、粘连和干裂；有适当的干燥速度；有适度的光泽、硬度和弹性；无毒、无刺激、无微生物污染；持久性好，卸妆容易；稳定性好，有较长的货架寿命，使用期限内不会沉淀分离和酸败。

1. 睫毛膏　睫毛膏是睫毛彩妆品中最常用的类型，是在膏霜基质中加入颜料制成的。通常置于管状容器中，附有特制毛刷。

2. 睫毛油　睫毛油是将颜料悬浮于油类（如蓖麻油）或胶质溶液中，属于液体剂型，也称为睫毛液。包装同睫毛膏。

3. 睫毛饼　睫毛饼是固体块状睫毛彩妆品，现已较少使用。

（三）眼线制品

眼线制品通常涂在眼睑边缘，紧贴睫毛根部，可勾勒眼部轮廓，修饰和改变眼睛形状和大小，衬托睫毛，强化眼部层次和立体感，突出和强化眼睛的魅力。眼线制品有固态、半固态和液态等剂型，主要包括眼线笔、眼线饼、眼线液和眼线胶等。颜色以黑色、棕色等基础色为主，也有蓝色、紫色、金色、银色等鲜艳色彩。

眼线制品使用时靠近眼睛黏膜，甚至有时要在黏膜上做线条，因此对其质量要求很高。理想的眼线制品应具备无毒、无刺激、无致病微生物、用后无异物感的基本特点；软硬适中，描画容易；可迅速干燥，干后成膜柔软，光泽度适当，色彩鲜艳饱和；持久性好，质地稳定，有较长的货架寿命。

1. 眼线笔　常用的眼线笔有铅笔式眼线笔和旋转推管式眼线笔两种。铅笔式眼线笔的形状和铅笔完全相同，使用时将笔尖削尖，露出笔芯即可描画线条。旋转推管式眼线笔的笔芯置于可任意推动的笔管状容器中，将笔芯旋转推出即可使用。眼线笔的笔芯要有一定柔软性，以免刺激眼周皮肤。

2. 眼线液　眼线液主要包括 O/W 乳剂型眼线液、抗水性的乳剂型眼线液和非乳剂型的眼线液 3 种类型。O/W 型乳剂型眼线液不具备防水、抗水性能。抗水性的乳剂型眼线液描画后水分蒸发，乳化树脂即可形成耐水性很强的薄膜，颜料不会渗出。卸妆时只需借助水或卸妆用品将薄膜剥落即可，不会溶解污染眼周皮肤。非乳剂型的眼线液也可形成薄膜，具备一定的抗水性能。

(四) 眉毛彩妆品

眉毛彩妆品可用于修饰调整眉形和眉色，美化眉毛，使之与眼睛、面型和气质相协调。以黑色、灰色、棕色等基础色系为主。常用的眉毛彩妆品有眉笔、眉粉、染眉膏等。

1. 眉笔　眉笔是最常用的眉毛彩妆品，易于掌握，可描画精细线条，尤其适合调整修补天然眉形的缺损。笔芯质地软硬适中，易于描画，色泽自然、均匀，稳定性和安全性好。眉笔类似眼线笔，主要有铅笔型眉笔和旋转推管型眉笔两种。铅笔型眉笔外观似铅笔，使用前要削尖笔尖；旋转推管型眉笔使用时将笔芯旋出即可使用。

2. 眉粉　外观为粉饼状，使用专用眉刷涂搽，使眉粉附着在眉毛上，加深眉色，尤其适合浅淡、稀疏的眉毛。通常设计成深浅两色组合，可做出立体感的眉形。

3. 染眉膏　外观类似睫毛膏，使用时用所附特制毛刷均匀涂刷在眉毛上，可改变眉色，尤其适合染浅眉色；膏体干燥后可固定眉形。

三、唇部彩妆品

唇部彩妆品是涂于唇黏膜或其周围，滋润防干裂，赋予嘴唇以色彩和光泽，强调或调整其轮廓，可美化容颜和增添魅力的彩妆类化妆品。

由于唇部彩妆品使用部位的特殊性，其相关制品应具备如下特性：

1. 无毒无刺激　唇部彩妆品直接涂抹于口唇黏膜及口周皮肤黏膜交界处，极易随唾液或食物进入口腔，因此对其组成原料安全性的要求极高，应该是可食用的(食品级原料)。口唇黏膜对刺激敏感，彩妆品应选择温和、无刺激的成分。如香料中的醛类和酮类成分可能会引起局部水疱或炎症，应慎重选择；着色剂的重金属含量也要低于其他类彩妆品。

2. 外观和气味　表面平滑，无气孔和结粒，软硬适中。颜色鲜艳，均匀一致。气味和味道舒适清新，通常使用食品香料，可长期应用。

3. 品质稳定　使用期限内常温放置不变形变质，不会酸败发霉。使用时不易折断，也不会结块和破碎，有较长的货架寿命，不易受气候条件变化的影响。

4. 使用效果好　涂抹时平滑流畅，附着力好，持妆时间长，显色度高。

常用的唇部彩妆品有棒状唇膏(口红)、液态唇膏(唇彩或唇蜜)和唇线笔等。

(一) 棒状唇膏

棒状唇膏是具有一定硬度的棒状制品，置于可旋转推进的管状支架中。常用的有原色唇膏、变色唇膏和无色唇膏等。原色唇膏最为常见，颜色丰富，适合不同需求。变色唇膏又称双色调唇膏，使用时颜色可发生改变。无色唇膏可滋润柔软口唇，增加光泽。

(二) 液态唇膏

含挥发性溶剂，涂于口唇后，溶剂挥发，留下光亮鲜艳的薄膜。

(三) 唇线笔

有铅笔式唇线笔和旋转推管式唇线笔。唇线笔应具有一定硬度，可在口唇边缘描画精细线条，使唇形轮廓更加饱满，改善唇形，亦可用于唇部打底，调整色调。

四、美甲制品

指甲由以硬角蛋白为主要成分的甲板构成，生长于指的末端。美甲类化妆品可修饰指甲形状，增加光泽，美化和保护指甲。主要包括指甲表皮清除剂、指甲漂白剂、指甲强壮剂、指甲抛光剂、指甲油、指甲油清除剂、指甲修补剂等。

(一) 指甲表皮清除剂

指甲表皮清除剂可清洗指甲表面，去除老化表皮和污物。

(二) 指甲漂白剂

指甲漂白剂可去除指甲表面污垢，有膏状、乳状或其他剂型。

(三) 指甲强壮剂

指甲强壮剂可作为指甲油前的基础涂层，增加指甲强度，防止劈裂，增加指甲油持久性。

(四) 指甲抛光剂

指甲抛光剂可利用研磨作用使指甲表面抛光。

(五) 指甲油

指甲油是最常用的指甲用修饰彩妆品，可在指甲表面形成有美观色彩和光泽、耐摩擦的薄膜，起到美化、保护指甲的作用。

理想的指甲油应安全无毒，不会损伤指甲，不会引起刺激和过敏；方便涂布，涂膜均匀，可迅速干燥，色彩鲜艳均匀，光泽度好；有一定的硬度和韧性，附着力强，不易脱落、破损；不会因光照、日晒而变色、褪色或失去光泽；容易卸除，不会使指甲染色；涂膜质地滑而不黏，耐潮气；有较长的货架寿命，使用期限内不会分离和沉淀，不会变色、褪色，制剂之间不会相互作用，不会氧化酸败或因微生物污染而变质。

常用的指甲油除普通色彩指甲油外，还有指甲底油和表层指甲油。指甲底油的干燥速度比普通指甲油快，形成的膜较硬，通常作指甲打底用。表层指甲油涂于色彩指甲油之上，可增加膜的厚度、光泽和耐磨性。

(六) 指甲油清除剂

指甲油清除剂可清除指甲油涂层。

(七) 指甲修补剂

指甲修补剂可修补和加强指甲破损部分，保持指甲完美外观，防止损伤进一步扩大。

第二节　常用彩妆类化妆品

一、底妆修颜类化妆品

底妆修颜类化妆品主要由着色颜料、白色颜料、珠光颜料和体质颜料(即填充剂)等粉体部分和分散粉体原料的基质组成。常用的基质成分有凡士林、液体石蜡、蜡类、合成酯类、羊毛脂及其衍生物、植物油、二甲基硅氧烷及其衍生物等油溶性成分，还有甘油、丙二醇等保湿剂、表面活性剂、防腐剂、抗氧化剂和香料等。其中粉体原料的种类和特性及其在基剂中的分散、形成均匀稳定体系是彩妆类化妆品制造技术的关键。粉体原料应具备良好的安全性、稳定性、混合性和分散性，使用感佳。

粉体原料的选择应参考如下特性，在实际应用中，单一粉体往往不能满足要求，需要复配使用，发挥各自所长，使产品达到最佳性能。

1. 遮盖力　良好的遮盖力是调节和修饰皮肤的色调、质感和瑕疵的关键，如肤色不佳、毛孔粗大、瘢痕、局部色素沉淀等。二氧化钛、氧化锌等白色颜料通常可有效调整制品的色调和遮盖力。遮盖力通常以单位重量的物质所能遮盖的黑色表面积来表示，如每千克氧化锌可遮盖约 $8m^2$ 的黑色表面。二氧化钛的遮盖力最强，为惰性粉体，使用安全，但不易与其他粉料混合，与氧化锌复配可解决此问题。粉体的不透明度越大，其遮盖力越强。常用粉体的不透明度由小到大依次排列为：滑石粉、大米淀粉、硬脂酸镁、白垩、硬脂酸锌、高岭土、氧化锌、二氧化钛。

粉体的遮盖力可因吸收皮肤的水分和皮脂而下降。如二氧化钛用水润湿后遮盖率只能保持原来的 51%，用凡士林润湿后遮盖率只有原来的 37%。

2. 吸收性　粉体可吸收汗液和皮脂，减少面部油光，使妆面持久，不易脱妆。具有良好吸收性的粉体包括胶态高岭土、改性淀粉、碳酸镁、多孔性的二氧化硅微粒和纤维素微粉等。胶态高岭土是天然高岭土经胶溶过程精制而成的，颗粒均匀细小，与滑石粉复配使用，可有效抑制面部油光，但质感略粗糙，通常用量不超过 30%。一般说来，粉体颗粒越细，其吸收性越强。

3. 铺展性　指易于涂敷延展，光滑柔软，无颗粒凝集现象。使上妆容易，妆面均匀，皮肤光滑有光泽。常用原料有滑石粉、云母、球状粉体等。

4. 附着性　附着性包括在皮肤表面均匀铺展和在皮肤上附着的持续性，使妆面贴合自然，不易脱妆。常使用硬脂酸镁、硬脂酸锌和硬脂酸铝等金属皂类，为白色轻质细粉，可包覆在其他粉粒外，使水分不易透过，用量通常为 5%～15%。

5. 绒膜性　指粉体在皮肤表面形成有微细粒子的天鹅绒般的质感，使妆面更完美。可使用微细沉淀碳酸钙、改性淀粉、丝素粉等获得绒膜质感外观。

粉底制品的深浅程度和色调应该与皮肤色调协调匹配，以达到最自然和谐的修饰效果。通常可用白色、黄色、深棕色和黑色的氧化铁颜料配制出不同深浅色调的粉底。皮肤色调除深浅外，也有冷色和暖色之分。冷色需要在粉基中添加蓝色，冷色调主要有两种：蓝和蓝-红。暖色需要添加黄色颜料，也有两种暖色：黄-棕和黄-红。

（一）粉底

1. 粉底类彩妆品的主要成分及作用　粉底类化妆品的主要作用是修饰和调节皮肤颜色、质地和光泽，遮盖瑕疵，使皮肤健康美观。

（1）水性粉底：水性粉底中常用的粉体原料包括滑石粉、钛白粉、氧化锌、碳酸钙、高岭土等，含量为 15%～25%；甘油一般为 5%～8%，也可高达 30%；亲水性胶质可使较重的组分易于悬浮，一般可添加 0.05%～0.1%；此外，还可添加少量表面活性剂以助于粉体的分散，加入润肤剂及其他功效性成分以提升粉底功能。

（2）油性粉底：

1）油基型液状粉底：是将粉体原料悬浮于轻质油脂（脂肪酸酯类、挥发性硅油等）中的液态粉底，可添加悬浮剂防止粉体沉降。

2）油性粉底霜：是将颜料粉体分散在油脂和蜡的油性基质中制成的，亦可添加少量亲油性乳化剂，有助于颜料粉体的分散，使卸妆容易，如硬脂酸单甘酯、Span-60、失水山梨醇倍半油酸酯等。蜡用于调节制品的硬度，而油脂则可调整粉底的附着性和延展性。条状粉底含蜡量高，实际上是颜料和基质粉体分散于蜡基的体系。碳酸钙和高岭土遮盖力较差，且在油脂中易于形成凝胶，影响铺展性，因此不适用于条状粉底。条状粉底中各组分添加比例约为粉料∶液体油∶软蜡∶固体蜡＝1.8∶1.2∶1.0∶1.0。根据成分比例不同，条状粉底的软化点为 38～45℃。按其使用时的融化速度可分为粉脂型、软脂型和速融型 3 种。粉脂型粉条熔点略高于体温，为 40～42℃，涂抹在皮肤表面完全无油腻及黏稠感，仅呈粉膜状覆盖。软脂型熔点接近体温，为 35～38℃，其遮盖力和附着力最强，滋润度较高，适合干性皮肤。速融型的熔点略低于体温，为 34～36℃，涂抹之后立即融化，滋润不黏腻，铺展性极佳。

(3) 乳化型粉底：乳化型粉底体系是由粉体、油脂和水三相经乳化剂乳化而成。乳化体的稳定性和粉体(颜料)组分的均匀分散悬浮是制造乳化型粉底的关键，乳化不良会出现分离、析油等现象。粉体原料含量越高，其稳定性越差。此外，稳定性还与粉料的表面处理和颗粒度、乳化体系的性质有关。乳化型粉底常用的基质粉体和颜料主要有二氧化钛、滑石粉、高岭土和氧化铁类颜料。氧化锌可能与乳化体系中的硬脂酸及其酯类反应而破坏其稳定性。所用粉料直径一般在 10μm 以下，粉体表面可用表面活性剂处理，防止气泡吸附，以增强体系稳定性。为防止粉体的沉降，还可添加少量悬浮剂，如纤维素衍生物、聚丙烯酸类聚合物、硅酸镁钠等，也同时可起到增稠剂和分散剂的作用。和普通乳化体的乳化相比，乳化型粉底的配制难度较高，原料和工艺过程的变化对产品的外观和稳定性均有较大影响。

(4) 粉饼型粉底：粉饼型粉底是用油和表面活性剂处理粉质原料的表面后压缩成固体的制品，其中油和表面活性剂起黏合剂的作用。粉饼上妆时使用粉扑或海绵等蘸取粉体，粉体较容易附着在工具上。粉饼中通常添加大量的胶态高岭土、氧化锌和金属硬脂酸盐等，以改善其压制加工性能；通过添加黏合剂形成较牢固的粉饼。常用的黏合剂有水溶性黏合剂、油溶性黏合剂和乳化体系黏合剂。水溶性黏合剂有天然和合成聚合物两大类，常用低黏度的羧甲基纤维素，同时加入少量保湿剂，如丙二醇、山梨醇等。粉饼中水溶性黏合剂添加量为 0.1%～3.0%，先配制成溶液，再与粉体混合。油溶性黏合剂有硬脂酸单甘酯、十六醇、十八醇、羊毛脂及其衍生物、地蜡、白蜡和微晶蜡等。为提高粉体的铺展性和疏水性，可使用硅油或硅油处理的粉体及其他疏水处理的粉体。

(5) 掩饰用粉底：掩饰用粉底的配方与上述各类粉底产品近似，但粉体比例更高，遮盖力更好，与皮肤附着力更强。掩饰用粉底所接触的皮肤基本属于非正常皮肤，因此其安全性方面要求更高。此类产品要求尽量不引起粉刺、痤疮和皮肤过敏，刺激性小，安全温和。掩饰用粉底一般不含香精，不含羊毛脂及其衍生物。尽量避免使用刺激性和致敏可能性高的防腐剂，如可能引起接触性荨麻疹的山梨酸、皮肤刺激性较大的凯松 CG、有致敏作用的甲醛和释放甲醛的防腐剂等。刺激性小的对羟基苯甲酸酯类通常是比较合适的选择。一些可能引起皮肤灼痛的物质也应尽量少用或低浓度使用，如丙二醇添加量不可过高。

(6) 其他：

1) 凝胶型粉底：水溶性凝胶粉底主要成分有水溶性聚合物、水溶性染料、粉料和乳化剂等。油溶性凝胶粉底为油性基底。

2) 气雾剂型粉底：主要成分有乳液基质、着色剂、粉料和抛射剂等。

2. 配方举例

粉底霜

	组方	质量分数(%)
Ⅰ相：	PEG-10 羊毛醇醚醋酸酯	3.0
	羊毛酸异丙酯	5.5
	乙酰化羊毛醇	5.3

硬脂酸单甘酯　　3.5
硬脂酸　　2.7
Ⅱ相：丙二醇　　5.0
三乙醇胺　　3.0
去离子水　　64.0
Ⅲ相：二氧化钛覆盖云母　　10.0

【配方分析】

（1）PEG-10羊毛醇醚醋酸酯、羊毛酸异丙酯、乙酰化羊毛醇等羊毛脂衍生物为油相成分，为赋形剂、保护剂和润滑剂，可在皮肤表面形成均匀的防水、透气的保护膜。硬脂酸单甘酯为乳化剂。

（2）丙二醇为溶剂、保湿剂、渗透剂、润滑剂、抗冻剂、脱水剂。三乙醇胺为良好溶剂、中和剂，有增稠和保湿的作用。

（3）二氧化钛覆盖云母为珠光颜料。

【制备方法】

（1）将Ⅰ相、Ⅱ相组分分别加热至90℃灭菌20分钟后，降温至80℃备用。

（2）在搅拌下把Ⅰ相组分加入Ⅱ相组分，均质2～3分钟后，搅拌降温至45℃（转速40～50r/min）。

（3）加入Ⅲ相组分，搅拌均匀，降温至36～38℃时即得。

【作用与用途】遮盖，用于面部底妆修饰。

【用法】涂面。

3. 使用方法

（1）于日常护肤步骤之后使用，为彩妆的第一步。粉底类化妆品使用时可借助手指、海绵或专用粉底刷，在面部由内向外、由上往下，配合涂抹或拍打的手法，获得均匀自然妆面。

干湿两用粉底上妆干用时先从T字部位开始，由内往外方向推抹均匀；也适合补妆用。湿用时遮盖力较强，可用湿水海绵拧干至不滴水状态，先用海绵一角蘸取少量粉涂于面部，再用海绵干净部分将粉均匀推开。

（2）皮肤异常色素沉着可应用浅淡色调掩饰粉底或补色粉底加以掩饰。如牛皮癣、酒渣鼻、炎症型痤疮引起的局部肤色偏红，可用绿色掩饰用粉底来掩饰；青紫色黑眼圈可用黄色掩饰用粉底修饰提亮；黄褐斑、日晒斑等可用浅肤色或白色掩饰用粉底；白癜风等局部色素脱失可用棕色掩饰用粉底等。皮肤表面凹凸不平可利用不同色调加以掩饰，浅色调有凸显作用，深色调有收敛掩饰作用。如皮肤局部凹陷性瘢痕，可在瘢痕凹处施用浅色粉底，在凸处施用深色粉底，减少不同平面间的光反射差别，以达到掩饰瘢痕的目的。这种方法也可用于调整面型缺陷，使面部轮廓清晰，更有立体感。

（3）油脂和蜡类含量高的油性粉底、部分乳化型粉底长时间涂敷可能堵塞毛孔，影响皮肤正常的生理功能，在选择和使用上要特别注意，化妆工具应及时清洗，保持清洁，防止微生物的生长；尽量避免长时间带妆，应及时彻底卸妆，防止其在皮肤上残留。

（4）水性粉底静置时粉料均匀沉淀分层，使用前振荡混匀。油基型液状粉底静置时油层析出，使用前摇匀。

（二）香粉

1. 香粉类彩妆品的主要成分及作用　香粉类化妆品几乎不含水分和油分，是全部为粉体原料配制而成的粉状制品。主要用于粉底类产品之后，尤其是含油分较多的粉底产品。因粉体对水分和油分的吸收性，香粉类化妆品可吸收皮肤表面多余的油脂和分泌物，在一定程度上抑制汗液和皮脂的分泌，可用于固定底妆妆面，产生柔软绒毛的肤感，美化肤质和肤色，并具有一定防晒效果。

（1）散粉：散粉的主要原料有体质粉体、着色原料、白色颜料、防腐剂和香精等，有时添加珠光颜料和金属皂。滑石粉粉体铺展均匀，润滑性好，具有一定光泽，是配制香粉最常用的基本原料。高岭土具有良好的吸收性和附着性，并能抑制滑石粉的过分光泽，也是配制香粉的常用粉体。选用的高岭土应洁白细腻，不含水溶性的酸性或碱性物质。香粉中的碳酸钙可吸收多余的皮脂和汗液，也能抑制滑石粉的光泽，但在水中呈碱性，遇酸分解，滑爽性较差，吸收汗液后可能在皮肤表面形成条纹，因此用量不宜过多。碳酸镁是香粉中主要的吸收剂，但用量过多会引起皮肤干燥，一般不超过15%。氧化锌和钛白粉在香粉中主要起遮盖作用，同时可反射紫外线，起到防晒作用。氧化锌还有收敛和抗菌作用，用量一般为15%～20%；钛白粉遮盖力较强，是氧化锌的3倍，用量应低于10%。金属皂主要是硬脂酸锌和硬脂酸镁，可增进香粉的黏附性，能均匀分布在皮肤表面形成薄膜，用量一般为5%～15%。香粉中还可添加香精、色素、淀粉、云母粉和珠光颜料等。香粉的pH值通常为8～9。

（2）粉饼：粉饼的组成基本与散粉相同，为了易于结块，通常滑石粉、高岭土添加较多，还必须加入足量胶合剂，包括水溶性和油溶性胶合剂。常用的水溶性胶合剂有阿拉伯树胶等天然胶合剂及羧甲基纤维素等合成胶合剂，添加量为0.1%～3.0%，通常先配制成5%～10%的溶液，然后与粉体混合；常用的油溶性胶合剂有硬脂酸单甘酯、十六醇、十八醇、羊毛脂及其衍生物、地蜡、微晶蜡等，直接利用油分来达到黏结目的。还可加入山梨醇、甘油、葡萄糖等或其他滋润剂，使粉饼保持一定水分而不致干裂；液体石蜡、单硬脂酸甘油酯等脂肪物的加入可赋予一定光泽，增加黏合性能，改善使用效果。

2. 配方举例

配方1　散粉

组方	质量分数(%)
滑石粉	45.5
高岭土	8.0
碳酸镁	12.0
碳酸钙	8.0
氧化锌	18.0
硬脂酸锌	8.0
香料和颜料	0.5

【配方分析】

（1）滑石粉和高岭土为散粉中基本粉体成分，高岭土可抑制滑石粉的过量光泽。碳酸镁和碳酸钙为吸收剂，可吸收多余皮脂和水分。氧化锌主要起遮盖、防晒、收敛和抗菌作用，可有效反射UVA和UVB，减少紫外线对皮肤的损伤。

（2）硬脂酸锌可增强散粉的黏附性，在皮肤表面形成均匀薄膜。

【制备方法】将所有粉料用球磨机混合、磨细，通过卧式筛分机将粗颗粒分开。加入香料混合均匀，灭菌包装即可。

【作用与用途】定妆。

【用法】涂面。

配方 2　粉饼

组方		质量分数(%)
Ⅰ相：	滑石粉	61.25
	月桂醇硫酸酯钠盐	0.75
	二氧化钛	7.50
	硬脂酸锌	11.25
	无机颜料	1.00
Ⅱ相：	白矿油	4.50
	鲸蜡	3.00
	十六醇	1.50
	羊毛脂	1.00
	甘油	7.50
Ⅲ相：	六氯酚	0.25
	烷基二甲基苄基氯化铵	0.20
	对羟基苯甲酸甲酯	0.09
	对羟基苯甲酸丙酯	0.09
Ⅳ相：	香精	0.12

【配方分析】

(1) 滑石粉为基本粉体成分，二氧化钛主要起遮盖、防晒作用，硬脂酸锌可增强散粉的黏附性，在皮肤表面形成均匀薄膜。

(2) 十六醇、羊毛脂、鲸蜡、白矿油为油溶性黏合剂，甘油为保湿剂。

(3) 六氯酚、对羟基苯甲酸甲酯、对羟基苯甲酸丙酯为防腐剂，烷基二甲基苄基氯化铵为表面活性剂。

【制备方法】将Ⅰ相组分混合，加入预先充分混合好的Ⅲ相，继续充分混合后，研磨过筛。注意控制温度不超过室温10℃以上。冷却后重新研磨过筛，过筛后粉料置于螺条式混合机内，边搅拌边喷入预先熔化好而呈液态的Ⅱ相，充分搅拌，待冷却后喷入香精。通过造粒机造粒后，再研磨过筛。最后将粉料填充于容器中，加压成型即得。

【作用与用途】定妆。

【用法】涂面。

3. 使用方法

(1) 散粉和粉饼用于粉底之后，作定妆用途。可用粉扑或粉刷上粉。蘸取适量粉后将粉扑轻轻按压在皮肤表面，可有效固定妆面。粉刷的取粉量小于粉扑，可用粉刷蘸取粉后均匀涂刷在面部，获得清透自然的妆面。

(2) 香粉基本不具备遮盖能力，皮肤有明显瑕疵时需在用香粉之前打好粉底和遮瑕。

(3) 香粉可吸收面部多余的水分和油脂，干性皮肤定妆时香粉用量宜少，皱纹皮肤用量宜少以免使皱纹更明显。

（4）珠光散粉不适用于光亮油腻的油性皮肤。

（三）胭脂

1. 胭脂类的主要成分及作用　胭脂的基质与同剂型粉底类制品的原料接近，如滑石粉、高岭土、碳酸钙、氧化锌、淀粉及胶合剂、防腐剂等。作为胭脂类制品的重要成分，所用的着色剂主要是无机颜料和色淀，其含量随剂型而变化。

（1）液态胭脂：悬浮体液态胭脂是将着色剂颜料悬浮在含有抗沉降剂的溶液中，如水、乙醇、甘油或其他液体，使用前摇匀。常用的悬浮剂有羧甲基纤维素、聚乙烯吡咯烷酮、聚乙烯醇等；或者可在液相中加入适量的易悬浮物质以阻止颜料沉淀，如在较高温度下加入单硬脂酸甘油酯、丙二醇酯，或加入研磨后的硬脂酸锌等。悬浮体型的液态胭脂价格便宜，但久置后悬浮体可能发生沉降。

乳化体型液态胭脂是将颜料悬浮于流动性的乳化体中，质地均匀，外表美观。可通过调整脂肪酸皂的含量或添加羧甲基纤维素、胶性黏土或其他增稠剂来调节溶液的稠度；采用无机颜料以色淀调节色彩。

（2）膏状胭脂：膏状胭脂的主要原料是油脂和颜料。

油膏型胭脂是将着色剂分散于无水膏体，基质以棕榈酸异酸酯及类似酯类为主要原料，基本是低黏度的油状液体，在碳酸钙、高岭土、滑石粉和颜料的存在下，用高黏度的蜡类来增加稠度和赋予产品适合的硬度。油膏型胭脂有渗小油珠的倾向，尤其是温度变化时，可在配方中加入适量地蜡、蜂蜡、羊毛脂及植物油等抑制渗油现象。

膏霜型胭脂是将着色剂颜料分散于乳化膏体，分为 O/W 型和 W/O 型。其组分有油相、水相和乳化剂，并含有适量保湿剂以防止膏体干缩。

棒状胭脂是膏状胭脂中硬度最大的制品，是将着色剂颜料分散于与粉条或唇膏相同的基剂中制成的。

（3）固体胭脂：固体胭脂的原料和香粉大致相同，但色料用量相对较多，而香精用量较少。粉饼状胭脂（胭脂块）是由粉体、颜料、胶合剂和香精等混合压制而成的饼状粉块，载入金属底盘，以容器装盛即得。胶合剂可增强胭脂粉块的强度和使用时的润滑性，有助于胭脂压制成型。包括水溶性胶合剂、脂肪性胶合剂、乳化型胶合剂和粉类胶合剂等。散粉状胭脂类似散粉，添加适量颜料而成。

（4）凝胶型胭脂：无水凝胶以油基凝胶为基质，水凝胶以水基凝胶为基质。

（5）气雾剂型胭脂：主要组分有表面活性剂、保湿剂、溶剂、防腐剂、珠光颜料、推进剂等。

2. 配方举例

胭脂粉饼

组方	质量分数(%)
滑石粉	56.0
高岭土	10.5
碳酸镁	6.0
硬脂酸锌	8.0
颜料	14.5

白油	1.7
凡士林	2.2
羊毛脂	1.1
香精、防腐剂	适量

【配方分析】

(1) 滑石粉和高岭土为散粉中基本粉体成分,高岭土可抑制滑石粉的过量光泽。碳酸镁为吸收剂,可吸收多余皮脂和水分。硬脂酸锌可增强散粉的黏附性,在皮肤表面形成均匀薄膜。

(2) 白油、凡士林和羊毛脂为滋润剂和黏合剂。

【制备方法】同粉饼的制备方法。

【作用与用途】面部轮廓、润色。

【用法】涂面。

3. 使用方法

(1) 液态胭脂、膏状胭脂、凝胶型胭脂和气雾剂型胭脂用于散粉和粉饼定妆之前,轻点于双颊,用手指或海绵拍打或涂抹均匀。气雾剂型胭脂使用前轻摇,按下阀门即可喷出细腻泡沫。固体胭脂用于定妆粉之后,用专用刷具均匀涂刷。以最常用的粉状胭脂为例,标准的胭脂画法是由颧骨向太阳穴方向斜向外上方刷。胭脂除赋予皮肤红润健康色泽之外,还可利用不同刷法调整修饰脸型缺陷。

(2) 应根据肤色、肤质、服饰、气质及妆面要求选择不同类型、不同颜色的胭脂制品。

(3) 用量不宜过大,以免妆感过重,生硬不自然。

(4) 选择合适的辅助工具如海绵和腮红刷,可使上妆更容易,妆效更完美。

(5) 及时彻底卸妆,尽量减少对皮肤的损伤。

二、眼部彩妆品

(一) 眼影

1. 眼影类彩妆品的主要成分及作用　眼部彩妆品色彩丰富,施用部位贴近眼睛,尤其应该注意其制品的安全性,主要包括颜料的选择和微生物污染问题。眼部彩妆品通常采用不同颜色(如黑、红和黄)的氧化铁、群青、炭黑等无机颜料和一些稳定性较高的天然色素,以及滑石粉、高岭土等。在眼部彩妆品允许使用的颜料方面,各国规定有所差别。美国不允许眼周化妆品使用有机合成色素,欧共体对眼睛周围使用化妆品的色素也有规定。我国也规定了化妆品组分中暂用的着色剂(GB7916—87),其Ⅰ和Ⅱ类着色剂可应用于眼部彩妆品。

眼部彩妆品的污染率较高,尤其是含天然或合成聚合物成膜剂、增稠剂等的眼线液、睫毛液等。因此,眼部彩妆品在生产、保存和使用过程中均应严加注意其卫生安全。在生产环节,从原料的选择、制造的工艺过程及包装容器的设计等方面,都应进行严格的卫生管理和监督。在原料选择方面,粉体的消毒杀菌极为重要,一般采用简便的辐射灭菌或允许在眼部彩妆品中使用的杀菌力强的防腐剂,如硫柳汞、苯基汞盐等。

(1) 眼影粉:眼影粉的配方组成与皮肤用粉饼、散粉和粉状胭脂相近,主要有滑石粉、硬脂酸锌、碳酸钙、高岭土、无机颜料、珠光颜料、防腐剂、胶合剂等,但其着色颜料含量较高。滑石粉应选择半透明状滑爽粉质,不能含有重金属和石棉。珠光眼影含氧氯化铋珠光剂,其选用的滑石粉颗粒不可过细，否则会减少粉质透明度，影响珠光效果。最好采用透明片状滑石粉。无珠光效果的眼影可选用碳酸钙等不透明粉体。颜料可选用氧化铁棕、氧化铁黄、氧化铁红、群青、炭黑等。如蓝色可采用群青 75%，钛白粉 25%；绿色可用铬绿 40%，钛白粉 60%；棕色可用氧化铁 85%，钛白粉 15%；紫色可在蓝色颜料里加入适量洋红；色彩深浅可通过增减钛白粉比例来调节。

（2）眼影膏：油性眼影膏是将颜料粉体均匀分散于油脂和蜡混合物中，乳化型眼影膏则是分散于乳化体系之中。眼影膏的颜料选择应加以注意，如铬绿中所含盐类能使蓖麻油氧化聚合而影响其质地，使膏体硬化，影响使用效果。因此通常选用液体石蜡或棕榈酸异丙酯代替蓖麻油。

（3）其他：眼影条是由颜料粉体和油脂及蜡基组成的分散体系，蜡质比例较高，硬度大，成分与唇膏相似。眼影液是以水为介质，将颜料分散于水中制成的液体眼影制品，价格低廉，使用方便。为使颜料均匀稳定地悬浮于水中，避免固体颜料沉淀，通常可添加硅酸铝镁、聚乙烯吡咯烷酮等增稠稳定剂，聚乙烯吡咯烷酮同时还能在皮肤表面形成薄膜，对颜料有黏附作用。眼影笔的笔芯是由油脂和蜡及颜料经研磨压条而制成的。

2. 配方举例

眼影膏

组方	质量分数(%)
凡士林	72.0
白矿油	2.0
羊毛脂	3.0
巴西棕榈蜡	4.0
PEG-6 壬基酚醚	6.0
着色剂	8.0
滑石粉	5.0
香料、防腐剂	适量

【配方分析】

（1）凡士林、白矿油、羊毛脂、巴西棕榈蜡为主要基质成分，有保湿、润滑作用，巴西棕榈蜡可赋予膏体一定的硬度，形成防水保护膜。

（2）滑石粉为粉体成分，有遮盖作用。

【制备方法】将油脂和蜡类原料混合熔化，加入着色剂、滑石粉、香料和防腐剂，混合均匀即得。

【作用与用途】眼部彩妆着色。

【用法】涂于眼睑部。

3. 使用方法

（1）眼影上妆可用手指、眼影棒或眼影刷均匀涂抹。

（2）眼影可分为影色、亮色、强调色三类。影色是收敛色，用于制造阴影和凹陷，一般包括暗灰色、暗褐色等；亮色，也是突出色，用于需要膨胀凸起处，包括米色、灰白色、白色和带珠光的淡粉色等；强调色的选择没有特别限制，只需与唇色和服装色彩相协调，是眼妆色彩的主要表达，最吸引注意力。

(3) 眼部周围的皮肤薄而脆弱,对外界刺激敏感,眼影在使用中极易发生不良反应,主要表现为眼睑部的皮炎,包括刺激性接触性皮炎和变态反应性接触性皮炎,致敏源可能是眼影制品中的防腐剂、抗氧化剂、乳化剂、珠光剂、颜料、香料等。一旦出现不良反应,立即停止使用。

(4) 眼影制品使用后应及时彻底卸妆。

(5) 眼部彩妆品的污染率较高,尤其是带有反复使用工具的产品使用后重新插回容器中,极易造成污染。污染产品可直接或随泪液、汗液进入眼睛,造成局部感染。因此,眼部彩妆品在保存和使用过程中均应严加注意其卫生安全。可使用卫生棉签或辅助工具,或采用计量泵式阀门等,以减少污染机会。

(二) 睫毛彩妆品

1. 睫毛类彩妆品的主要成分及作用

(1) 睫毛膏:主要原料有硬脂酸、蜂蜡、巴西棕榈蜡、羊毛脂、单硬脂酸甘油酯、皂类及无机颜料等。为了达到增长和浓密睫毛的效果,通常可添加少量的天然或合成纤维,添加量一般为3%～4%。

(2) 睫毛油:主要原料有着色剂、增溶剂、胶合剂、乙醇和水等溶剂。睫毛油中可添加适量烃类合成树脂,使睫毛增长浓密。

(3) 睫毛饼:睫毛饼是将颜料与硬脂酸三乙醇胺皂和油脂、蜡等混合而成的。

2. 配方举例

防水睫毛膏

组方	质量分数(%)
颜料	5.0～10.0
蜂蜡	26.0
地蜡	4.0
羊毛脂	0.5
防腐剂	0.25
硬脂酸铝	2.5
碳氢化合物溶剂	加至100.0ml

【配方分析】

(1) 蜂蜡、地蜡、羊毛脂为主要油性基质成分,可形成防水保护膜。

(2) 硬脂酸铝为热稳定剂和润滑剂。碳氢化合物为挥发性溶剂。

【制备方法】将油脂和蜡组分熔化,充分混合,加入防腐剂,最后加入碳氢化合物溶剂至100ml即可。

【作用与用途】睫毛化妆。

【用法】涂于睫毛。

3. 使用方法

(1) 睫毛膏和睫毛油可用管中附带螺旋刷从睫毛根部向尖部均匀涂刷,为增加浓密效果,可用Z字形手法。睫毛饼使用时用水润湿涂刷在睫毛上。

(2) 睫毛化妆品中的某些原料可对眼睛产生刺激,使用时尽量避免入眼。此外,使用过程中可能由于睫毛制品中微生物生长而引起炎症反应,如睑缘炎、睑腺炎等,应立即停止使用，及时就诊治疗。

（三）眼线制品

1. 眼线类的主要成分及作用

（1）眼线笔：笔芯主要原料为蜡类，如石蜡、地蜡、蜂蜡、巴西棕榈蜡等，熔化后与适量油脂和颜料混合压条而成。

（2）眼线液：

1）O/W 乳剂型眼线液：是在流动性好且易于干燥成膜的乳液中加入色素和少量滑石粉而成。色素通常选择具有良好分散性的黑色素，可使制成的眼线液保持良好的流动性。同时加入增稠剂如硅酸铝镁或水溶性胶质，避免固体颜料沉淀。制作时先将胶质溶于水中，既可防止色素沉淀，也可在使用后形成薄膜。O/W 乳剂型眼线液不具备防水抗水性能。

2）抗水性的乳剂型眼线液：是把含颜料的乙酸乙烯、丙烯酸树脂等在水中乳化而成。可加入合适的乳剂稳定剂保持制品稳定，所选树脂不可含有未聚合的单体化合物，以免刺激皮肤。

3）非乳剂型的眼线液：不含油脂和蜡，以水为介质，以虫胶为成膜剂，用三乙醇胺或吗啉溶解虫胶。

2. 配方举例

眼线笔

	组方	质量分数（%）
Ⅰ相：	微晶蜡	15.0
	PEG-3 蜂蜡	10.0
	辛酸三甘油酯	10.0
	乙二醇二硬脂酸酯	10.0
	氢化蓖麻油	5.0
Ⅱ相：	二氧化钛	25.0
	红色颜料	12.50
	纯海军蓝	12.50

【配方分析】微晶蜡、PEG-3 蜂蜡为蜡质，有滋润、防水作用，并可赋予产品一定硬度。辛酸三甘油酯和乙二醇二硬脂酸酯为油脂成分，有滋润、润滑作用。

【制备方法】将Ⅰ相组分混合熔化，加入Ⅱ相组分充分混合即得。

【作用与用途】眼部彩妆。

【用法】于眼睑边缘描画线条。

3. 使用方法

（1）眼线笔容易控制力度，适合初学者使用。可直接用笔芯沿睫毛根部描画精细线条，之后用手指或棉棒晕开，创造自然的阴影感觉。眼线液色彩华丽，饱和度高，线条清晰利落，创造出强烈的眼部印象。可用笔刷蘸取适量眼线液描画线条，不可晕开，等待其自然干燥。

（2）眼线制品中的着色剂、防腐剂、颜料等均可能刺激眼睛，使用时尽量避免其进入眼中。一旦不慎入眼，应立即彻底清洗。

（3）硬度过大的笔芯可对睫毛根部造成物理性刺激而引起睫毛脱落或折断，因此，应选择软性笔芯。

(四) 眉毛彩妆品

1. 眉毛类彩妆品的主要成分及作用

(1) 眉笔:其笔芯是将颜料分散于低熔点的油脂和蜡基中压制而成的。

(2) 眉粉:成分类似眼影粉。

(3) 染眉膏:成分类似睫毛膏。

2. 配方举例

眉笔

组方	质量分数(%)
硬化油	53.0
可可脂	9.0
蜂蜡	5.0
羊毛脂	11.0
蓖麻油	9.0
颜料	7.0
珠光粉	8.0

【配方分析】硬化油、可可脂、蜂蜡、羊毛脂、蓖麻油为油脂和蜡成分,有润滑作用。颜料均匀分散于低熔点的油脂和蜡基中。

【制备方法】同眼线笔。

【作用与用途】眉部彩妆。

【用法】沿眉毛走向描画眉部线条。

3. 使用方法

(1) 眉笔可直接在眉毛缺损或稀疏处描画线条。

(2) 眉粉则可用专用眉刷沿眉毛走向轻刷,使粉体均匀附着在眉毛上,可使眉色加深。

(3) 染眉膏直接用附带螺旋刷使眉毛均匀上色,干后可固定眉形。

(4) 画眉前应先修整眉形,根据脸型设计眉形。

(5) 眉头颜色不可过浓,从眉头到眉梢应有颜色深浅变化,使眉形具有立体感。

(6) 眉笔笔芯应具有一定硬度,以利于描画线条,但不可过硬,以免刺激皮肤。

(7) 一旦出现皮肤炎症或过敏,应立即停止使用。

三、唇部彩妆品

1. 唇部彩妆品的主要成分及作用　唇部彩妆品的主要原料有着色剂、油脂和蜡、香精和抗氧化剂等。

(1) 着色剂:色彩是唇部彩妆品最重要的特征,此类彩妆品可通过制成溶液的染料(水溶液或油溶液)使唇渗透着色,或利用不溶性的染料、色淀和颜料形成不透光的着色层,遮盖粗糙表面,使口唇平滑光亮。因此,着色剂是唇部彩妆品中最重要的成分。所应用的着色剂包括可溶性染料、不溶性颜料和珠光颜料三种。

最广泛使用的可溶性染料是溴酸红染料,可产生持久的紫红色染色,附着力极强,现代唇膏制品色泽的附着性主要是依赖溴酸红。但其溶解性较差,需要有优良的溶剂才能产生满意的着色效果,如蓖麻油和多元醇的部分脂肪酸酯等。

不溶性颜料是极细的固体粉粒，主要是有机色淀颜料，涂敷后可留下艳丽的颜色，且具备一定遮盖力。但其附着力较差，须配合溴酸红染料使用，用量一般为 8%～10%。此类原料有铝、钙、钠等的色淀，氧化铁的各种色调及炭黑、胡萝卜素等。无机颜料也可用于唇部彩妆品着色，二氧化钛最为常用，可产生紫色色调或乳白膜。

珠光颜料通常使用价格合宜的合成珠光颜料，如云母-二氧化钛膜、氧氯化铋等，云母-二氧化钛膜可随云母核颗粒的大小不同而呈现银白色至金黄色的珠光色泽。天然鱼鳞的鸟嘌呤晶体价格较高而较少使用。

（2）油脂和蜡：唇部彩妆品的基质成分主要有油脂和蜡类，即脂蜡基，含量一般占 90%左右，组成其基本骨架。脂蜡基对染料有很好的溶解性，同时具有一定的触变特性，易于涂抹并形成均匀稳定的薄膜，使口唇润滑有光泽，不会过分油腻。常用的脂蜡基有如下几种。

1）蓖麻油：精致蓖麻油是唇部彩妆品最常用的油脂原料，通常原料油纯度要求较高，不含游离碱、水分和游离脂肪酸。蓖麻油可使唇部彩妆品具有一定的黏度，增加附着力；对溴酸红有一定的溶解性（0.2%左右）。用量通常为 12%～50%，不宜超过 50%，以免质地过于黏稠、油腻。

2）橄榄油：可调节唇部彩妆品的硬度和延展性。

3）可可脂：是优良的润滑剂和光泽剂，熔点接近体温，可降低产品的凝固点，增加涂抹速熔性。用量不宜超过 8%，否则会影响光泽性，并可能造成表面凹凸不平。

4）低度氢化的植物油：是唇部彩妆品常用的理想油脂，熔点约为 38℃，可增强涂抹性能，性质稳定。

5）羊毛脂及其衍生物：包括羊毛脂、氢化羊毛脂、羊毛酸异丙酯、羊毛醇和羊毛脂吸收基等。羊毛脂是唇部彩妆品不可缺少的原料，具有滋润度高、低熔点和高黏度特性，与其他成分相容性良好，可使各组分混合均匀，可抵抗对温度和压力的突变并防止油相的油分析出，防止唇膏“发汗”和干裂。但气味不佳，易吸水，用量应控制在 10%～30%。羊毛脂衍生物可无臭。羊毛脂吸收基可增加基质的光泽。

6）鲸蜡和鲸蜡醇：均有较好的润滑作用。鲸蜡可增加触变性能，但熔点较低，易脆裂；鲸蜡醇对溴酸红有一定的溶解能力且具有缓和作用，但会影响涂膜的光泽性。通常二者用量均不宜过多。

7）巴西棕榈蜡：是化妆品原料中硬度最高的一种，可作为硬化剂使用。熔点较高（83℃左右），利于保持膏体较高熔点而不影响其触变性能，并赋予光泽和热稳定性，可保持唇部彩妆品的形体和光亮表面。用量一般控制在 5%以内，否则会引起制品脆化且使组织中有颗粒感。

8）单硬脂酸甘油酯：是配方中主要原料，对溴酸红溶解较高，滋润效果好。

9）地蜡：可吸收液体石蜡，使唇膏在浇注时收缩而脱模，可用作硬化剂。

10）高级脂肪酸酯类：如肉豆蔻酸异丙酯、棕榈酸异丙酯、硬脂酸丁酯和硬脂酸戊酯等，对溴酸红有低度溶解性，适量添加可减少蓖麻油含量过高引起的黏稠。

（3）香精：唇部彩妆由于其应用部位的特殊性，总会有少量被人体摄入，且香精用量较高（2%～4%），因此选用的香精更应注重其安全性，一般用食品级香精，无毒无刺激。既要掩盖油脂和蜡的不良气味，又要清香舒适，消费者接受度高。通常采用水果香、淡雅花香和某些食品香料，如玫瑰醇和酯类，或无萜烯类香精，如茴香、肉桂、柠檬、橙香和红橘油等。易成结晶析出的固体香原料不宜使用。

棒状唇膏是将色素溶解或悬浮在脂蜡基内。原色唇膏由色淀等颜料配合溴酸红染料，以增加色彩的牢固性。变色唇膏使用的色素为溴酸红染料，在酸性或中性条件为淡橙色，涂于唇部弱碱性环境呈玫瑰红色。变色唇膏所选油脂成分颜色要浅，且符合酸度要求。无色唇膏不添加色素。

液态唇膏主要成分有可塑性物质、溶剂、增塑剂、色素和香精等。可塑性物质可形成薄膜，如醋酸纤维素、乙基纤维素、硝酸纤维素、聚乙烯醇和聚乙酸乙烯酯等。增塑剂可改善成膜的可塑性，增加柔性并减少收缩，如甘油、山梨醇、邻苯二甲酸二丁酯等。常用溶剂有乙醇、异丙醇、石油醚等。

唇线笔在配方结构和制作工艺上与眉笔、眼线笔相似，只是色料以红色系为主。

2. 配方举例

唇膏

组方	质量分数(%)
蓖麻油	38.0
羊毛脂	17.0
蜂蜡	8.0
巴西棕榈蜡	7.0
可可脂	11.0
地蜡	12.0
四溴荧光素	1.0
色淀	6.0
香精、抗氧化剂、防腐剂	适量

【配方分析】主要成分为油脂和蜡类，可滋润、保护、润滑，形成防水性薄膜。

【制备方法】将蓖麻油、羊毛脂、蜂蜡、地蜡、巴西棕榈蜡、可可脂混合，加热熔化，加入四溴荧光素和色淀搅拌均匀，最后加入适量香精、抗氧化剂和防腐剂，铸模成型，冷却后取出，插入唇膏包装底座，用火焰加热，使唇膏表面熔化，形成光亮平滑的表面即可。

【作用与用途】唇部彩妆。

【用法】涂于唇部。

3. 使用方法

(1) 清洁唇部，用润唇膏或唇部隔离霜打底后，用唇刷蘸取唇膏涂抹，棒状唇膏亦可直接涂抹。唇线笔可于唇周勾勒唇形，使唇部轮廓更加清晰。

(2) 唇部彩妆品应用于唇部黏膜，其可能引起的不良反应包括制品经口进入消化道，其中的某些化学成分在体内长期蓄积的毒性；还有唇部黏膜长期接触唇膏制品，可促进角质过度增生而使唇色暗淡，唇膏中所含香料、色素等成分可引起唇炎。因此，唇部彩妆品在选择和使用中应特别注意，可用润唇膏或唇部隔离霜打底起隔离保护作用，进食前应卸除，勿长期使用。

四、美甲制品

（一）美甲制品的主要成分及作用

1. 指甲表皮清除剂　主要成分是含碱的液体或膏体。早期是用2%～5%的氢氧化钾水或水-醇溶液，添加10%～20%的保湿剂，如甘油或丙二醇，可减轻氢氧化钾的刺激性，延缓蒸发速度，增加黏度。

表皮清除剂也可制成碱性乳状或膏状，使用方便。可添加少量油酸钾或1% EDTA-4Na以延缓对玻璃容器的刻蚀。

表皮软化剂可润湿软化指甲表皮，然后撕除表皮。主要含亲蛋白质的季铵化合物，如十六烷基吡啶氯化物、硬脂基二甲基苄基氯化铵等，同时有杀菌作用。尿素可软化角蛋白；羊毛脂、肉豆蔻酸异丙酯可改善润滑性；非离子增稠剂可增加黏度，如甲基纤维素和羟乙基纤维素等。

2. 指甲漂白剂　可使用过氧化氢作为氧化剂，亚硫酸钠为还原剂，通过氧化-还原反应发挥漂白作用；也可以有机酸水溶液为基质，如柠檬酸、酒石酸和醋酸水溶液等。

3. 指甲强壮剂　常用的指甲强壮剂有含高分子聚合物、粉末类物质和尼龙粉末等补强剂的制品；还有含水溶性金属盐收敛剂的溶液，如硫酸铝、钾明矾、铵明矾、钠明矾、氯化锆和醋酸锌等，接触或浸泡指甲可使其硬度增加，防止劈裂和分层。

4. 指甲抛光剂　主要含磨料和润滑剂。磨料通常为微细粉体，如二氧化锡、二氧化硅、滑石粉、高岭土和沉淀碳酸钙等，润滑剂为合成蜡和硬化油脂等。将指甲抛光剂涂于指甲表面研磨，可使指甲表面平滑光泽，促进血液循环，并使之后的指甲油涂膜更加牢固有光泽。

5. 指甲油　指甲油主要由成膜成分、溶剂、着色剂、悬浮剂等组成。指甲底油中树脂含量较高，可增加其黏附性。表层指甲油中硝酸纤维素和增塑剂含量较高，树脂含量较低，稀释剂含量较高，蒸发较快。

（1）成膜成分：

1）主要成膜剂：硝酸纤维素是指甲油的主要成膜剂，可在指甲表面形成附着性极佳的韧性硬质膜，涂膜干燥迅速，光亮透明；有良好的可涂刷性，不易形成纤维质；无毒，可透过水汽，成本较低。通常使用含氮量为11.2%～12.8%的硝酸纤维素。硝酸纤维素属易燃危险品，贮存、运输和使用过程中要严加注意。若残留酸含量高，硝酸纤维素可与铜、铁和某些颜料发生反应而褪色或降解。成膜较硬，容易收缩脆化，光泽较差，需添加树脂和增塑剂改性。此外，还有醋酸纤维素、乙基纤维素、聚乙烯化合物和丙烯酸甲酯聚合物等，均可作为成膜剂添加。

2）辅助成膜树脂：指甲油中添加辅助成膜树脂可加强指甲油的成膜性、附着力和光泽度。可用于指甲油的树脂有天然树脂（如虫胶）和合成树脂两类，其中合成树脂质量稳定，价格低廉，已逐渐取代天然树脂。常用的合成树脂有氨基树脂、丙烯酸树脂、醇酸树脂、聚乙酸乙烯酯树脂和对甲苯磺酰胺甲醛树脂等。

3）增塑剂：增塑剂可增加指甲油成膜的柔软性，减少膜层的收缩和开裂。常用的增塑剂有两类：一类是溶剂型增塑剂，如邻苯二甲酸二丁酯、二辛酯和二乙酯、磷酸三甲苯酯、乙酰基三乙基柠檬酸酯等，均为低相对分子质量、高沸点和低挥发性的酯类；另一类是非溶剂型增塑剂，也称软化剂，如蓖麻油和樟脑。与溶剂型增塑剂配伍使用，可进一步增加膜的柔韧性。增塑剂的用量一般为硝酸纤维素干基的25%～50%。

(2) 溶剂:可溶解成膜成分,调节制品黏度而获得适宜的使用感觉。挥发速度适当,速度过快会影响指甲油的流动性而产生气孔、残留痕迹,从而影响涂层的外观;速度过慢则会使流动性过大,成膜太薄,干燥时间过长。指甲油中的溶剂通常混合使用,是多种溶剂的复配体系。溶剂可根据其溶解能力分为3种,即真溶剂、助溶剂和稀释剂。真溶剂是指真正具有溶解能力的物质,如丙酮、丁酮、乙酸乙酯等酮类和酯类物质。而助溶剂单独使用无溶解性,但可协助真溶剂溶解成膜物,改善指甲油的流动性,常用的有乙醇、丁醇等醇类物质。稀释剂与真溶剂配合使用可增加对树脂的溶解能力,并调节指甲油黏度,改善使用感,降低成本,如甲苯、二甲苯等烃类物质。

(3) 着色剂:主要为不溶性色淀,可产生不透明色调。可添加二氧化钛增加乳白感和遮盖力,添加珠光颜料以增强光泽。

(4) 悬浮剂:为防止指甲油颜料沉淀,需添加悬浮剂增加其稳定性和调节触变性。

6. 指甲油清除剂　指甲油清除剂主要含有溶解硝酸纤维素和树脂的混合溶剂。可添加适量油脂和蜡及其他类似物质以减少溶剂对指甲脱脂引起的干燥。

7. 指甲修补剂　指甲修补剂是由黏合剂、补强纤维材料和溶剂组成的混合物。黏合剂和补强纤维材料可在受损指甲的破裂部位形成强力结合膜,以改善指甲外观并防止指甲进一步受损。而溶剂可使黏合剂形成具有合适黏度的制品,以方便涂抹和使用。

(二) 配方举例

配方1　指甲表皮清除剂

组方	质量分数(%)
磷酸三钠	8.0
甘油	12.0
去离子水	80.0
香精	适量

【配方分析】磷酸三钠可温和去除指甲老化表皮和污物,甘油为保湿剂,可滋润、减轻刺激。

【制备方法】将各组分均匀混合即得。

【作用与用途】清理指甲表面。

【用法】涂于指甲表面。

配方2　指甲油

组方	质量分数(%)
硝化纤维素	15.0
甲苯磺酰胺甲醛树脂	8.0
异丙醇	4.5
乙酸乙酯	11.0
乙酸丁酯	22.0
甲苯	35.0
膨润土	1.0
樟脑	3.0

着色剂　　　　　　　　　0.5

【配方分析】

（1）硝化纤维素为主要成膜成分，可在指甲表面形成涂刷性良好的光亮、韧性硬膜。甲苯磺酰胺甲醛树脂为辅助成膜成分，可改善涂膜硬度、增加光泽。樟脑为非溶剂型增塑剂，可增加指甲油成膜的柔软性。

（2）乙酸乙酯、乙酸丁酯、异丙醇为溶剂，甲苯为稀释剂。膨润土为悬浮剂，可增加指甲油稳定性。

【制备方法】将硝化纤维素、增塑剂和溶剂调成浆状物，研磨均匀至细，然后加入研细的色素，搅拌均匀即可。

【作用与用途】美化指甲。

【用法】涂于指甲表面成膜。

（三）使用方法

按先后次序涂于指甲表面。

（王真子）

7 第七章 特殊用途类化妆品

特殊用途化妆品也称治疗用化妆品，是指用于祛斑、除臭、脱毛、减肥、美乳、防晒及育发、染发、烫发等化妆品，即是内含药物药效成分的化妆品。此类化妆品必须经国务院卫生部门批准，取得批准文号后方可生产上市。特殊用途化妆品有如下几类：①育发化妆品：有助于毛发生长、减少脱发和断发的化妆品；②染发化妆品：具有改变头发颜色作用的化妆品；③烫发化妆品：具有改变头发弯曲度，并维持相对稳定的化妆品；④脱毛化妆品：具有减少、消除体毛作用的化妆品；⑤美乳化妆品：有助于乳房健美的化妆品；⑥健美化妆品：有助于使体形健美的化妆品；⑦除臭化妆品：用于消除腋臭等体臭的化妆品；⑧祛斑化妆品：用于减轻皮肤表皮色素沉着的化妆品；⑨防晒化妆品：具有吸收紫外线作用，减轻因日晒引起皮肤损伤的化妆品。

第一节　祛斑化妆品

祛斑化妆品是指用于减轻或祛除皮肤色素沉着症的化妆品。色素沉着症是指人体皮肤上的雀斑、黄褐斑、老年斑等。其与遗传、日晒及内分泌功能紊乱等因素有关。

祛斑化妆品主要有以下几种：祛斑洗面奶、祛斑香皂、祛斑霜、祛斑露、祛斑蜜、祛斑面膜等。祛斑化妆品中由于添加了祛斑物质，所以具有祛斑作用。

一、有效成分

祛斑化妆品中的祛斑物质主要有：①化学药物：紫外线吸收剂和屏蔽剂、维生素及其衍生物、氢醌及其衍生物、L-半胱氨酸；②生化制剂：曲酸及其衍生物、熊果苷、超氧化物歧化酶、蛋白质及其提取物；③天然中草药：人参、芦荟、当归、桂皮等。

二、作用

1. 防御紫外线，抑制黑色素形成。
2. 抑制酪氨酸酶活性，阻断黑色素的生成。
3. 改变黑色素生成途径和促进上皮细胞的新陈代谢。

三、使用方法

清洁皮肤后，取适量霜体，均匀涂抹在皮肤上，色素沉着部位可稍作按摩，促进局部血液循环，增强祛斑有效物质的渗透吸收。

四、注意事项

1. 祛斑化妆品应放在阴凉、干燥环境保存。
2. 使用前应做皮肤斑贴试验。
3. 注意用量，应由少到多，维持渐进。
4. 使用部分祛斑化妆品时，应停止使用其他任何化妆品。
5. 使用祛斑化妆品过程中，注意防晒。

第二节　防晒化妆品

防晒化妆品是指能够吸收和散射紫外线，避免或减轻皮肤晒伤或晒黑的化妆品。防晒化妆品可分为防晒霜、防晒乳液(露、膏)、防晒凝胶等。

一、有效成分

防晒化妆品的主要有效成分是外用防光剂。外用防光剂可分：①外用遮光剂：物理性遮光剂(二氧化钛、滑石粉、陶土粉、氧化锌)、化学性遮光剂(对氨基苯甲酸及其酯、对氨基苯甲酸二甲基辛酯、邻氨基苯甲酸酯、水杨酸酯类、肉桂酸酯类、二苯甲酮类)；②外用抗氧化剂：维生素 E、乙酰半胱氨酸、茶多酚类、辅酶 Q_{10}；③外用维 A 酸类制剂：维 A 酸类。

二、防晒指数

也称防晒系数，是评价防光剂防止紫外线晒伤作用的一个指标。是指涂与不涂防光剂时，紫外线引起红斑所需最小剂量的比值。即：

防晒系数(SPF)＝被防晒皮肤的 MED/未防护皮肤的 MED

(MED：指在皮肤上产生红斑所需最小剂量)

美国食品药物管理局(FDA)将防光剂分为 5 类：①弱防光剂——SPF 为 2～4；②中度防光剂——SPF 为 4～6；③强防光剂——SPF 为 6～8；④最强防光剂——SPF 为 8～15；⑤超强防光剂——SPF 为 15 或以上。

现今的防晒剂有较高的 SPF，一般为 15～30，有的甚至为 50。

注：SPF 只表示防御紫外线中波(UVB)所致晒伤的效能，而与长波紫外线(UVA)的防御效果无关。

三、作用

1. 预防和治疗皮肤光老化。
2. 防治某些与日晒相关的疾病。
3. 预防日晒引起的免疫抑制。
4. 预防日光照射引起的皮肤癌。

四、使用方法

先清洁面部，涂搽护肤类化妆品，然后涂搽防晒类化妆品。防晒霜不可直接涂于皮肤上,因长期使用,反而会使皮肤出现色素沉着,表面粗糙。

五、注意事项

1. 根据不同的皮肤及对紫外线的敏感程度不同,环境、季节等因素,选择使用合适的防晒化妆品。

(1) 普通皮肤:SPF 为 8～12 的防晒化妆品。

(2) 光敏感皮肤者:SPF 为 12～20 的防晒化妆品。

(3) 野外(旅游、登山、雪地、海滨):SPF 为 20 以上且防水的防晒化妆品。

2. 防晒化妆品的防晒有效时间为 2～4 小时,即普通为 4 小时,野外强紫外线照射为 2 小时。

第三节 除臭化妆品

除臭化妆品是指用于消除人体腋臭的化妆品。腋臭的发生是由于分布在腋下的顶泌汗腺分泌和排泄功能旺盛,加上细菌的分解作用所产生的不良气味而形成的,它与遗传有关,并因种族、性别、年龄及气候环境的不同存在差异。腋臭不影响身体健康,但其会令人不快,会影响人们的社会交际心理。消除腋臭的方法很多,如药物治疗、手术治疗等,使用除臭化妆品则是最方便的。

除臭化妆品按剂型分有液状、粉状、乳液状、膏霜状、棒状、摩丝状、气溶胶状 7 种。其中液状和棒状最为多见。

一、有效成分

除臭化妆品的有效成分有 3 种:①抑汗剂:尿囊素、碱式氯化铝、氯化铝、硫酸铝、硫酸铝钾、柠檬酸铝、羟基苯磺酸锌;②杀菌剂:硼酸、六氯酚、新霉素、叶绿素衍生物、二硫化四甲基秋蓝姆、季铵盐型表面活性剂等;③除臭剂:氧化锌、某些碱性锌盐、天然药物(广木香、丁香、藿香、荆芥、蛇床子、洋金花、土大黄、天仙子等)。

二、作用

1. 起收敛作用,抑制汗液过量分泌,从而间接起到除臭作用。

2. 可抑制或杀灭寄生于腋下的细菌等微生物而达到改善腋臭症状的作用。

3. 可与腋下的脂肪臭味物质发生作用,从而使臭味消失。

三、使用方法

常在沐浴后、身体洁净时使用,可将除臭化妆品均匀涂布于两侧腋下,然后用手轻轻按摩,帮助吸收。轻症腋臭者可每周施用 3 次左右,重症腋臭者需每天使用。

四、注意事项

1. 需在保质期使用。

2. 只能局部使用,不可全身涂用(有抑制汗腺分泌的收敛剂)。

3. 不宜长期使用(有抗生素)。

第四节 脱毛化妆品

脱毛化妆品是指用于减少或消除体毛的化妆品,可使皮肤光滑洁净,达到健美靓肤的目的。脱毛的方法有 3 种:①物理性脱毛:拔毛、剃毛、黏性脱毛;②化学性脱毛:利用脱毛化妆品脱毛;③机械脱毛:激光脱毛、电解脱毛、X 线脱毛。

脱毛化妆品根据性状不同可分为脱毛露、脱毛蜜、脱毛霜(膏)、脱毛凝胶、脱毛摩丝、脱毛气溶胶、脱毛胶质等。脱毛霜使用最多,效果最好。脱毛摩丝具有高稳定性、高有效性和高安全性,脱毛彻底,无毒副作用。

一、有效成分

脱毛化妆品中添加了脱毛剂,主要有:①无机脱毛剂:硫化镁、硫化钙、硫化锶、硫化钡、硫化钠、硫化钾、氯化钙、碳酸钙、氢氧化钙。其脱毛迅速,但硫化物有臭味;②有机脱毛剂:巯基乙酸钙、巯基乙酸镁、巯基乙酸钠、巯基乙酸锶、二甲氨及其他氨基化合物。脱毛速度快,对皮肤刺激性小,无臭,使用最多;③天然脱毛剂:生姜粉、姜油酮、金盏花属提取物;④脱毛辅助剂:尿素、碳酸胍类、有机氨,可加强脱毛效果。碱性物质,使毛发蛋白溶胀变性,易于脱落。

脱毛剂必须加入碱性物质,以利于提高脱毛效果。脱毛剂的 pH 值一般在 10.0～12.5 之间较为合适,pH 值高于 12.5 易损害皮肤,低于 10.0 脱毛速度太慢。

二、使用方法

使用时将脱毛化妆品涂敷或喷施于需要脱毛的部位,涂厚些、多些,让脱毛化妆品将毛充分覆盖,5～10 分钟后即可发挥效果,此时被脱掉的毛呈螺旋状,用湿毛巾或湿纸巾轻轻顺着毛生长方向拭去,然后将脱毛部位用清水洗净。

三、注意事项

1. 脱腋下或四肢部位的体毛宜选用脱毛霜。
2. 脱除身体大面积体毛宜选用脱毛摩丝或脱毛气溶胶。
3. 脱除眉毛周边的毛可选用脱毛胶质。
4. 使用前应先做过敏试验。
5. 由于脱毛化妆品碱性较强,易损伤皮肤,因此用后宜用酸性化妆水调理脱毛部位皮肤的 pH 值,并涂搽适量的护肤类化妆品以补充油分和营养皮肤。
6. 脱毛化妆品不能用于炎症或损伤皮肤,也不能用于睫毛,不能进入眼睛。
7. 同一部位一天不能多次用脱毛化妆品,以减轻其对皮肤的刺激。

第五节 健美化妆品

健美化妆品指能使形体健美的化妆品,这类化妆品主要具有减肥作用,又可称为减肥化妆品。减肥化妆品种类繁多，包括减肥香皂、减肥沐浴露、减肥霜、减肥凝胶、减肥香珠、减肥香水、健美精华素等，其中减肥霜效果最好。

一、有效成分

减肥化妆品主要是在化妆品中添加减肥药，主要有：①天然减肥药：茶叶、泽泻、丹参、何首乌、大黄、红花、海藻、柑橘、芦荟、荷叶、辣椒、银杏、红杉、紫杉、河荆、木贼、女萎、昆布、山楂、茴香、柴胡、川芎、连翘、枳实、蘑菇、草莓、金盏草、洋草、车前子、枸杞子、绞股蓝、薄荷油、柠檬油、桉叶油、刺柏油、月见草油、迷迭香油、百里香油、薰衣草油、洋葱油；②化学药物：丙醇二酸、胆甾烯酮、透明质酸酶、L-卡尼汀、烟酸酯类（乙醇酸酯、α-生育酚烟酸酯、苯甲醇烟酸酯）。

二、使用方法

1. 减肥沐浴露、减肥香皂的使用方法同洁肤类化妆品。

2. 使用减肥霜前先清洁皮肤，取适量减肥霜涂于需要减肥的部位，同时配合一定力度的按摩，令局部皮肤发红，皮温升高，再施以热敷或蒸气喷雾，使毛孔张开，可促进减肥药的吸收，并有利于废液排出，每个部位按摩 10～20 分钟，每个疗程 10～15 天。

三、注意事项

1. 女性月经初潮前、月经期、生育期、哺乳期不宜减肥。

2. 不宜在饭后进行腹部按摩。

第六节　美乳化妆品

美乳化妆品是指有助于乳房健美的化妆品。美乳的方法很多，如文胸、按摩、运动、食疗、药物及手术等。利用化妆品美乳则是安全有效、简单易行的方法。

美乳化妆品具有增加营养，诱发和催动腺体内分泌的作用，以达到美乳目的。乳房发育受内分泌、营养、疾病、遗传等因素影响。内分泌又与脑垂体和卵巢有关，脑垂体分泌促性腺激素，卵巢分泌雌激素和孕激素，两者一起促进乳房发育，若内分泌失调，则影响乳房发育。营养充足、身体健康、心情舒畅，会使胸肌发达，乳房皮下脂肪增多，乳房自然丰满和富有弹性。

美乳化妆品包括美乳霜（产品性能好，便于使用和储存，易于涂布，附着性及吸收性强）；美乳凝胶（适于油性皮肤使用）；美乳油（含油分较多，适于老年者及干性皮肤者使用）；美乳精华素（可配合超声波导入提高效果）。

一、有效成分

美乳化妆品中主要添加了营养剂和美乳药物。①营养剂：蛋白质、氨基酸，各种微量元素、维生素、动植物油脂（苹果油、沙棘油、玫瑰果油、霍霍巴油、貂油、深海鲛油、深海鱼子精）；②美乳药物：化学药物（雌激素、维生素 E）、中草药（人参、花粉、海藻、丹参、红花）、生化药物（蜂皇浆、胎盘、鹿茸等提取物）。

二、作用

1. 能为乳房发育提供各种营养成分，以增加脂肪含量。
2. 诱导和激活腺体分泌功能，提高体内雌激素的水平，从而达到乳房丰满结实的效果。

三、使用方法

先用热毛巾局部热敷或用蒸气仪蒸喷 5～10 分钟（促进血液循环，毛孔张开，利于透皮吸收），取适量霜体均匀涂布于两侧乳房，并辅以按摩，至皮肤微微发红、发热即可，还可刺激乳根、膻中等穴位，可提高美乳效果，每日 2 次，早晚各一次。

四、注意事项

1. 使用前应做过敏试验。
2. 慎用或忌用含雌激素成分的美乳化妆品。
3. 母亲使用美乳化妆品后应彻底洗净双手，避免让幼儿间接接触。
4. 儿童、未成年少女禁用美乳化妆品，以免影响发育。

第七节　育发化妆品

育发化妆品的内涵界定应当以《化妆品卫生监督条例实施细则》中育发化妆品定义为准，即“有助于毛发生长、减少脱发和断发的化妆品”。育发化妆品中主要添加一些营养物质和防止脱发、有助于毛发生长的药物成分，用于改善血液循环、促进毛发生长、抑制微生物生长、消除炎症、抑制皮脂、抑制雄激素分泌、提供毛发生长的养分等，以达到防止脱发、助毛发生长的目的。

育发化妆品主要有生发液、生发霜、生发香波等，可根据生发效果、使用方便与否等情况随意选择。

一、头发的生长与密度

头发的生长与毛囊分不开，毛囊的存在是保证头发生长更换的前提。在生长期，毛囊功能活跃，毛球底部的细胞分裂旺盛，分生出的细胞持续不断地向上移位，当发囊中的软囊角质变化为硬蛋白质，头发即被推出皮肤外，长成肉眼可见的头发。当头发生长接近生长期末时，毛球的细胞停止增生，毛囊开始皱缩，头发停止生长，这就是退行期。在休止期，头发各部分衰老、退化、皱缩，头发行将脱落。与此同时，在已经衰老的毛囊附近，又形成一个生长期的毛球，一根新发又诞生了。

毛发的生长速度与部位有关，头发生长得最快，每天生长 0.27～0.4mm，每月平均 1.9cm，其他部位每天生长约 0.2mm。男性毛发生长速度一般较女性快。15～30 岁期间生长得最快，老年时头发生长减慢。夏季生长较快。

毛发的密度随性别、年龄、个体和部位而异。成人男性估计有 500 万个毛囊，其中 100 万个在头部，约有 10 万个在头皮部。前额和颊部毛囊的密度为躯干和四肢的 4～6 倍。一般认为，毛囊的密度是先天生成，到成人期不能增添新的毛囊数。

二、头发常见的三种困扰

1. 头屑　人类表皮代谢速率为 28 天。由于人们经常洗涤及擦拭而不易察觉，但是头皮上因有头发为天然障碍物，使代谢的表皮细胞聚集成片而被明显观察到，称为假性头屑，处理方法为使用具有消炎、杀菌、良好清洁力的洗发精。根据调查，任何年龄都有约 37%的人感到头屑的困扰；只要细心留意，将发觉下列情况会导致头屑显著增多：①气候变化；②操劳过度，睡眠不足；③过量的烟酒；④刺激性的食物（如辛辣物）；⑤油腻的食物；⑥洗发时以指甲尖抓头皮。

2. 发尾分叉

(1) 发尾分叉的主要原因有：①养分不足；②过碱的洗发精；③夏日阳光曝晒、海水浸渍；④过度的化学处理。

(2) 发尾分叉的处理办法：①自分叉上 3cm 处将分叉发尾剪去；②以蛋白质护发剂治疗这些受损、脆弱的头发。

3. 脱发　头发脱落的原因是多方面的，可能与以下因素有关：①遗传因素：多见于男性，为常染色体显性遗传；②内分泌因素：雄激素分泌增强，导致皮脂腺分泌增加，使原存在于皮肤上的正常菌群如卵圆形糠秕孢子菌等大量繁殖，原发和继发性侵犯皮肤毛囊，造成毛囊萎缩，导致头发脱落；③血液循环及营养因素：如血液循环出现障碍，可导致头皮供血不足或人体某些营养素缺乏，造成头发生长不良、脱发；④精神因素：精神心理因素是引起脱发的诱因，精神紧张与情绪因素对斑秃的影响作用很大；⑤病理因素：当人体患有头癣和梅毒等皮肤病、内分泌系统疾病、某些传染病或慢性疾病时，均有可能出现不同程度的脱发；⑥药物因素：很多药物都能导致脱发，如砷剂、氨基蝶呤、环磷酰胺、甲氨蝶呤、博来霉素等药物均有可能引起脱发，另外癌症患者化疗后也易出现大量头发脱落现象；⑦损伤：如机械损伤、染发剂和烫发剂对头发的损伤等。

三、育发化妆品的有效成分及作用

育发化妆品主要添加一些具有生发作用的药物，以促进头发的生长。育发化妆品主要有：

1. 抗炎杀菌剂　水杨酸、苯扎溴铵、间苯二酚、十六烷基三甲基溴化铵、樟脑、当归、春黄菊等，主要起消炎、杀菌、防腐作用。

2. 去屑止痒剂　甘宝素、二硫化硒、吡啶硫铜锌、盐酸吡哆素、薄荷脑、蜂皇浆等，主要起杀菌、止痒、去头屑的作用。

3. 微循环活化剂　米诺地尔、可乐定、谷维素、乙基氯化铵、嘧啶衍生物、维生素 E 衍生物、芍药、当归、红花、桃仁、银杏等，主要起扩张头皮毛细血管的作用。

4. 局部刺激剂　蚁酸酊、奎宁及其盐类、烟酸苄酯、水合氯醛、生姜酊、辣椒酊、斑蝥酊、补骨脂酊、薄荷脑、毛果芸香碱、大蒜提取物等，主要起刺激头皮、扩张头皮毛细血管的作用。

5. 毛根赋活剂　尿囊素、泛酸及其衍生物、胆固醇与硫磺混合物、胎盘提取液、茜草科生物碱等，这些药物能激活与毛发生长有关的酶，促进毛发生长。

6. 营养剂　维生素 B_6、生物素、胱氨酸、蛋氨酸、丝氨酸、亮氨酸、卵磷脂、水解蛋白、人参、丹参、黄芪、宫保素等，可供给毛发再生的营养素。

7. 成长促进剂 苯酚、二氧化锗、十五烷酸甘油酯、首乌、白芨、侧柏叶、高丽参、女贞子、脑素肽等，可促进毛发的再生。

四、使用方法

首先洗净头发，再用焗油机或电帽蒸头发5～8分钟，家庭中可用热毛巾包裹头部约5分钟，然后梳顺头发，用干毛巾擦拭多余水分，取适量生发液倒于头发中，用双手十指指腹在头皮轻轻按摩揉搓，使其均匀分布，停留一段时间后再用清水洗净。

五、注意事项

使用时要严格按照产品说明书的要求，头皮按摩时勿用指甲搔抓，以免损伤头皮。过敏体质者应慎用此类产品或者使用前做皮肤过敏试验，阳性反应者禁用。此外，注意勿使生发液流入眼、鼻或口中，以免引起刺激反应。

第八节 染发化妆品

染发化妆品是指具有改变头发颜色作用的化妆品。染发不局限于将白发染黑，也包括将原色头发染成其他颜色。

目前市场上的染发剂按染发效果、持续时间长短，可把染发剂分为3类：暂时性染发剂、半永久性染发剂、永久性染发剂。

一、染发剂的原料

（一）暂时性染发剂

暂时性染发剂是一种只需用香波洗涤一次就可除去头发着色的染发剂。暂时性染发剂使用的原料主要有天然植物颜料和法定合成颜料。

1. 天然植物颜料 包括指甲花、散沫花、春黄菊、苏木精、红花、五倍子等。

2. 法定合成颜料 包括炭黑、矿物性颜料、有机合成大分子染料等。

由于这些染料分子较大，不能通过表皮进入发干，只是附着在头发表面上，形成着色覆盖层。因此染发剂与头发的相互作用不强，易被香波洗去。只能维持7～10天。

（二）半永久性染发剂

半永久性染发剂一般是指能耐6～12次香波洗涤才褪色的染发剂。半永久性染发剂涂于头发上，停留20～30分钟后，用水冲洗，即可使头发上色。其作用原理是相对分子质量较小的染料分子渗透进入头发表皮，部分进入皮质，使得它比暂时性染发剂更耐香波的清洗。由于不需使用过氧化氢溶液，不会损伤头发，所以近年来较为流行。

半永久性染发剂使用的原料主要有金属盐染料、酸性染料和碱性染料等。

1. 金属盐染料 醋酸铅、银盐、铜盐、铋盐等。

2. 酸性染料 酸性黑、酸性金黄等。

3. 碱性染料 碱性棕、碱性玫瑰红等。

半永久性染发剂原料能透过头发的毛皮，沉积在皮质上，但透入层较浅，染发功效可维持15～30天。

（三）永久性染发剂

永久性染发剂分为3种：植物永久性染发剂、金属永久性染发剂、氧化永久性染发剂。

1. 植物永久性染发剂　利用从植物的花、茎、叶提取的物质进行染色，价格较贵，在国内还较少使用。

2. 金属永久性染发剂　以金属原料进行染色，其染色主要沉积在发干的表面，色泽具有较暗淡的金属外观，使头发变脆，烫发的效率变低。金属永久性染发剂主要有铅盐染发剂、银盐染发剂、铜盐染发剂等。

3. 氧化永久性染发剂　氧化永久性染发剂主要有：过氧化氢、过硼酸钠、亚硫酸氢钠、硫酸氢钠、过氧化尿素等。

氧化永久性染发剂是市场上的主流产品，它不含有一般所说的染料，而是含有染料中间体和偶合剂。这些染料中间体和偶合剂渗透入头发的皮质后，发生氧化、偶合和缩合反应，形成较大的染料分子，被封闭在头发纤维内。由于染料中间体和偶合剂的种类不同、含量比例也有差别，故产生色调不同的反应产物，各种色调产物组合成不同的色调，使头发染上不同的颜色。由于染料大分子是在头发纤维内通过染料中间体和偶合剂小分子反应生成。因此，在洗涤时，形成的染料大分子不容易通过毛发纤维的孔径被冲洗。

永久性染发剂是目前国内外生产和销售量最大的染发化妆品，其特点是着色鲜明，固着性较强，不易褪色，染发功效可保持1～3个月。

二、注意事项

染发虽然非常简单，但在不注意的情况下往往容易引发过敏炎症。为了避免此类事情的发生，需遵守以下9项原则。

（一）3个月内不要反复染发

3个月内曾经染过头发的人，最好不要再次染发。因为染发剂里含有脱色剂，这种成分对头发的毛鳞片有伤害，受损的毛鳞片会变得脆弱易断，如果在3个月内反复染发，已经受损的毛鳞片会在还未恢复的情况下再次受到伤害，长此以往，头发的健康状况堪忧。

（二）染发前一定要做皮肤测试

无论是使用开架品牌进行自助染发，还是到美发厅请专人染发，染发前的3小时必须做皮肤测试。方法是将A、B两种染剂滴在手腕内侧的同一个点上，等待自然干燥。如果此过程中出现红肿、发痒等现象，该产品就不能继续使用。

（三）头皮有抓伤不要染发

染发前，切记不要洗发，一是头皮分泌的油脂对头皮有保护作用，二是可以避免洗发过程中不小心的抓伤。头皮若出现伤口再接触到染发剂，容易引发炎症。

（四）染发前先涂乳液

染发前应该先在发际、耳后涂抹乳液，以防止染发剂沾染在皮肤上，对皮肤造成伤害。

（五）怀孕及月经期不要染发

孕妇不适合接触化学染剂的产品，因为这对胎儿不利。月经期间，女性的内分泌等各方面都会发生变化，为防止出现问题，也应避免染发。

（六）染发前务必使头发保持清洁干爽的状态

染发前一周不要做焗油等特别护理，最好在染发前一天清洗头发，染发当天不要使用定型产品。

（七）染发开始前先将头发梳通梳顺

染发时无需使用梳子，请用手指彻底按摩头部，直至染发乳均匀分布在每根发丝上。

（八）染发后务必让头发自由散开

待染发剂均匀分布到发丝上之后，千万不要把头发罩着或包起来，务必让头发自由散开，使其充分地跟空气接触，让染发成分发挥最大的作用。

（九）染彩色时可适当加热头发

染彩色时可以适当用加热器加热头发，这样可以让染发的时间减半。

第九节　烫发化妆品

烫发化妆品是指具有改变头发弯曲度并能够维持相对稳定的化妆品。烫发分为物理烫发和化学烫发两种，现在用得最多的是化学烫发。烫发的目的有两个：一是使头发更丰富（有卷曲的效果）；二是改变头发的形状、走向（卷度不是很大的效果）。烫发的基本过程分为两步：第一步是通过化学反应将头发中的硫化键和氢键打破；第二步是发芯结构重组并使之稳定。

一、烫发化妆品的种类及原料

（一）烫发化妆品的种类

目前使用的烫发化妆品按其主要成分来分，可分为 4 种：

1. 以巯基乙酸及其盐类为主要成分的冷液二剂型烫发剂。

2. 以半胱氨酸为主要成分的冷液二剂型烫发剂。

3. 以巯基乙酸及其盐类为主要成分的加温热液二剂型烫发剂。

4. 以巯基乙酸及其盐类为主要成分的冷液一剂型烫发剂。

（二）烫发剂的原料

1. 化学卷曲剂原料　常用的化学卷曲剂原料主要有：巯基乙酸铵、巯基乙酸钠、巯基乙酸酯、巯基乳酸盐、半胱甲酯等。我国一般以巯基乙酸铵为主要卷曲剂。

2. 化学定性剂　常用的化学定性剂原料主要有：溴酸钠、溴酸钾、过氧化氢、过硼酸钠的水溶液。

为提高冷烫的效果、调整 pH 值、降低冷烫对发质的损伤及赋予产品某些特性，常在冷烫液中加入碱剂、乳化剂、中和剂、保湿剂、增稠剂、头发调理剂、着色剂及赋香剂等。

二、注意事项

1. 根据顾客头发质量正确选择烫发水。烫发前应检查头发、头皮情况。冷烫精是化学制剂，有一定刺激性，如果头发、头皮有损伤就不应烫发，以免损伤头发，使头皮发生炎症。有引起轻微损伤的头发，应经护发素处理后再烫发。头皮有划破或炎症时绝对不应烫发。此外，产前、产后身体虚弱时也不应烫发。烫发的周期不应过短，一般以 3～6 个月一次为宜。

2. 在烫发的过程中，头发膨胀程度和硫链锁被改变的数量，取决于第 1 剂药水在头发上停留的时间长短，因此很明显地告诉人们，不可能使用一个统一的烫电发时间。最好的方法是经常检查头发的曲度。

3. 检查方法是碱性烫发水以头发曲度是否达到为标准，酸性及低碱性烫发水以软化程度为标准。

4. 第1剂如果在头发上停留时间过长，头发将降低卷曲度及弹性。因此，停留一定的时间后应每3～5分钟检查一次，每次检查应在不同位置上进行。

5. 第1剂一定要冲水，否则严重影响烫后头发质量。冲水的温度对卷曲度有一定影响：30～60℃水温均可，在这个范围内水温越高，卷度越卷。

6. 高档品牌侧重第2剂中和水的吸收，但停留时间绝不可超过10分钟。

7. 冲洗第2剂时，先带发杠冲水后再拆卷清洗，这样可稳固头发的卷曲程度。第2剂冲水时的水温对头发的卷曲度也有影响：30～60℃水温均可，在这个范围内水温越低，卷度越卷（与第1剂冲水温度正好相反）。

8. 烫后护理很重要，需涂抹一些护发化妆品保养头发。

9. 正确辅导顾客如何梳理、保养头发，讲解造型产品使用目的及功能，可有效树立沙龙及发型师的形象。

10. 在冷烫操作时应防止冷烫液滴在面部皮肤和衣服上，因此用液剂量要适中，勿使之掉下，如液剂不小心滴在皮肤上，应立即用棉花揩掉。操作前应在发际线处涂些凡士林保护皮肤，并在发卷四周用棉花条护住，防止液剂滴下。还应披上围布和干毛巾，这样液剂就不会滴在衣服上，造成衣服褪色。

（黄丽娃）

8 第八章

芳香类化妆品

第一节 芳香类化妆品的定义及分类

一、定义

一般说来，大多数化妆品都具有一定的优雅、宜人的香气。古人就把化妆品称为“香妆品”。但芳香类化妆品主要指以香气为功用的产品，如香水、古龙水、花露水、香粉、练香等。

二、分类

芳香类化妆品是以散发出怡人的芳香气味，给人以嗅觉美感的化妆用品。按产品形态可分为乙醇溶液香水、乳化香水和固体香水3种。其香精含量都较高，一般为2%～25%(而一般化妆品的香精含量多为0.2%～1.2%)。

(一) 乙醇溶液香水

乙醇溶液香水包括香水、古龙水和花露水3种。它们都是以乙醇溶液为基质的透明液体，其主要原料有香料或香精、乙醇和水等。它们的区别在于香精(或香料)香型和用量、乙醇的浓度不同。

1. 香水　香水具有芳香、浓郁、持久的香气，是应用较广的芳香化妆品，常喷洒于衣襟、手帕及身体某些部位，散发出悦人的香气，起到添香和除臭的作用。

香精是香水的主要成分，也可以说是香水的“灵魂”，香精用量一般为15%～25%。所用的香精与香水品级高低有关，高级香水中的香精多用天然植物精油，如茉莉精油、玫瑰精油等，以及天然动物香料，如麝香、灵猫香、龙涎香等调配而成。品级低的香水则大多是用合成香料调配成的香精。香水中所用香精的香型以花香型为主，但也有非花香型的。

香水是最重要的芳香类化妆品，是化妆品中的珍品。香水虽然只是各种香精油的乙醇溶液，但其品质的高低与香精的调配至关重要，并与香精用量、质量及乙醇的纯度等有关。

香水是个性化很强的产品，因为同一瓶香水，随着个人的爱好、环境、性别、个性等的不同，对它的评价会有完全不同的结果。但是，优质香水必须符合以下几个质量要求：①香气幽雅芬芳、自然；②成品清澈透明，无沉淀混浊现象；③香气纯正、不含有乙醇或其他不愉快的气味；④留香时间持久，在衣襟上能留7～10天；⑤对皮肤无刺激性。

(1) 香水的香调：香水中的香精多选用天然花果的芳香油及动物的香料，如麝香、灵猫香等来配制，其花香、果香、动物香浑然一体，芳香持久，幽雅而自然。香水的香型变化很多，关于它的分类方法有多种，最简单的一种是依香调来进行分类，可将香水分为两类。

1）花香型香水：以模拟天然植物花香或以此为主干或主体配制而成，所以多数被冠以花名，如玫瑰香水、茉莉香水、水仙花香水和薰衣草香水等。

2）梦幻型香水：是依调香师的艺术感，应用各种香精油，如天然香精油、合成香精油（包括单离香料）等，调配成非天然型的香调，具有清爽、高雅的感觉。由于这种类型的香水是调香师艺术创作的结晶，故它们的命名往往非常美好而独特，如夜巴黎、香奈尔、兰蔻等。较有名气的香水有100余种，所以香水被称为芳香的艺术品。

（2）香水的原料：香水的主要原料是香精、乙醇和少量的水，有时根据需要可加入极少量的色素、抗氧剂、表面活性剂等添加剂。

1）香精：是香水的主体，香水中香精的用量多少不一，其性能差别很大，香水中香精的含量一般为10%～20%，是化妆品中赋香率最高的，但浓度稍淡的香水中的香精用量可为7%～10%。

2）乙醇：在香水中作为香精的溶剂。乙醇有以下特点：①对各种香精油具有良好的溶解性，几乎所有的香精油皆可溶解于乙醇中；②乙醇可帮助香精挥发，而增强芳香性，且不影响其香调；③乙醇对皮肤刺激性较小（过敏皮肤除外）、无毒性。

3）水：水质的优劣也影响到香水的质量和香气，所以配制香水应使用新鲜的蒸馏水。

4）其他添加剂：在香水中还可加入0.8%～1.2%的肉豆蔻酸异丙酯，它能使香水搽用的部位或喷洒的衣物上形成一层薄膜，使香气持久；金属离子螯合剂和抗氧化剂能延缓香水的氧化进程。

（3）香水的味阶：指香水喷洒出来后，随着时间的推移，其香味所呈现出的变化。香水的味阶可分为高味阶（前调）、中味阶（中调）和基础味阶（后调）3种。

1）高味阶（前调）特征：①香氛的第一印象；②2小时内散发，不留残香；③挥发性高。大略味道：水果、香草。

2）中味阶（中调）特征：①显示香氛的特色；②香氛持续2～6小时；③挥发性中等。大略味道：花香。

3）基础味阶（后调）特征：①使香氛持久并平均发散；②香味可残留6小时～1个月；③挥发性低，作保留剂用。大略味道：动物香、木香。

2. 古龙水　古龙水又称科隆水，为1680年在德国科隆首先由意大利人生产的一种柠檬香型芳香制品。它是世界最著名的香水之一，特点是香味较淡、香气保持不久、价格较便宜，其香型多为柑橘、柠檬、琥珀、龙涎等香型。古龙水与一般香水的主要区别在于其香精含量较低，其香精用量传统的为1%～5%，现在多为5%～10%，乙醇的浓度为80%～85%。香精选用的香原料主要有：香柠檬油、甜橙油、橙花油、薰衣草油、迷迭香油等。目前古龙水香气的共同特征是柑橘类精油香气，还会有迷迭香和薰衣草的香气，具有清爽、新鲜和提神的效果，为男士们所喜爱。

3. 花露水　花露水是一种低赋香率的芳香化妆品，其香精含量一般为2%～5%，乙醇浓度为70%～75%。由于该浓度的乙醇最易渗入细菌的细胞膜，使原生质和细胞核中的蛋白质成为不可逆的凝固状态，因而花露水兼有杀菌作用。花露水多在沐浴后使用，具有消毒、灭菌、除臭、去痱、清凉、防虫咬等功效，是人们喜爱的夏季卫生用品。这种香水花露水虽然香精含量不高，但其香气宜人，而且自身能起醇化作用，存放时间越久香气越好。香气较为浓郁的花露水实际上与香水并无显著的差别。

花露水现多采用幻想香型，常以清香的薰衣草油为主体香料，香精多采用东方香型、素心兰香型、玫瑰麝香香型等。花露水的原料也是香精、乙醇和水，其添加剂有螯合剂、抗氧化剂如枸橼酸、二叔丁基对甲酚；微量色素一般为浅湖蓝、绿、黄色等。

（二）乳化香水

乳化香水是将香精添加于乳化体中而制得的具有浓香的乳浊液体或半固体香水化妆品。其作用和用法与乙醇溶液香水一样，可以涂敷于耳后、肘弯、膝后等处，也可以涂敷于身体及手上，散发香气。

乳化香水具有的特点是组分中含有油蜡类物质而有保香作用，使香气持久；具有对皮肤有滋润作用、刺激性小等优点。克服了乙醇溶液香水的乙醇含量高和无滋润性物质对皮肤产生刺激性的缺点。

乳化香水的主要成分有香精、乳化剂、油蜡类物质、多元醇和水等。其香精用量为5%～10%，也可根据香精香味和香水类型而定，但要求香精在乳化体中稳定，不易变质或分解等。一般含有芳香醇类及醚类的香精是较稳定的，制得稳定的乳化香水的关键是选择合适的乳化剂。阴离子、阳离子和非离子型乳化剂都可应用于乳化香水。多元醇既起到溶剂作用，又起到保持水分和降低乳化香水冰冻点的作用。油蜡类物质有滋润皮肤和保香作用。

（三）固体香水

固体香水是将香料或香精溶解在固化剂中，制成棒状并固定在密封较好的管形容器中。其特点是香气持久，携带和使用方便，对皮肤有凉爽的感觉，外观呈半透明等。

质量好的固体香水关键是固化剂的选择，通常采用硬脂酸钠作为固化剂。可以直接加入硬脂酸钠，也可以在制作固体香水过程中以氢氧化钠中和硬脂酸而得到硬脂酸钠。其他的固化剂还有蜂蜡、加洛巴蜡、小烛树蜡、松脂皂等。

为了改善固体香水的可塑性，防止固体香水棒的破碎，阻止使用时涂敷在皮肤薄膜干燥太快或在皮肤上形成白粉层，需加入一些多元醇类如丙二醇、甘油、山梨醇、乙氧基二甘醇醚和聚乙二醇等作为增塑剂，同时多元醇还是固化剂的良好溶剂。

固体香水中含有少量的水，一般在5%左右，不超过10%，其作用是溶解硬脂酸钠。如水量过多，会产生硬脂酸钠和硬脂酸微小结晶，出现白色斑点。

由于固化剂是硬脂酸钠，因此固体香水呈碱性，选择香精或香料时要尤为注意，应选择在碱性条件下稳定的香料或香精。

高级香水的香型随潮流而变化，近年来盛行青香和自然香，一般分为女用和男用香水。女用香水香型包括：

1. 天然花香型

(1) 以玫瑰香、大花茉莉香、风信子、鸡尾香、铃兰香、晚香玉香、忍冬花香、紫罗兰香为主的单花或多花香。

(2) 花香为主，带醛香。

(3) 花香为主，带东方香。

(4) 花香为主，带素心兰香。

2. 醛香型

(1) 正醛香。

(2) 醛香多花香。

(3) 醛香带素心兰香。

3. 素心兰香型　多花香、带果香、多柑橘香、木香、带粉香、多麝香香、多青香、多花香、带花香、东方香、带琥珀香、粉香、带重型花香、橙花香等。

4. 辛香香型　带冬背脊、带东方香、带青香、带风信子香、带花香等。

5. 东方香型　带花香、琥珀香、木香、带醛香、带薰衣草香、香荚兰豆香、多辛香香、青香、花香等。

男用香水的香型包括：

1. 新鲜花香型　带东方香、带草香、带素心兰香、带木香、带青香、辛香香、柑橘香、大花茉莉香、木香、多青香等。

2. 烟香香型　带素心兰香、花香、青香、辛香香、带花香、动物香等。

3. 素心兰香型　带花香、带黑醋栗花蕾头香等。

4. 东方香型　带花香、带辛香香、带柑橘香、豆香、带素心兰香、花香、蜜香等。

三、配方实例

1. 玫瑰麝香型香水配方

组分	质量分数(%)
玫瑰麝香型香精	15.0
豆蔻酸异丙酯	0.5
乙醇(95%)	79.5
蒸馏水	5.0
色素	适量

【配方分析】玫瑰麝香型香精为主香剂，豆蔻酸异丙酯为矫香剂，乙醇(95%)、蒸馏水为溶剂。

【制备工艺】

(1) 混料：将香精和5倍量的乙醇适量混合；另将蒸馏水和余下的乙醇相混合，然后加入香精乙醇溶液中，同时加入豆蔻酸异丙酯，搅拌混合均匀，放入密闭容器内。

(2) 熟化(陈化)：静置密闭存放1周左右后，难溶物基本沉淀完全。

(3) 冷冻：熟化过程中生成的难溶物有些仍处于半溶解状态，经0～5℃的低温冷冻，则沉淀更完全，便于过滤除去杂质。

(4) 过滤：一般采用真空或加压过滤除去不溶物。

（5）调色：选择醇溶性色素，得到色泽鲜艳的香水。

2. 古龙水香水配方

组分	质量分数(%)
古龙香型香精	4.0
乙醇(95%)	75.0
甘油	1.0
蒸馏水	20.0
色素	适量

【配方分析】与香水分析相同。

【制备工艺】与香水制法相同。

3. 花露水配方

组分	质量分数(%)
玫瑰麝香型香精	3.0
豆蔻酸异丙酯	0.2
麝香草酚	0.1
乙醇(95%)	74.7
蒸馏水	22.0
色素	适量

【配方分析】玫瑰麝香型香精为主香剂，豆蔻酸异丙酯为矫香剂，麝香草酚为合香剂，乙醇(95%)、蒸馏水为溶剂。

【制备工艺】与香水制法相同。

4. 液体乳化香水配方

组分	质量分数(%)
A：硬脂酸	2.5
鲸蜡醇	0.3
单硬脂酸甘油酯	1.5
B：丙二醇	5.0
三乙醇胺	1.2
羧甲基纤维素(低黏度)	0.2
尼泊金甲酯	0.1
蒸馏水	82.2
色素	适量
C：香精	7.0

【配方分析】硬脂酸、鲸蜡醇、单硬脂酸甘油酯为乳化油脂（油相），三乙醇胺与乳化油脂形成乳化剂，丙二醇为保湿剂，羧甲基纤维素（低黏度）为乳化稳定剂，尼泊金甲酯为防腐剂，蒸馏水为水相。

【制备工艺】分别将A组和B组组分加热至65℃，使之熔化或溶解，在搅拌下将A组缓慢加入B组中，并快速搅拌使乳化完全，冷却至45℃，加入香精，搅拌均匀至室温。

5. 半固体乳化香水配方

组分	质量分数(%)
A:硬脂酸	16.0
鲸蜡	1.0
蜂蜡	1.5
B:甘油	6.0
尼泊金甲酯	0.1
氢氧化钾	1.2
蒸馏水	69.2
C:香精	5.0

【配方分析】与液体乳化香水配方相同。

【制备工艺】将A组组分加热至70℃使之熔化，再将B组组分加热至65℃溶解，在搅拌下将A组加入B组中，搅拌乳化完全后，冷却至45℃，加入香精，搅拌均匀至室温。

6. 固体香水配方

组分	质量分数(%)(1)	质量分数(%)(2)
硬脂酸钠	6.0	
硬脂酸		5.6
氢氧化钠		0.9
甘油		6.5
丙二醇	4.0	
二甘醇-乙醚	3.0	
蒸馏水	5.0	4.0
乙醇	80.0	80.0
香精、色素	2.0	3.0

【配方分析】硬脂酸钠为乳化剂，硬脂酸为油剂，氢氧化钠为渗透压调节剂，甘油、丙二醇为保湿剂，二甘醇-乙醚为助溶剂，蒸馏水、乙醇为溶剂。

【制备工艺】

(1) 直接使用硬脂酸钠，将除香精和色素以外的组分加热至70℃，完全溶解后，冷却至65℃时加入香精和色素搅拌均匀，即可灌模。

(2) 在制备过程中制得硬脂酸钠，将水溶解的氢氧化钠溶液搅拌下加入其余组分的溶液中，在65℃时加入香精和色素搅拌均匀，即可灌模。

第二节 调 香

调香是指调配香精的技术与艺术，就是将几种乃至数十种天然及合成的香料通过一定的调制技艺配制出具有一定香型、香韵的有香混合物。这种调和的香料通常称为香精。

调香不仅是一项工业技术，同时也是一门艺术，它既需要丰富的配方技术经验，又需要灵敏的嗅觉和艺术修养。调香不是简单地把不同香气的香料混合，而是要达到各组分相互调和，具有一定的香型和风格、令人愉快的气味等，这是一门很高的技艺。

一、调香中常用的术语

（一）香气和香味描述用语

1. 气味　是嗅觉器官所感觉到的或辨认出的一种感觉，又称为气息。它可能是令人愉快芳香的气味，也可能是令人厌恶的气味。

2. 香味　是指令人感到愉快舒服的气味和味感的总称，主要用于描述食品香料。

3. 香调　又称香韵，是用来描述香料、香精和加香制品中带有某种香气的调韵，但不是其整体香气的特征。通常引用有代表性的具体事物来表达或比拟，例如带有玫瑰香韵或带有动物香韵等。

4. 香型　是用来描述某种香精或加香制品的整体香气的类型和格调，包括一些具体实物的比拟和带嗜好及感情色彩的用语。

（二）描述香精香气结构的用语

1. 头香　也称顶香，它是由香精中最易挥发的组分产生的香气。头香作为整体香气中的一个组成部分，扩散能力较强，能使整个香精的香气提起，轻快和有效。没有头香的香精显得很平淡，气味不怡人。在嗅辨的头几分钟，给人以初步的印象，这对香精的形象是很重要的。用作头香的香料很多，如柑橘油、桉树脑和癸醇等。

2. 体香　也称中段香，它是香精的中等挥发性组分产生的香气，是香精的主体香气，代表了香精的特征，其香气能在相当长的时间中保持稳定和一致。体香是香精的主要组成部分。用作体香的香料有香茅醇、苯乙醇和丁子香叶油等。

3. 基香　也称尾香，它是香精中挥发性低的组分或某些定香剂产生的香气，留香时间长，即使干后也有香气，有些香气可保持几天或几周，甚至几个月。

（三）描述香精组分作用的用语

1. 基体　当香料混合时，有些组分含量很高，而另一些组分含量很低，如果各组分含量相近，则香精的气味平淡，不会怡人。一般在制备香精时先把含量高的组分混合，然后添加其他含量低的组分，使其香气更圆润。那部分高含量香料混合物称为香精的基体。调香时一般先配基体。

2. 香基　也称不完整香精和半香精，它是用数种以上的香料配制成具有某香气特征的混合物，它不是完整的香精，不直接用于加香产品中，仅供构成完整香精的一个组分。为了节省调香师的时间，国外不少香精公司均配制香基供自用或销售，已有较简单的香气类型，如玫瑰香基、青香香基和香石竹香基等。

3. 和合剂　也称和合香料，它是用来调和主体香料的香气，使香精中单一香料的气味不至于太突出，从而产生协调一致的香气。某些化合物和合某些香料混合物特别有效，这类化合物称为和合剂，如茉莉香精的和合剂常用丙酸苄酯、松油醇等。

4. 修饰剂　也称矫香剂，其作用是用某种香料的香气去修饰另一种香料的香气，使之具有某种特殊效果的香气。修饰剂用量很少，其香气常与主体香气无关，例如玫瑰香精可含有辛香气味的修饰剂。

5. 定香剂　也称保香剂，其作用是调节调合成分的挥发度，使香精留香时间加长，香气稳定，即尽量长久地保持其原来的香型或香气特征。定香剂通过与香精中较易挥发组分的物理化学作用(如包膜、分子间静电吸引和氢键等)使其蒸汽压降低，从而减慢其蒸发速度。定香剂对香精的气味贡献不大，某些定香剂也起着修饰剂的作用。它是相对分子质量较大、沸点较高的物质，如大环化合物、固体物质、有香味的树脂胶等都可作定香剂。定香剂品种很多，动物性定香剂如天然麝香是最好的定香剂，植物性定香剂与合成定香剂一起使用更为普遍。

二、调香的方法

调香师完成了香精配方的设计后，需着手实行配制。首先，将体香的香原料混合；然后，加入基香的香原料，在获得了较满意的香气平衡和调和后，再加入头香的香原料，使之产生怡人的、更具特色的香气；最后，还可利用和合剂、修饰剂和定香剂等进行细致的润饰，使香气更完美。

在配方设计和调香时，还需考虑香精在最终产品中使用的工艺问题，如酸、碱稳定性，热稳定性，与产品基质的配伍等问题。最终是添加至产品中通过配方试验来验证。

现在，市售各种类型的香基很多，从香基出发开始调香是省时有效的，经济成本也是可行的。

第三节　芳香类化妆品的功效评价

芳香类化妆品的功效评价实际上就是评香。评香是指对比香气或鉴定香气，是调香师和化妆品配方师的一项基本功。评香的对象包括香料、香精和加香产物。评香者要进行嗅觉器官的训练，使能灵敏地辨别与记忆各类香料的韵调和各类香精的香型等。

一、评香的评议项目

评香的评议项目包括以下内容：

1. 识辨出被评议样品的香气特征，如香韵、香型、强度、扩散性、留香持久性和香气的平衡等。

2. 从心理学和美学的角度评定其新颖性、独创性、格调和魅力。

3. 内在质量的评定，如颜色、浊度、加香对基质臭气的掩蔽能力等。

4. 作为香精质量检查评香，主要是了解其真伪、优劣、有无掺杂等。

5. 作为研配香精过程的评香，主要嗅辨其香韵、头香、体香、基香、协调程度、香气的稳定性和颜色的变化等。

二、优质香水的香气要求

评香的结果评价比较抽象，对同一款香水，随个人爱好、环境、性别、个性等的不同，其评价结果可能有很大的差异。但是，对每一款高品质的香水，评香时都必须遵循同样的香气品

质要求,它们包括以下几种:

1. 有美妙的香气,优雅和高情调的芳香。

2. 有芳香特征。

3. 各种香气得到协调平衡。

4. 芳香的扩散性好。

5. 香气有适度的强持续性。

6. 香气与品牌的内涵概念相一致。

三、评香的注意事项

1. 要有舒适、清洁和宁静的场所环境,室内通风适当,室内墙壁和家具等最好是不易吸附气味的光滑塑料板面,以便容易随时清洗。室内在不使用时不能放置任何有香物质。评香者进入室内不得穿有香的工作服,最好使用清洁无气味的工作服、帽和鞋,不宜吸烟。

2. 评香者在评香时应处于良好的健康状态,特别是鼻子嗅觉状态良好。评香时思想要集中、全神贯注,不要受先人的观念限制。根据样品香气的强弱和特点、评香者的嗅觉能力来掌握评辨的时间间隔,以免引起嗅觉疲劳。

3. 要有严格选择和保持良好的标样,标样最好用深色玻璃小瓶保存、装满并密封好,有详细的品种、等级和产地等详细说明。

4. 辨香时要使用辨香纸。液体样品使用厚度适宜的吸水纸,一般宽 0.5～1cm、长 10～18cm,可从窄口瓶中蘸样,浸入深度约为 1cm。固体样品宜用 8cm×100cm 的白纸盛放。闻香时要保持一定距离,绝对不能使鼻子触及样品。

5. 要随时记录辨香的结果,可利用事先印制好的评香表格,评香者根据自己的体会,用确切的词汇描述评香结果。

一些香料香精公司为了收集多方面的信息以适应市场竞争的需要,经常组成两种类型的评香小组,一类是消费者和中间商店的商人组成的一般小组,主要反映消费者的爱好倾向和潮流;另一类是专家组进行专业性的评定。两方面的结果互相补充,形成综合性的评定结果,对新产品的开发和市场竞争都是很有益处的。

第四节　芳香类化妆品的使用和保存

芳香类化妆品是一种烘托气氛的化妆品,适当地喷洒香水能给人以温馨的气息,使人增加魅力。使用香水应考虑场合的不同,平时不宜使用香味过浓的香水,如参加晚会、舞会等社交活动,就可使用香味较浓而持久的香水,但要注意几种香水不能混合使用,香味混合就失去了独有的特色。

一般使用香水的方法是避免直接喷洒或涂抹在皮肤上,但可在手腕、肘和膝部的内侧及耳部的后侧等处涂抹,也可喷洒到衣服如裙子的底摆及手帕上。因香水中的香料香精可引起皮肤过敏和刺激症状,包括:显形香精过敏性皮炎、隐形香精过敏性接触性皮炎、过敏性接触性皮炎、光致刺激作用或光致毒性、光致接触性皮炎、非免疫性接触性荨麻疹和免疫性接触性荨麻疹，以及主观刺激作用。这些症状已引起皮肤学家和病理学家的注意，但确切的诊断有困难，病原也很难被准确发现。

芳香类化妆品应注意密封保存，使用后要立即盖上瓶盖，存放在避光阴凉处。因香水中的成分在与空气中的氧气接触、日光或紫外线直射、高温等环境下容易发生变质。

（张春娜）

9 第九章 发用类化妆品

发用类化妆品是用来清洁、保护、营养和美化头发的化妆品。发用类化妆品种类繁多，包括清洁毛发用化妆品、护发用化妆品、整发用化妆品、染发化妆品、育发化妆品、烫发化妆品、脱毛化妆品、剃须用化妆品等。本章只论述清洁毛发用化妆品、护发用化妆品、整发用化妆品和剃须用化妆品，而染发化妆品、育发化妆品、烫发化妆品、脱毛化妆品在第七章中已有论述。

第一节 头发的结构与性质

一、头发的组织结构

头发生长于筒状的毛囊中，露出皮面以上的部分称为毛干，毛囊内的部分为毛根，毛根下端与毛囊下部相连的部分为毛球，毛球下端内凹入部分称为毛乳头，毛乳头中有结缔组织神经末梢及毛细血管等，对毛发的生长起着至关重要的作用。毛囊的上方接着皮脂腺，其分泌的皮脂对头发和头皮有着滋养的作用。

头发的绝大部分是毛干。毛干由三部分组成，由外到内分别为毛小皮、毛皮质和毛髓质。

1. 毛小皮　是头发的外表层，其作用是保护毛皮质，赋予头发光泽及弹性，并在一定程度上决定头发的色调。毛小皮一般由 6～10 层鳞片状细胞重叠排列而成，总厚度一般为3～4μm，面积约占头发总截面的 15%。在扫描电镜下观察，可发现健康未受损的毛小皮平整光滑、排列有序。

2. 毛皮质　是头发最主要的构成部分，它决定头发的弹性、强度、色调与粗细。毛皮质部分的面积约占头发总截面的 82%。

3. 毛髓质　是头发的中心部分，面积约占头发总截面的 3%。毛髓质对头发的性质影响不大。此外，不是所有的头发都有毛髓质，据统计约有 10%的头发没有毛髓质。

二、头发的化学组成

头发的主要化学成分是角质蛋白，占头发重量的 65%～95%。此外，头发中还含有脂(1%～9%)、色素及一些微量元素如硅、铁、铜、锰等。微量元素与角蛋白的支链或脂肪酸结合，而不是呈游离态。

头发的另一重要成分就是水。头发中水的含量受环境湿度的影响，通常占头发总重量的 6%～15%，最大时可达 35%左右。水的存在可以起到降低角蛋白链间氢键形成程度的作用，从而使头发变得柔软。

三、头发的物理性质

头发的物理性质在很大程度上受种族、生长部位、年龄、性别和头发粗细等因素的影响，一般来说，亚洲人的头发粗而直，横切面为圆形；白种人的头发较细，横切面为椭圆形；而非洲人的头发是鬈的，其横切面呈三角形。

1. 头发的力学特性　头发是天然纤维中最富弹性的一种，当拉伸一根健康未受损的湿头发时，它可以伸长30%，并且能在干燥后回复原来的长度。头发的抗张强度也较强，其断裂应力可达150g。但影响头发负载伸长的因素很多，包括头发中水分的含量、头发的直径、温度、化学处理等造成的头发损伤等。

2. 头发的摩擦作用　头发的摩擦系数较合成纤维高，这是由发表面毛小皮鳞片状排列的特殊结构造成的。头发的摩擦系数随着发龄及头发的受损而增大，护发素等护发产品中的有效成分如硅酮等，可以减小头发表面的摩擦系数。

此外，毛小皮鳞片排列的方向性决定了头发摩擦作用的方向性，由发根至发尖的方向，摩擦作用较由发尖至发根的方向小。

3. 头发的静电作用　头发具有摩擦起电的性能。摩擦干燥的头发，如刷或梳理时，在头发上可形成静电，这种现象在气候干燥时最常见。静电使头发互相排斥而不能平整地排列在一起，导致头发竖立、飘拂、蓬开。头发的带静电性受发表面的状态、发中水的含量及温度等因素的影响。当头发表面覆盖有足够的护发成分如阳离子表面活性剂时，一般不会发生摩擦起电现象，头发较为湿润时也很少发生摩擦起静电的现象。温度高时，头发角蛋白纤维的电阻随温度的升高而下降，因此一般不会出现静电。

4. 头发的光泽　头发的光泽对美观起着重要的作用。头发的光泽是由头发反射光线而形成的。头发表面越平坦，则反射效果越好，即越显得有光泽。因此当头发整体排列有序、发表层相对平坦时，头发就显得有光泽。相反，当头发表面因受损而变得粗糙时，会很大程度引起光散射，使头发失去光泽。

5. 头发的损伤　随着时间的推移，头发不可避免地会受到外界因素造成的损伤，从而发生物理化学性质的变化。头发的拉伸强度随着发龄而明显减弱。

头发损伤大致可分为以下几种类型。

(1) 物理损伤：是指外力对头发造成的损伤。造成头发损伤的外力之一是梳理头发时梳子带来的牵拉力和梳齿造成的摩擦力。过度的梳理或梳理不当，以及当头发潮湿并有不同程度缠结时梳理，都会损伤头发。当头发表面不很光滑而不易梳理时，尤其容易发生这种损伤。另外，使用密齿金属梳子也会增加梳理损伤的机会。逆向梳理更是有害。由于它是逆着毛小皮鳞片排列方向梳理，而这些鳞片都像屋顶上的瓦片沿毛干向发尖排列，一旦头发被倒梳时，这些层叠的鳞片会上翘；而进一步通过这些鳞片时，它们就会被剥落。

造成物理损伤的外力还包括由刃物引起的切削力，如用剃刀刮发或用钝的剪刀剪发等，都会使毛小皮受损甚至剥落。用钝剪刀剪出的头发，往往有着长长的锯齿状边缘，这种头发的毛小皮鳞片非常容易被进一步损坏。这就是为什么理发师一定要用质量极好的钢剪刀。

(2) 化学损伤：是指由发生在头发中的化学反应引起组成头发的角蛋白的结构变化而造成的损伤。事实上，在日常的美发过程中，烫发、漂白和染发都在一定程度上损伤头发。

而引起化学反应的物质包括烫发剂、直发剂、染发剂和漂白剂等。

这些化学物质都是通过穿透毛小皮进入毛皮质而起作用的。毛小皮会首当其冲地受到损伤。毛小皮最外层的疏水性保护膜——脂肪酸层首先被分解而脱离，继而毛小皮出现许多微小的空洞，最终毛小皮变得粗糙并容易出现剥蚀。化学损伤后的头发因失去了最外层的疏水性保护膜，表面变得比较亲水。除此以外，这些化学处理都不可避免地会改变毛发表面及内部的结构，比如引起头发中蛋白质的流失、结晶性下降等。就烫发和直发而言，为了改变头发的形态，先用还原剂打破头发角蛋白结构中自然链接的双硫键，然后再通过氧化剂将其在新的位置上重新组合，这样才能让头发产生并固定新的发型。但烫发后会有相当一部分的二硫键仍然断裂，从而造成头发的强度和弹性下降。漂白和染发也会改变头发的结构，因为染发剂和漂发剂必须透过毛小皮，进入毛皮质，在毛皮质中发挥着作用。一定程度的化学损伤不可避免。永久性染发时通过将氧化染料渗透到头发内部，并在氧化剂的作用下发生氧化聚合，生成高分子色素而染色。而脱色也是通过将漂白剂与头发中的黑色素发生氧化反应而完成的，这些化学反应都同样不可避免地会改变毛发的内部结构，从而损伤头发。

(3) 热损伤：是指热吹风或电烫时温度过高而引起的头发损伤。头发所含水分的多少对头发健康状况十分重要。而高温首先可以使头发中的水分挥发，从而致使头发干燥脆弱、易断裂。此外，电吹风和其他加热装置可使头发的角蛋白变软，而过高温度下的热处理还可使发内形成水蒸气，以至头发发生膨胀，甚至形成泡沫状发。这时的毛发很脆弱，很容易断裂。

(4) 日光损伤及气候老化：日光中的紫外线辐射也可引起头发结构的变化和光降解。头发暴露于紫外线辐射后，黑色素会因受到氧化而发生褪色现象，这就是阳光的漂白作用。此外，日光还可使角蛋白中的胱氨酸、酪氨酸和色氨酸等基团发生光解，结果头发逐渐脆弱、变干。虽然阳光能打断氨基酸组间的化学连接，特别是那些碳原子和硫原子间的连接，但是不会影响二硫键和氢键的连接，因此人们的发型在阳光下基本不受影响。

除日光外，其他一些环境因素，如雨和潮湿、海水及汗液中的盐类、游泳池中的化学物质、空气污染等，都可能对头发造成一定程度的损伤。因这类因素而引起的头发损伤统称为头发的气候老化。受过损伤的头发摸上去感觉“发硬”、“粗糙”、“没有弹性”、“不易梳理、易断发”等。这些都是头发的物理、化学性质变化的表面现象。

通常头发损伤的发生是一步步逐渐产生的，例如：从头发变脆弱、毛小皮局部脱落到毛小皮完全脱落、毛皮质裸露，进一步发展为发干分叉、头发断裂、发梢分叉开裂等。

第二节 常用的发用化妆品

发用化妆品主要有清洁毛发用化妆品、护发用化妆品、整发用化妆品、剃须用化妆品等。它们的功能各不相同，但都是为了美化头发。

一、清洁毛发用化妆品

清洁毛发用化妆品的发展很快，品种越来越多，功能也已经从单纯的清洁作用向兼具营养、护理等多功能方向发展。其中洗发香波如今已经成为许多人日常生活的必需品。

（一）洗发香波的性质

香波是一种以表面活性剂制成的液体状、乳化状、固体状的制品。使用时有助于去除头发以及头皮上的油污和皮屑等，而对头发和人身健康无影响。人们之所以喜欢以香波取代肥皂洗发，是因为香波不但是一种洗涤剂，而且还具有良好的梳理效果，使头发光亮美观。

洗发香波具有各种各样的性质和功能。好的香波类产品有以下特点：

1. 适当的洗净力和脱脂作用。

2. 丰富而持久的泡沫，呈奶油状。

3. 洗后具有良好的梳理性，而且具有光泽、滋润和柔顺。

4. 对头皮、头发和眼有高度安全性。

5. 在常温下，洗发效果最好。

（二）香波的原料组成

洗发香波的原料以表面活性剂为主。一般要用两种以上的表面活性剂配伍使用，一种是主要表面活性剂，另一种是辅助的表面活性剂。根据特定的需要，配方中还加入各种添加剂，使香波的组成和功效日益多样化。

1. 主要表面活性剂　主要表面活性剂常用阴离子表面活性剂，能为香波提供良好的去污力和丰富的泡沫，使香波具有极好的清洗作用。

（1）烷基硫酸盐（As）和聚氧乙烯烷基醚硫酸盐（AES）：这类活性剂洗涤力优良，对硬水稳定，起泡力符合香波的要求，是香波中最常用的一种阴离子表面活性剂，包括它的钾盐、钠盐、乙醇胺盐等。

（2）烯基磺酸盐（AOS）：这种表面活性剂泡沫性能、生物降解性、对皮肤的温和性、在低 pH 中的稳定性等方面具有优越性，是近期开发的阴离子表面活性剂。

2. 辅助的表面活性剂　辅助的表面活性剂的作用是增强主要表面活性剂的发泡性能和泡沫稳定性，改善香波的洗涤性和调理性，同时减轻主要表面活性剂的刺激性。主要为非离子和两性离子型表面活性剂。

（1）脂肪酸单甘油酯硫酸盐：一般采用月桂酸单甘油酯硫酸铵，洗涤性能类似月桂醇硫酸盐，但比脂肪醇硫酸盐更易溶解。在硬水中性能稳定，有良好的泡沫，使头发洗后柔软而富有光泽。缺点是能被水解成脂肪酸皂，故必须保持 pH 弱酸性或中性。

（2）烷基磺化琥珀酸盐：具有良好的发泡力，对皮肤和眼刺激性小，故用于柔性香波和婴儿香波中。

（3）甜菜碱类：这类表面活性剂可与阴离子表面活性剂配合，起提高安全性和增加黏稠度的辅助目的，也可以单独使用。有烷基甜菜碱、咪唑啉甜菜碱等。

（4）环氧乙烷缩合物：这是非离子表面活性剂用于香波的最大一类，其中包括脂肪醇乙氧基化合物、脂肪酸乙氧基化合物、烷基酚乙氧基化合物等。这类产品发泡力差，所以虽然刺激性小和去污力好，耐硬水性，但不能单独使用。

（5）长链烃基氨基酸同系列两性表面活性剂：这类活性剂在酸性溶液中生产阳离子盐，在碱性溶液中生产阴离子羟酸盐，它和阴离子和阳离子表面活性剂均能配合。

（6）烯基醇酰胺：常用作脂肪醇硫酸盐、醇醚硫酸盐的增泡剂和泡沫稳定剂，并可提高香波的黏稠度，增强去污力以及具有轻微的调理作用。

（7）氧化脂肪胺类：是极性的非离子型洗涤剂，目前列入两性化合物，用作泡沫稳定剂和调理剂，特别用作抗静电剂。

（8）阳离子表面活性剂：阳离子表面活性剂的去污力和发泡力比阴离子型差得多，通常只作头发调理剂。

3. 添加剂　是指为赋予香波某种理化特性和效果的各种添加物，如增泡剂、增稠剂、增溶剂、乳浊剂和调理剂等。

（1）增泡剂：少量即可提高表面活性剂的起泡性。主要有脂肪酸烷基醇酰胺、脂肪酸等。

（2）增稠剂：水溶性高分子有聚乙二醇酯类的聚乙二醇（400）单硬脂酸和聚乙二醇（400～600）二硬脂酸酯等；亲水胶体包括天然和合成树胶；还有电解质如氯化钠或氯化铵等。

（3）增溶剂：为保持或提高透明液体香波或凝胶香波的透明度，一般均使用增溶剂。代表物有乙醇、丙二醇等。

（4）乳浊剂：香波经乳浊后赋予外观高雅感。代表物有聚苯乙烯、聚乙酸乙烯等。

（5）调理剂：调理剂有化学性、物理性和基于离子性的吸附调理剂。具有以下功能特征：洗后头发容易梳理；使头发保持湿润、柔软；头发外观富于光泽；能强化头发。

（6）止痒剂：该种香波洗发后赋予清凉和舒适感。有薄荷醇、辣椒酊等。

（7）螯合剂：要提高透明液体香波的澄清度时需使用螯合剂，如有乙二胺四乙酸衍生物、三聚磷酸盐等。

（8）紫外线吸收剂：为防止紫外线引起的香波褪色和变色，可以用紫外线吸收剂，如羟甲氧苯酮等二苯甲酮衍生物。

（三）洗发香波的分类、作用原理

1. 洗发香波的分类　香波的种类很多，按功能分类，有普通香波、调理香波、去头屑香波、烫发香波、染发香波及儿童香波等。此外，还有兼有洗发、护发功能的“二合一”香波；兼有洗发、护发、去头屑和止痒功能的“三合一”香波等。

按添加的特殊原料分类，有皂角香波、氨基酸香波、蛋白香波、珠光香波、芦荟香波、水果味香波等。

按产品形态分类，有液体、膏状、粉状等洗发香波。其中液体香波是应用最多、最广泛的一种香波，由于它使用方便，深受人们欢迎。液体香波又可分为透明液体香波、乳液香波、凝胶状香波等。

还有适用于不同发质的干性头发、中性头发、油性头发洗发香波之分。

目前，洗发香波向洗发、护发、调理、去屑、止痒等多功能方向发展是其主流。

2. 洗发香波的作用原理

（1）洗发香波的作用原理：洗发香波的作用是清洗和除去头发及头皮表面的油污、灰尘和定型产品的残留物等，以保持头发及头皮的清洁卫生。其清洗作用来源于香波中所含的表面活性剂。表面活性剂是一类既含亲水性基团又含亲油性基团的物质。在洗发过程中，亲油性的尾部与皮脂或其他油污相结合，而亲水性的头部则留在水中。在表面活性剂分子所形成的胶束的作用下，油污被强行拉入并悬浮在水中，从而被清洗掉。表面活性剂还可以作用于空气和水的界面，帮助形成内含空气的水的薄膜，即泡沫。而泡沫的形成又可以帮助进一步增大表面活性剂与头发的接触面积，从而达到更好的清洗效果。

（2）二合一香波的作用原理：二合一香波的作用是在清洗的同时提供护发效果。它是通过护发成分悬浮在清洗剂中来完成的。这些不溶于水的护发成分需要通过使用有效的悬浮剂来稳定地悬浮在香波中。在冲洗的过程中，护发成分被释放出来，并存积在头发上而起到护发的作用。

(3) 去头屑香波的作用原理：去头屑香波是在香波的基础上加入了水杨酸、吡啶酮乙醇胺、羟基吡啶硫酸锌（简称 ZPT）、氯咪巴唑（商品名：甘宝素）、酮康唑等去头屑的成分，从而在清洁的同时能有效地减少头屑的产生。

（四）常用的洗发香波配方

1. 普通香波　是大众化通用洗发用品，其特点是突出洗发作用，泡沫丰富、容易漂洗、使用方便、价格便宜等。

膏状普通香波（洗发膏）配方

组分	质量分数(%)	组分	质量分数(%)
A:硬脂酸	5.0	单硬脂酸甘油酯	2.0
KOH 溶液(19%)	5.0	蒸馏水	67.0
B:十二烷基硫酸钠	20.0	C:香精、色素、防腐剂	适量
烷基醇酰胺	1.0		

【制备工艺】分别将 A 组和 B 组组分加热至 75℃，搅拌下将 A 组加入 B 组中，搅拌冷却至 45℃时，加入 C 组，搅拌均匀即可。

液状普通香波配方

组分	质量分数(%)
十二烷基硫酸钠	54.0
硬脂酸钠	5.0
羊毛脂	1.0
蒸馏水	39.0
香精、色素	1.0

【制备工艺】

(1) 将水加热至 75℃，搅拌下依次加入各组分溶解乳化，温度降至 45℃时加入香精、色素，搅拌均匀即可。

(2) 将硬脂酸加入水中，加热搅拌至 90℃时，加入十二烷基硫酸钠、碱等其他原料，冷却至 50℃时加入香精、色素，搅拌均匀即可。

2. 透明液体香波　具有外观呈透明、使用时泡沫丰富、易于清洗等特点。为了保持其透明度，一般选用浊点较低、低温时仍能保持透明清晰、不出现沉淀等表面活性剂，如脂肪醇硫酸三乙醇胺、聚氧乙烯脂肪酸酯、烷醇酰胺等。并加入适量的螯合剂、澄清剂等。

透明液体香波配方

组分	质量分数(%)
十二烷基硫酸钠	15.0
月桂酰二乙醇胺	2.7
聚氧乙烯(20)失水山梨醇单油酸酯	10.0
EDTA-4Na	0.05
蒸馏水	72.05

磷酸	适量
氯化钠	适量
防腐剂	适量
香精	0.2

【制备工艺】将表面活性剂及其他添加剂加入水中，加热至60℃并搅拌溶解均匀，冷却至40℃时加入香精，用酸调节pH值至7左右，用氯化钠调节至适宜黏度即可。

3. 乳液香波　外观不透明，原料使用范围较广，除具有洗涤作用的表面活性剂外，多应用高碳醇、羊毛脂及其衍生物、硬脂酸盐等不易溶于水的原料。

乳液香波配方

组分	质量分数(%)	组分	质量分数(%)
十二烷基硫酸钠	20.0	碳酸钠	3.0
硬脂酸	6.0	氢氧化钾	1.0
羊毛脂	3.0	蒸馏水	59.0
烷醇酰胺	3.0	香精、色素、防腐剂	适量
甘油	5.0		

【制备工艺】将除香精以外的各组分依次加入水中，加热至75℃搅拌溶解，冷却至45℃时加入香精，搅拌均匀即可。

4. 调理香波　是指具有洗发和调理头发双重功能的香波。洗涤后使头发有光泽、柔顺、富有弹性，可抗静电、易梳理，并防止头发松散、保护头发。常见的“二合一”调理香波、双相调理香波等都属于这种类型香波。

调理香波常用的调理剂有：水解蛋白质，如水解角蛋白、水解动物胶；阳离子聚合物，如聚季铵化合物、丙烯酰胺聚合物、阳离子瓜尔胶等；表面活性调理剂，如麦芽油衍生物；非离子表面活性剂，如聚氧乙烯脂肪醇醚、聚氧乙烯失水山梨醇脂肪酸酯、聚氧乙烯乙二醇醚等。还有油脂性物质，如鲸蜡醇、硅油、羊毛脂及其衍生物、多元醇酯等。

透明液体调理香波配方

组分	质量分数(%)
聚氧乙烯月桂醇醚硫酸钠(60%)	12.0
琥珀酸油酰胺基乙酯磺酸二钠	20.0
琥珀酸麦芽油酰胺基乙氧基乙酯磺酸二钠	5.0
麦芽油酰胺基丙基甜菜碱	4.0
柠檬酸(调节pH=5.5)	适量
氯化钠(调节黏度)	适量
蒸馏水	59.0
香精、防腐剂、色素	适量

【制备工艺】将各组分加入水中，加热搅拌至40℃，呈清晰溶液，用柠檬酸调pH值至5.5，加入香精、防腐剂和色素，用氯化钠调节黏度至2Pa·s。

5. 干洗香波　对于长期从事野外作业或外出人员以及长期卧床不起的患者，洗发存在一定的困难。干洗香波可解决这些问题。它是利用干洗香波中的挥发性油对污垢和角质头屑有较好的浸透力和软化作用，并与头发相容性好、不发黏、易去除等特点，达到清洁头发的目的。

使用方法是将干洗香波涂抹在头发上，充分润湿头发，再用手轻轻搓擦头发，使头发和头皮上的污垢、头屑等显露于外面，然后用梳子梳理，即可将头发清洁干净。

干洗香波配方

组分	质量分数(%)	组分	质量分数(%)
硅酮油	50.0	肉豆蔻酸异丙酯	10.0
乙醇	30.0	春黄菊精	10.0

【制备工艺】先将硅酮油和乙醇混合，再加入其他组分。

二、护发用化妆品

护发用化妆品是指能使头发保持天然、健康和美观的外表，赋予头发光泽、柔软和生气，起修饰和固定发型作用的产品。

(一) 护发用化妆品的种类及作用

护发用化妆品有发油、发蜡、发乳、透明发膏、发水和发浆等品种。

1. 发油　效用在于修饰头发，使其有光泽。头发上天然的脂肪不足或者被人为去除后，外表就显得干枯无光泽。使用发油可以在头发上留下一层薄且均匀的黏性油，对头发的光泽和修饰都能达到较满意的结果。发油的原料可来源于动物的脂肪油、单矿物油和植物油等。

2. 发蜡　是一种半固体的油、脂和蜡的混合物。发蜡适合于扭结不顺的头发，它的效用是使头发保持整洁和一定形状。发蜡的润滑性较差，仅仅是足够使它分布均匀，而它对头发修饰的效果却很好。矿物油和石蜡的混合物是最简单的配方，但石蜡不是很适当的原料。合成蜡类和某些高分子的聚氧乙烯衍生物可用于发蜡中取得优良的效果。

3. 发乳　有很好的流动性，使用时容易均匀分布，能在头发上留下一层很薄的油膜。由于含有乳化剂，使用时油腻感减少，并且容易清洗。发乳的成分主要有油类水分、乳化剂和防腐剂等。发乳应该具有护发用化妆品的各种特性，使头发湿润，保持头发的形状、促进头发的生长和减少头皮屑。

4. 透明发膏　近年来出现多种透明膏体化妆品，也是比较流行的一种。透明发膏主要有以下两种类型。

(1) 无水透明发膏：主要由油脂和胶凝剂所组成，油脂通常采用液体石蜡，胶凝剂则有脂肪酸金属皂、羊毛脂衍生物、二氧化硅和聚酰胺树脂等。

(2) 乳化型透明发膏：是较新的产品，在润发用品中占有重要的地位，可以做成各种不同性能和稠度的膏体。组成乳化型透明膏体必须具备以下条件：①乳化剂必须能产生亚稳态的负界面张力；②界面膜不是坚韧地成为凝固状态；③非极性油应能和界面膜相互贯通和组合。

5. 发水　护发用的化妆水是一种乙醇溶液，在乙醇内溶入一些脂肪性物质和杀菌剂。要求在敷用后能使头发具有天然健康的外表。为了达到这样的目的，配方中必须具备这些特征的原料，如要使头发光亮，就需要用油、脂以及蜡类物质；如要使头发整齐，就需要添加黏着性物质。

6. 发浆　敷用发浆主要为梳理后的头发能较好地保持整洁，当然发浆还有舒适的香气。这类产品不像油类能使头发光亮，但是油类对淡色及灰色的头发有使色泽加深的影响。因此，采用发浆就有优势，同时发浆也不会给头发带来油腻的感觉。许多天然或合成的胶质可用于发浆。

（二）护发用化妆品的分类及作用

护发用化妆品大致可以分为冲洗型护发素、焗油发膜、免洗型护发素及喷雾免洗型护发素等几类。

1. 冲洗型护发素　其特点是通过用水冲洗，可将护发成分均匀地分布于全体头发上。适合日常头发的均匀护理，是目前最常用的护发产品。

2. 焗油发膜　产品中护发成分含量高，因此护发效果最强。适合严重受损头发的加强护理。

3. 免洗型护发素　具有可以在任何时候、任何场合都能使用的特点，不需水洗，可用于干发或湿发全体或局部头发的护理。

4. 喷雾免洗型护发素　一般用于轻度的护发，使用方便，可用于干发或湿发、全体或局部头发的轻度护理。

（三）护发用化妆品的作用原理

护发的基本原理是将护发成分附着在头发表面，润滑发表层、减小摩擦力，从而减少发生因梳理等引起的头发损伤的概率。

此外，护发成分形成的保护膜可以减缓因湿度变化而带来的头发内水分含量的变化。保持一定的水分、防止头发过度干燥，这有助于减少因湿度降低而造成的头发静电增加、乱发及飘发等的发生概率。由此可见，护发素具有明显的保持头发内水分含量稳定的效果，这对于染后的头发而言十分重要。

护发素护理过的头发表面光滑，无论是干发还是湿发，都变得润滑、柔软、易于梳理而不会缠结。这样一来就减少了头发受损的概率。而对于干枯、受损的头发或经烫发和染发等化学处理过的头发来说，使用护发素可以防止头发损伤的进一步加剧，不使发质继续变坏。

（四）护发用化妆品的发展趋势

护发产品今后的发展趋势可以简单地归纳为如下几点：①更高效，追求产品的速效性与持久性；②更多地着眼于保养和护理，而不是受损后的修补；③为了满足消费者的不同需要，产品更趋于多样化、细分化、系列化，将更加接近于美容化妆品的发展方向。

现代护发用化妆品一般以水作为主要载体和连续相，而以阳离子表面活性剂和直链脂肪醇为最基本的成分，是一种水包油（O/W）乳化体。在高温的水中，阳离子表面活性剂和直链脂肪醇可形成层状液晶相，冷却时又变成层状晶体胶网。层状晶体胶网保证产品具有足够的黏度，从而获得良好的使用感。多数护发用化妆品在此基础上再加入硅酮类化妆品及油状化妆品等，以提供更好的护发效果。护发素中的硅酮类（聚二甲基硅氧烷、聚二甲基硅氧烷共聚醇等）具有表面张力极低（16～20mN/m）的特点，可以均匀覆盖在头发表面，使头发表面变得平整光滑、富有光泽。阳离子表面活性剂（如季铵盐等）能够与头发表皮蛋白质中的阴离子相互吸引，从而有效地吸附在头发表面。此外，脂肪醇类化合物也具有柔软剂和润滑剂的作用，能使头发变软、变滑。而油状化合物则既可以起到润滑剂的作用，又可防止头发中水分挥发。

（五）常用的护发用化妆品配方

发油配方

组分	质量分数(%)(1)	质量分数(%)(2)
液体石蜡	80.0	
橄榄油		45.0
蓖麻油	10.0	6.0
杏仁油	10.0	49.0
香精、抗氧化剂、色素	适量	适量

【制备工艺】发油的制法比较简单，将上述油性原料混合加热至40～60℃，加入香精、抗氧化剂、色素至溶解后，搅拌均匀过滤、静置过夜即可。

发蜡配方

组分	质量分数(%)(1)	质量分数(%)(2)
凡士林	35.0	52.0
石蜡	15.0	6.0
地蜡	15.0	
白油	30.0	10.0
橄榄油		30.0
羊毛脂	5.0	
香精	适量	2.0
抗氧化剂、色素	适量	适量

【制备工艺】将油脂、蜡全部加热至熔化后，降温至50℃，搅拌下加入香精、抗氧化剂、色素，均匀后缓慢冷却。

发乳配方（水/油型）

组分	质量分数(%)
A:白油	56.4
羊毛酸异丙酯	2.0
蜂蜡	5.0
地蜡	2.0
B:硼砂	0.6
蒸馏水	34.0
C:香精、防腐剂、抗氧化剂	适量

乳化型透明发膏配方

组分	质量分数(%)	组分	质量分数(%)
A:液体石蜡	21.0	蒸馏水	50.0
聚氧乙烯(20)羊毛醇醚	15.0	尼泊金甲酯	适量
聚氧乙烯(20)油醇醚	10.0	色素	适量
B:聚乙二醇(600)	2.0	C:香精	适量
2-乙基-1,3-己二醇	2.0		

【制备工艺】将A相组分混合加热至75～80℃，将B相组分混合加热至90℃；在80℃

时，搅拌下将B相加入A相中，匀速搅拌，在50℃时加入C相香精，搅拌均匀，至膏体凝结后停止搅拌。

三、整发用化妆品

整发用化妆品也称整饰头发用化妆品，其主要作用为增加头发光泽、梳整头发、保持发型。由于这类产品在功能和用途上常是综合性的，有时难以与护发用化妆品区分。

整发用化妆品有发胶、喷雾发胶、摩丝、定型发膏等。作用特点是：在头发上铺展性好，用后能固定发丝，保持发型；赋予头发一定的光泽，易梳理；无油腻感，易于清洗；有一定的护发、养发效果。

为了达到固发作用，这类产品的组成特点是原料组分中含有醇溶性或水溶性成膜剂，能在头发表面上形成一层柔软而有一定韧性的薄膜，起到保持发型作用。按其使用方式又有气压式和非气压式之分。

（一）气压式定发用品

气压式定发用品有喷发胶、摩丝等，其使用原理是将配制好的原液充入耐压气压容器内，安装阀门后充入喷射剂。使用时开启阀门，由喷射剂在气压容器内产生的压力将原液喷射出。这类用品具有使用方便、成膜均匀、定发效果好等特点。

1. 喷发胶　是用于喷在头发上，干燥后在头发表面上形成一层柔软而有韧性的薄膜，发丝相互黏合而保持发型的定发用品。其主要成分包括成膜剂、增塑剂、溶剂、喷射剂等。

成膜剂是醇溶性合成树脂，如聚乙烯吡咯烷酮（PVP）、N-乙烯吡咯烷酮和乙酸乙烯酯共聚物（VP/VA共聚物）及聚丙烯酸树脂类等。溶剂是乙醇。这些树脂溶于乙醇中形成醇溶性树脂物，喷在头发后，乙醇立即挥发，树脂则在头发上形成薄膜，起到定型作用。

增塑剂是使形成的薄膜柔软、可塑并有韧性，主要有高碳醇类、羊毛脂、硅油、蓖麻油等。

喷射剂主要是氟氯代烃类，如三氯一氟甲烷（氟利昂-11）、二氯二氟甲烷（氟利昂-12）、一氯二氟甲烷（氟利昂-22）等。因氯氟代烃类对大气臭氧层有破坏作用，现已逐渐被淘汰，而改用丁烷、丙烷及二甲醚等代替。它们都是低沸点化合物，常温下在密闭容器内产生一定的压力。当开启阀门时，则可将醇溶性物质一起喷射出。

2. 摩丝　由Mousse音译而得名，又称泡沫发胶，是一类较新型的定发用化妆品。使用时将气压容器振摇，开启阀门，发胶自行以泡沫状胶液喷出；涂搽在头发，泡沫消失，随即在发丝上形成一层树脂胶，从而起到固定发型作用，同时具有头发柔软、易梳理、抗静电等作用。

摩丝的组成有成膜剂、表面活性剂、溶剂、喷射剂等。成膜剂以高聚物树脂为主，与喷发胶基本相同。具有定发和调理功能的摩丝也可以不加成膜剂。表面活性剂起到泡沫基质和发泡剂的作用，多采用非离子表面活性剂（HLB值为12～16）、聚氧乙烯油醇醚、聚氧乙烯失水山梨醇脂肪酸酯等。溶剂是以水和乙醇混合形式代替全部乙醇。喷射剂用量一般少于喷发胶。摩丝常添加脂肪酸酯、羊毛脂衍生物、油等营养成分，以改善摩丝的滋润、可塑及护发性能。

（二）非气压式定发用品

非气压式定发用品与气压式定发用品的不同之处在于，烃或低碳烷烃作为喷射剂而引起环保或易燃等不安全问题。

1. 定型发胶　也称定型液或定发水。它是将溶解性胶黏性物质的水和乙醇混合溶液装入一般容器内，由喷射口以细雾状形式喷出，使其均匀地喷射在梳理成型的头发上，达到保持发型的作用。所以它的配方组分中除了不含有喷射剂外，基本上与喷发胶相似。主要成分为成膜剂、增塑剂、柔软剂、溶剂等。

成膜剂主要有聚乙烯吡咯烷酮、聚丙烯酸钠、聚乙烯吡咯烷酮与乙酸乙烯酯共聚物、丙烯酸树脂烷醇胺等合成胶质类，可溶于水和乙醇混合溶剂。多元醇、羊毛脂衍生物等既可作为增塑剂，也可作为保湿剂，以起到使成膜柔软、可塑的作用和对头发滋润、保湿的作用。

2. 定型发膏　是透明胶冻状膏体的头发定型用品。其作用和组成与定型发胶相似，为使之能形成膏体形式，一般不采用乙醇作为溶剂，加入黏胶剂，如纤维素类水溶性黏胶剂。成膜剂仍为聚乙烯吡咯烷酮、聚丙烯酸等水溶性合成树脂等。

四、剃须用化妆品

剃须用化妆品主要供男性使用，按其使用又可分为剃须前和剃须后用化妆品。剃须前用化妆品的作用是使胡须溶胀、软化、容易剃须，防止剃须对皮肤的损伤及引起皮肤皲裂，并使皮肤有良好的感觉。主要有泡沫剃须膏、无泡沫剃须膏和气雾型剃须膏等。剃须后用化妆品的作用是缓解剃须对皮肤的刺激，可以起到清洁、收敛、调理皮肤的功能。有的还有预防感染的作用等。主要有剃须后用洗剂、凝胶、霜膏和粉剂等。

（一）泡沫剃须膏

泡沫剃须膏主要由乳化泡沫剂、滋润剂、保湿剂及其他组分组成。

1. 乳化泡沫剂　由脂肪酸与碱反应生成的脂肪酸皂类，如其钾、钠和三乙醇胺皂，起到乳化发泡和碱的作用，可将胡须溶胀、软化，容易剃除。

2. 滋润剂　未皂化的脂肪酸，动、植物油脂，如羊毛脂、椰子油、鲸蜡醇等以及合成油脂。起到滋润、减轻皮肤的刺激及增加膏体的稳定性等作用。

3. 保湿剂　多元醇等，起到对皮肤和胡须滋润、柔软的作用，而且对膏体有保湿和提高稠度及光亮度等作用。其他成分，如薄荷脑等具有清凉、收敛、杀菌等作用。

（二）无泡沫剃须膏

无泡沫剃须膏也称免刷剃须膏，它是以雪花膏为基质的膏体剃须剂，其主要成分是硬脂酸、保湿剂、表面活性剂等。

硬脂酸与三乙醇胺反应生成的硬脂酸三乙醇胺盐作为阴离子表面活性剂，起到乳化剂的作用，余下的硬脂酸则为滋润剂。也常用非离子表面活性剂起助乳化和滋润的作用。

滋润剂是对皮肤和须毛起滋润和软化作用，常用的为油脂类，如羊毛脂、单硬脂酸甘油酯、硅酮油等。保湿剂仍为常用的多元醇等。其他成分与泡沫剃须膏基本相同。

（三）气雾型剃须膏

气雾型剃须膏也称气溶胶型剃须膏，其使用方式与气压式定发用品喷发胶、摩丝等相同。

气雾型剃须膏的成分与上述剃须膏相似，只是组成配比不同，而且与喷射剂一同装入耐压气压式容器内。其乳化溶液要求稠度稀，易于喷射。因此，多采用硬脂酸三乙醇胺作为乳化剂，使制得的乳化溶液稠度适宜、使用方便、泡沫丰富。

（四）剃须后用化妆品

剃须后用化妆品的作用是减轻剃须对皮肤的刺激和不适感觉，并能使皮肤清新、凉爽及起抗菌作用。其主要组成为湿润剂、收敛剂和增溶剂等。

（张春娜）

10 第十章 美容面膜

面膜是一种综合性护肤品，使用面膜可以在皮肤上形成一层与外界隔离的膜，具有清洁、滋养、爽肤、滋润、清新、刺激、缓和、治疗皮肤的效果。

随着美容行业的发展，作为皮肤护理使用的面膜无论是从数量上、质量上，还是品种上、功能上都有了很大的发展，美容面膜有其独特的优点，既可以保护、清洁和改善皮肤，延缓皮肤衰老，还可以纠正和改善损容性皮肤问题。

第一节　面膜的定义及分类

一、面膜的定义

面膜是一类涂于面部皮肤上，具有保养、护肤、清洁等作用的化妆品。

面膜将皮肤与外界空气隔绝，使皮肤温度逐渐升高，这时面膜的有效成分如维生素、水解蛋白以及其他营养物质和药物成分，就可渗进皮肤，增加皮肤功能。停留一段时间后，除去面膜，皮肤上的老化角质和毛孔内残留的污垢也可以随面膜一同除去。面膜既有营养治疗作用，又有深层清洁的功能，是一种十分有效的护理方法。

二、面膜的分类

由于面膜的特点，面膜不但在美容院皮肤护理时使用，在家做护理时也可使用，所以面膜发展到今天种类繁多，面膜也有很多种分类方法。

若按剂型可分：粉状面膜、乳状面膜、湿布状面膜、膏状面膜。

若按其性状可分：凝结性面膜（硬膜、软膜、蜜蜡面膜、可干啫喱面膜），非凝结性面膜（保湿啫喱面膜、矿泥面膜、粉膏面膜、油膏面膜、蛋奶面膜、脂蜜面膜、果蔬面膜、草药面膜），电离面膜，胶原面膜（海藻胶原面膜、骨胶原面膜），其他面膜（稀土磁面膜、纯金面膜）。

若按功能可分：保湿面膜、营养面膜、防皱面膜、美白祛斑面膜、消粉刺面膜、防敏面膜。

若按性质可分：中草药面膜（人参面膜、当归面膜）、化学面膜、植物面膜（果酸面膜、芦荟面膜、荔枝面膜、黄瓜面膜、绿茶面膜）、矿物质面膜、海洋生物面膜（海藻面膜、鱼精蛋白面膜）、动物面膜（胎盘面膜、蚕丝面膜、蜂蜜面膜、牡蛎面膜、珍珠面膜、胶原水解蛋白面膜）、生物面膜（透明质酸面膜、人表皮生长因子面膜）、类激素面膜（牛初乳营养因子面膜、丹参酮面膜）。

第二节 面膜的作用及使用方法

一、面膜的作用

面膜是一种用于皮肤护理的美容用品，涂敷于皮肤后，即可形成一层薄膜，可防止水分蒸发，使皮肤角质细胞膨胀，毛孔、汗腺扩张，皮肤表面温度升高，并可促进血液循环。面膜内的有效成分可使皮肤滋润、消除皮肤细小皱纹。面膜的原理是利用厚厚一层不同作用和成分的敷料敷在脸部，阻隔肌肤与空气的接触。当这一层敷料紧贴在肌肤上时，会因抑制皮脂的分泌与汗水的蒸发而使肌肤温度上升；肌肤温度上升之后，便会促进血液循环，使渗入肌肤的养分在细胞间更深、更广地扩散开。肌肤表面那些无法蒸发的水分则会留存在表皮层，表皮层的水分饱满起来，肌肤看起来就会比较光滑紧绷，细纹也会变得浅淡；此外，温度和温热会使角质软化，毛孔扩张；毛孔一扩张，堆积在里面的汗垢便可乘机排除，这也正是为什么面膜具备彻底清洁肌肤功能的原因。

面膜的主要作用有：

1. 面膜中的有效成分可充分渗透。
2. 将皮肤分泌物阻隔于膜体内，使皮肤滋润。
3. 在膜干燥过程中，皮肤收紧，血液循环加快，可增强皮肤弹性。
4. 当面膜剥脱时，将皮肤上的老化细胞和毛孔中的污物一同带出，使皮肤干净清爽。

二、面膜的使用方法

1. 准备工作

（1）彻底清洁倒膜部位皮肤。

（2）将包头毛巾四周用纸巾包严。

2. 调膜　将面膜置于消毒后的容器内。若用粉状面膜，将膜粉倒入消毒的容器内，加入适量蒸馏水或流质，用倒棒迅速将其调成均匀糊状。调膜过程应在30秒内完成。

3. 倒膜

（1）涂抹顺序：一般情况下，鼻孔下面空气流动大，面膜易干，所以最后涂面膜。涂抹的顺序为前额、双颊、鼻、下颏、口周、颈。

（2）涂抹走向：从中间往两边；从下往上涂抹。

（3）倒膜过程应在1分钟内完成。

4. 清洗

（1）让其自然干透，需要15～20分钟。

（2）启膜：若是凝结性面膜，可从下颌、颈部的膜边将膜掀起，慢慢向上卷起，轻轻撕下；若是非凝结性面膜，应先用海绵扑蘸水将其浸湿，待其柔软后轻轻揭下。

（3）用清水彻底洗净。

5. 面部拍（喷）柔肤水或收缩水和涂营养霜。

第三节 常用美容面膜

一、常用面膜的特点

1. 软膜 调和后涂敷在皮肤上，形成质地细软的薄膜。性质温和，对皮肤没有压迫感；膜体敷在皮肤上，皮肤自身分泌物被膜体阻挡在膜内，给表皮补充足够的水分，使皮肤明显舒展，细碎皱纹消失。

2. 膏状面膜 使用简便，涂敷于皮肤后，随着膜的逐渐干燥，皮肤越来越绷紧的感觉，收敛性较强。

3. 啫喱面膜 使用方便，具有补充皮肤水分和清除污垢的作用。

4. 矿泥面膜 纯天然性，可恢复皮肤的柔软感和光滑感。

5. 果蔬面膜 纯天然性，即时应用。

6. 草药面膜 取材广泛，简单易行，针对性强，是面膜的重要原料。

7. 化学面膜 是由水溶性聚合物等高黏度凝胶剂组成的胶状面膜。

8. 矿物质面膜 海洋淤泥、死海淤泥、泥糊。

9. 海洋生物面膜 利用海洋生物制品(海藻、鱼精蛋白、甲壳质)。

10. 动物面膜 利用牛、羊、猪、鸡等的血液，人体的胎盘、尿、血液、细菌微生物。

11. 生物面膜 利用现代生化技术提取生物原料的有效成分配制。

12. 祛斑美容面膜 祛斑美容面膜是指在面膜中加入能使色斑淡化的药物成分，减轻或祛除面部色素沉着的美容面膜。

13. 消粉刺面膜 消粉刺面膜多采用硬膜材料，即采用半水石膏粉，加入丹参酮粉、芦荟粉、甲硝唑等混入均匀后即可。

14. 防敏面膜 防敏面膜主要用于敏感性皮肤，多使用油包水型膏状面膜，可以防护水中的刺激源，预防皮肤过敏。

15. 电子面膜 电子面膜是利用电热面膜仪，将中药有效物质渗透到皮肤内，来调整皮肤损容性问题的一种面膜。电子面膜的用法：先清洁皮肤，去死皮，按摩，然后敷上中药湿布，再敷上电热面膜仪，将电压调到适量，并将温度调到 42℃左右，一般的顾客感觉舒适为度，持续 30～45 分钟，每周 2～3 次即可。

16. 石蜡面膜 石蜡面膜是用白石蜡溶成液体，根据顾客耐受的温度直接涂于皮肤的一种美容方法，它由蜡疗机和美容蜡两部分组成，美容蜡是以特制的石蜡和含多种动植物成分的蜂蜡为主体，融入多种维生素(A、D、E)等。

17. 稀土磁面膜 稀土磁面膜是指利用稀土永磁材料和几种经特殊提炼的中草药，经特殊工艺加工而成。主要利用磁场将中草药植物精华素等导入皮肤，可用于治疗各种色素沉着、痤疮、皮肤干燥、除去皱纹等。用于治疗的磁场可分弱、中、强和特强。治疗方法：洁面后不用化妆品，将磁渗药物面膜贴于面部，通过面膜上留下的孔洞将眼、鼻暴露，扣好固定带，于睡前敷，次日晨取下，既可美容护肤，又可镇静、消除疲劳。稀土磁面膜是利用此生物技术和美容技术结合，将数种中草药植物精华素在磁场作用下倒入皮肤，并通过局部皮肤对磁场的直接反应和部分方位的直接接触按摩机制，治疗面部皮肤常见病和加强皮肤保湿的新型美容用品。

18. 纯金面膜　即“纯金护肤法”，是运用金这种元素的特性，给皮肤通电、加热，让皮肤在时松时紧的情况下加速表皮细胞的新陈代谢，从而起到祛斑、除皱和增强肌肤弹性的目的。这种新型护肤方法对因吸烟引起的暗斑有明显的治疗效果，而且对成人的皮肤特别有好处。

二、常用面膜的主要成分及作用

（一）人参面膜

人参面膜为中草药面膜，人参为多年生草本植物，是珍贵的中药材。人参以根为最好，人参的主要成分是人参皂苷、人参活素、少量挥发油、各种氨基酸和肽类、葡萄糖、果糖、果胶以及维生素 B_1、B_2、烟酸、泛酸等。人参的浸出液可被皮肤缓慢吸收，对皮肤没有任何的不良刺激，能扩张皮肤毛细血管，促进皮肤血液循环，增加皮肤营养，调节皮肤的水油平衡，防止皮肤脱水、硬化、起皱。长期坚持使用含人参的产品，能增强皮肤弹性，使细胞获得新生。同时人参活性物质还具有抑制黑色素的还原性能，使皮肤洁白光滑。它的美容效用数不胜数，是护肤美容的极品。

1. 人参面膜组方	质量分数(%)
聚乙烯醇	12.0
乙醇	5.0
甘油	10.0
月桂醇聚氧乙烯醚	7.0
咪唑烷基脲	1.0
人参提取液	2.0
香精、防腐剂	适量
精制水	63.0

2. 作用

(1) 促进血液循环，增加皮肤的营养。

(2) 调节皮肤的水油平衡，增强皮肤弹性。

(3) 抑制黑色素的还原性能，治疗黄褐斑。

(4) 润泽皮肤，去除皱纹。

3. 制法　将聚乙烯溶解加热至80℃，然后降温至50℃，将乙醇、甘油等加入搅拌，当温度降至40℃时，再加入人参提取液、防腐剂、香料等。

（二）果酸面膜

果酸面膜为植物面膜，果酸是从水果中提取的各种有机酸。如从葡萄中提取出的葡萄酸、苹果中提取出的苹果酸、柠檬中提取出的柠檬酸、甘蔗中提取出的甘醇酸等。其中以自甘蔗中提炼出来的甘醇酸最为常用。果酸的作用主要是去除过度角化的角质层，帮助患者去除受损的外层皮肤，刺激新的细胞生长，可以治疗青春痘，改善毛孔粗大、老化、干燥、粗糙、没有光泽的皮肤，也可以淡化表皮色素斑及改善皱纹。低浓度的果酸(小于10%)能降低表皮角质细胞间的凝结力，可以去除老化角质，改善粗糙、暗沉、调理肤质。中浓度果酸(10%～30%)可以到达真皮组织，对于青春痘、淡化黑斑、抚平皱纹的效果良好。高浓度果酸(大于30%)具有相当强的渗透力,可将老化角质一次剥落,加速祛斑、除皱的效果。但是高浓度果酸属换肤性质,最好寻求专业的医生进行治疗。

1. 果酸面膜组方	质量分数(%)
聚乙烯醇	5.0
CMC(羧甲基纤维素)	5.0
失水山梨醇单月桂酸酯	2.0
甘油	5.0
苯甲酸钠	1.0
甘醇酸	5.0
精制水	77.0

2. 作用

(1) 低浓度果酸(小于10%):

1) 清除过度角质层,使皮肤细小的皱纹舒展。

2) 使皮肤的呼吸功能改善,增加毛囊腺的分泌,达到治疗痤疮的目的。

3) 防止和纠正早期皮肤老化。

(2) 中浓度果酸(10%~30%):

1) 改善皮肤粗糙、干燥、皲裂。

2) 促进毛细血管扩张,有良好的保湿作用。消除面部色素。

(3) 高浓度果酸(大于30%):

1) 剥脱作用,使表皮与真皮剥离,祛除色斑。

2) 除皱。

3. 制法　将聚乙烯醇与苯甲酸钠在80℃水中混合数小时,将透明溶液冷却,再将CMC、甘醇酸、失水山梨醇单月桂酸酯、甘油精制水等混合搅拌2小时后均化。

(三) 芦荟面膜

芦荟是一种多年生常绿草本植物。叶大而肥厚、基出、簇生、狭长披针形,花黄色或有赤色斑点,多产于热带地方。芦荟具有食用、美容和观赏的价值。芦荟的品种很多,其生长条件也不尽相同,因此芦荟所含化学成分也不一样。芦荟提取物的类型也有多种,如胶质-芦荟凝胶、芦荟油、水溶性芦荟浓缩液、芦荟粉制品等。这些芦荟提取物含有的成分主要有:芦荟素、芦荟大黄素、芦荟苷、复合黏多糖、蛋白质、维生素B、微量元素等。

1. 膏状芦荟面膜组方	质量分数(%)
聚乙烯醇	13.0
海藻酸钠	3.0
乙醇	5.0
丙二醇	5.0
高岭土	10.0
氧化锌	5.0
芦荟胶	30.0
香精、防腐剂	适量
精制水	29.0

2. 作用

(1) 杀菌、消炎作用：芦荟中的芦荟酊是抗菌性很强的物质，能杀灭真菌、细菌、病毒等病菌，抑制和消灭病原体的发育繁殖。芦荟的多糖类可增强人体对疾病的抵抗力，治愈皮炎、慢性肾炎、膀胱炎、支气管炎等慢性病症。

(2) 营养滋润作用：芦荟多糖和维生素对人体的皮肤有良好的营养、滋润、增白作用。尤其是青春期少女最烦恼的粉刺，芦荟对消除粉刺有很好的效果。

(3) 促进细胞新陈代谢和皮肤再生：芦荟能促进细胞新陈代谢和皮肤再生，是因为芦荟的叶片中含有丰富的黏胶液体。这种液体具有防溃疡、促进伤口愈合、刺激细胞生长和止血作用。

(4) 抗衰老作用：芦荟中的黏液素是防止细胞老化和治疗慢性过敏的重要成分。黏液素存在于人体的肌肉和胃肠黏膜等处，使组织富有弹性；如果黏液素不足，细胞就会逐渐衰弱，失去防御病菌、病毒的能力。

(5) 防晒作用：芦荟中的天然蒽醌苷或蒽醌的衍生物，能吸收紫外线，防止皮肤红、褐斑产生。

(6) 防臭作用：芦荟具有防止脚、口、腋等体臭的作用。很早以前，人们就用芦荟来消除体臭。非洲刚果人打猎时，在身上抹上芦荟汁，以免被动物闻到体臭。

(7) 生发美发作用：芦荟大黄素等属蒽醌苷类物质，这类物质能使头发柔软而有光泽、轻松舒爽，且具有去头屑的作用。

3. 制法　先将氧化锌、高岭土、海藻酸钠、防腐剂等溶于水中，再将用乙烯充分湿润的聚乙烯醇加入其中，加热到 70℃搅拌均匀后静置 12～24 小时，再加入其他成分制成膏状面膜。

(四) 绿茶面膜

茶多酚是一类以儿茶素类为主的多酚类化合物，是从绿茶中提取的，除儿茶素类外，还有黄烷醇类、黄烷酮、酚酸类、花色苷等。

1. 绿茶面膜组方	质量分数(％)
聚乙烯醇	10.0
75％乙醇	4.0
高岭土	10.0
椰子油	5.0
甘油	5.0
茶多酚	5.0
香精、防腐剂	适量
精制水	61.0

2. 作用

(1) 抗氧化、消除氧自由基的作用。

(2) 使超氧化物歧化酶(super oxidase dimutase，SOD)活力显著回升。

(3) 抑制脂质过氧化作用，抑制皮肤腺体中脂氧化酶的活性。

(4) 防紫外线辐射作用。

(5) 保持皮肤表面的水分，防止皮肤干燥，抗衰老作用。

（6）抑制酪氨酸酶的活性，减少黑色素生成，起到美白作用。

3. 制法　将聚乙烯醇用乙醇溶解，分装原料用水溶解后混合乳化，冷却，加入茶多酚等。

（五）海藻面膜

海藻是生长在海底和海面的无根、无花、无果的一类地球上最古老的植物。海藻分三大类：绿藻、褐藻及红藻，主要采用营养成分高的褐藻类。褐藻的主要成分有蛋白质、脂肪、维生素、微量元素及碳水化合物等，这些物质对皮肤有一种天然的亲和力，使皮肤易于吸收。

海藻面膜是一种多功能的有效美容面膜，由于含有蛋白质、维生素等，所以能对面部皮肤起到祛皱、祛斑、美白、消炎、消除眼袋、增加营养水分的作用，使肌肤更有弹性和靓丽。

1. 海藻面膜组方	质量分数(%)
褐藻胶	20.0
海藻酸钠	10.0
乙醇	5.0
氧化锌	5.0
膨润土	15.0
海藻提取物	5.0
9501 胶凝剂	5.0
香精、防腐剂	适量
精制水	35.0

2. 作用

（1）具有消毒作用，治疗痤疮、毛囊炎。

（2）抑制酪氨酸酶的活性，清除氧自由基的作用（SOD、生物藻），美白皮肤，抗衰老。

（3）保护皮肤，清除角质细胞，促进吸收。

（4）促进表皮细胞的生长，加速皮肤新陈代谢，改善皮肤性质、功能，增加胶原蛋白，抗皮肤老化作用。

（六）胶原水解蛋白面膜

胶原蛋白也称角朊蛋白，是一种白色纤维状蛋白质，存在于动物皮肤、软骨、骨粉、血管、角质等结缔组织中。是由 3 个 α 螺旋肽链胶合而成的大分子。每个肽链约含 1200 个氨基酸，大部分是不常见的羟基脯氨酸。胶原蛋白有很强的水解能力，应用在化妆品中的常为胶原蛋白水解物。它具有清除粉刺、皱纹、祛除瘢痕作用。还有防止头发损伤及修补毛发的作用。

1. 胶原水解蛋白面膜组方	质量分数(%)
聚乙烯醇	10.0
羧甲基纤维素	5.0
海藻酸钠	5.0
丙二醇	5.0
三乙醇胺	3.0
胶原蛋白液	5.0
香精、防腐剂	适量

精制水	67.0

2. 作用

(1) 构成皮肤蛋白质的主要成分，对皮肤具有生理活性，由于胶原水解物多肽链中含有氨基、羧基、羟基等亲水基，因此对皮肤有保湿作用。

(2) 可缓解表面活性剂对皮肤的刺激。

(3) 生产工艺简单，资源丰富。

3. 制法 将聚乙烯醇、CMC、海藻酸钠溶解后，与丙二醇、三乙醇胺混合加热 70℃，进行乳化，冷却到 40℃，加入胶原蛋白液、防腐剂，静置 24 小时，均匀搅拌为成品。

(七) 胎盘面膜

从动物(牛、羊)的器官(胎盘、脐带等)得到的提取物，具有生理活性成分。其组成很复杂，含有许多物质，如碳水化合物、酸性黏多糖、脂肪、蛋白质、氨基酸、酶、核酸、激素、维生素、有机酸、微量元素及和胶原水解物相似的蛋白质水解多肽，由于胎盘提取物含有如此丰富的活性物质，因此具有许多功能作用。

1. 粉状胎盘面膜组方	质量分数(%)
聚乙烯醇	10.0
硅油	5.0
丙二醇	5.0
三乙醇胺	3.0
十六醇	3.0
氧化锌	3.0
高岭土	5.0
成膜剂	5.0
宫保素	3.0
香精、防腐剂	适量
精制水	58.0

2. 作用

(1) 促进皮肤细胞新陈代谢，抗皮肤老化作用。

(2) 抑制、减少色素沉着。

(3) 滋养皮肤，保湿作用。

(4) 软化角质及溶解作用。

3. 制法 将油相和水相分别加热至 70℃，将乙烯醇成膜剂溶解，在冷却后同时加入宫保素乳化均匀。

(八) 蜂蜜面膜

又称食蜜、蜂糖、蜜糖，是蜜蜂酿的蜜。主要化学成分有：果糖、葡萄糖、蔗糖、糊精、有机酸、多种维生素、多种酶。

1. 蜂蜜面膜组方	质量分数(%)
聚乙烯醇	10.0
海藻酸钠	3.0
乙醇	15.0

甘油	5.0
蜂王浆	1.0
香料、色素、防腐剂	适量
精制水	66.0

2. 作用

(1) 营养嫩肤作用,使皮肤柔软,富有弹性。

(2) 抗菌消炎作用,对痤疮、黄褐斑、脂溢性皮炎等各种皮肤疾病有预防和治疗效果。

(3) 可增强表皮细胞的生命力,改善细胞的新陈代谢,减少皮肤皱纹,延缓皮肤衰老。

(4) 减少、消除皮肤色素。

3. 制法　先将聚乙烯醇用乙醇湿润,再加到含有防腐剂、海藻酸钠的水中,加热至70℃,不断搅拌,使之混合均匀,静置24小时,加入其他剩余组方,充分搅匀。

(九) 珍珠面膜

珍珠面膜指用珍珠做原料,以面膜形式进行肌肤深层护理的美容方法。珍珠是一种古老的有机宝石,产在珍珠贝类和珠母贝类软体动物体内,由于内分泌作用而生成的含碳酸钙的矿物(文石)珠粒,是由大量微小的文石晶体集合而成的。根据地质学和考古学的研究证明,在两亿年前,地球上就已经有了珍珠。珍珠粉是用三角帆蚌、褶纹冠蚌、马氏珠母贝等贝类动物所产珍珠磨制而成的粉状物,呈白色或微白色,有珍珠特殊腥味。珍珠具有安神定惊、解毒生肌等功效。现代研究还表明,珍珠在提高人体免疫力、延缓衰老、祛斑美白、补充钙质等方面都具有独特的作用。

1. 珍珠面膜组方	质量分数(%)
淀粉	55.0
高岭土	10.0
氧化锌	5.0
钛白粉	3.0
珍珠粉	15.0
成膜剂	12.0

2. 作用

(1) 滋润营养作用,使皮肤光滑有弹性。

(2) 减少色素沉着,美白嫩肤作用。

(3) 减缓皮肤老化的作用。

(十) 人表皮生长因子面膜

表皮生长因子是一类广泛存在于人和动物体内、可促进或抑制多类细胞生长的多肽。人的表皮生长因子由53个氨基酸残基组成,相对分子质量为6000Da,对热、酸稳定。是已知蛋白质(多肽)中最稳定者之一。不同种属的表皮生长因子的氨基酸组成及其结构有一定程度的差异,人表皮生长因子和小鼠表皮生长因子的同源性为70%。研究证明,不同来源的表皮生长因子都有促进细胞增殖和组织生长的作用,其能力的大小与生物同源性有关。

表皮生长因子是一类多肽细胞生长因子,它可通过与存在于细胞膜的表皮生长因子受体结合,激活多种生化酶,并引起一系列生化反应,刺激细胞趋化作用,促进细胞DNA、RNA羟脯氨基酸的合成,促进细胞的有丝分裂,加速细胞分化,调节细胞蛋白质合成、转化及细胞的新陈代谢，完善胶原组织的构建，加速创面肉芽组织的生成和上皮组织的形成，可加快创面愈合的速度，提高创面的愈合质量。另一方面，表皮生长因子还能加速皮肤表皮细胞的代谢，改善皮肤的衰老过程，减少皮肤的皱纹，使皮肤由干性或偏干性转为中性或偏油性，改善皮肤的质地，起到美容的效果。

1. 人表皮生长因子面膜组方	质量分数(%)
羧甲基纤维素	3.5
聚乙烯醇	1.0
油醇聚氧乙烯醚	1.0
三乙醇胺	3.0
乙醇	5.0
人表皮生长因子	0.5
香料、防腐剂	适量
精制水	86.0

2. 作用

(1) 促进表皮细胞、神经细胞和器官组织的上皮细胞的生长。

(2) 可祛除皱纹，延缓皮肤衰老。

3. 制法 将羧甲基纤维素、聚乙烯醇化合物溶于精制水，加上溶有油酸聚氧乙烯醚、香料、防腐剂的乙醚和溶于水的人表皮生长因子，然后加入三乙醇胺增稠。

(十一) 透明质酸面膜

透明质酸是一种由D-葡萄糖醛酸及N-乙酰葡糖胺组成的双糖单位，又称糖醛酸、玻尿酸(hyaluronan)。透明质酸以其独特的分子结构和理化性质，在机体内显示出多种重要的生理功能，如润滑关节，调节血管壁的通透性，调节蛋白质、水电解质扩散及运转，促进创伤愈合等。尤为重要的是透明质酸具有特殊的保水作用，是目前发现的自然界中保湿性最好的物质，被称为理想的天然保湿因子。

1. 透明质酸保湿面膜组方	质量分数(%)
聚乙烯醇	10.0
丙二醇	7.0
乙醇	10.0
对羟基苯甲酸甲酯	0.5
1,2,3,4-丁四醇	5.0
氨甲环酸	7.0
透明质酸(HA)	0.5
香料、防腐剂	适量
精制水	60.0

2. 作用 在皮肤表面形成薄膜，起到保湿作用。

3. 制法 将透明质酸、丙二醇、对羟基苯甲酸甲酯、1,2,3,4-丁四醇加到精制水中搅拌溶解，然后加入聚乙烯醇，加热并进行搅拌，再加入香料、防腐剂、乙醇、氨甲环酸，搅拌、溶解即可。

三、常用自制面膜

（一）西瓜面膜

原料：西瓜皮 1 片、蜂蜜适量。

制法：用西瓜皮汁混合蜂蜜做成面膜。

用法：直接敷面，约 25 分钟清洗。

说明：晒后常常会感到肌肤跳动，这时肌肤很需要镇定，然后才可以有进一步的治疗。

作用：西瓜皮面膜可以对面部补水降温，镇定肌肤。

（二）杏桃面膜

原料：杏或桃适量。

制法：将原料洗净，然后去皮去核，捣成泥状即可。

用法：敷于面部，保持 30 分钟后洗去，可常用。

作用：此面膜能解毒凉润，使皮肤红润，消除皮肤皱纹，适用于过敏性皮肤和阳光灼伤的皮肤。

（三）蛋白柠檬面膜

原料：柠檬汁 1 匙、新鲜鸡蛋 1 个、面粉 1 勺。

制法：取鸡蛋分离出蛋白，加入柠檬汁，充分搅拌后加入面粉，成糊状。

用法：均匀涂于面部，干燥后洗去，一周 2～3 次。

作用：本面膜可使皮肤柔嫩、清爽、美白，对面部色斑有脱色、使之消散的作用。

（四）果汁面膜

原料：时鲜多汁水果（杏、桃、葡萄）适量、面粉适量。

制法：水果压榨，取汁去渣，加适量面粉混合均匀为糨糊状。

用法：均匀涂面，自然风干后用清水洗去。可常用。

作用：有滋润、营养、美白皮肤的作用。

（五）牛奶草莓蜂蜜面膜

原料：酸牛奶、蜂蜜、柠檬汁、维生素 E。

制作：酸牛奶，蜂蜜，柠檬汁各 100ml，加 5 粒维生素 E 调匀。

用法：敷面，保留 15 分钟，然后用清水洗净。

作用：这种面膜可促进老化细胞脱落，新细胞再生，从而使皮肤亮泽。

（六）香蕉牛奶面膜

原料：香蕉、牛奶。

制作：香蕉半根，捣成泥状，掺入适量的牛奶，调成糊状。

用法：15～20 分钟后洗净。

作用：可使皮肤清爽润滑，并可祛除脸部痤疮及雀斑。

（七）蹄浆面膜

原料：猪蹄 1 个。

制作：将猪蹄洗净，以水 3L，清浆水 1L，煮胶。

用法：以此胶和藻豆液涂于面部，15 分钟后用温水洗净。

作用：润肤养颜。

（八）黄瓜泥面膜

原料：2～3条黄瓜、化妆棉。

制作：将黄瓜磨成泥。

用法：在脸上敷上薄薄一层化妆棉，将黄瓜泥敷在化妆棉上，15～20分钟后揭下清洗即可。

作用：黄瓜中含有多种维生素，具有美白滋养作用。

（九）胡萝卜面膜

原料：胡萝卜1根、鸡蛋1个、蜂蜜2茶匙。

制作：先将胡萝卜洗净去皮后，磨碎待用，再加入蜂蜜2茶匙、蛋黄，调成糊状的面膜。

用法：将面膜敷在脸上，小心避开眼和嘴，敷脸10～15分钟后，用温水将脸洗净。

作用：胡萝卜所含的β-胡萝卜素可以抗氧化和美白肌肤，还可以清除肌肤的多余角质，对油腻肌肤也有镇静、舒缓的功效，蛋黄和蜂蜜有保湿的润肤效果。

（高　媛）

11 第十一章 化妆品的选择和使用

随着人们生活水平的提高和求美心理的日益强烈，新研发的化妆品种类越来越多，应用也越来越广泛。如果不能正确选用化妆品，不但不能达到求美的目的，甚至会对皮肤造成伤害，引发各种皮肤疾患。所以指导消费者如何正确选用化妆品显得尤为重要。

第一节　选择化妆品的原则

1. 选择化妆品时，看商标标识，确定化妆品的合法性。

根据《化妆品卫生监督条例》的规定，化妆品包装应附有生产企业质量检验合格标志，标签上应注明产品名称、生产企业名称和地址、卫生许可证号、生产许可证号、执行标准名称、生产日期、保质期或生产批号及限用日期，以及必要的使用说明等。特殊用途化妆品如防晒、染发、烫发、育发、美乳、除臭、祛斑、脱毛等种类，须有特殊用途许可证号。进口化妆品须有进口许可证号和经销商或代理商名称、地址。

了解生产许可证号和卫妆准字号标志的含义，对正确识别化妆品十分有意义。“XK”为一般化妆品的标志，“QG”为特殊用途化妆品标志，购买进口化妆品时，要注意有无卫生部进口化妆品许可批号标志“JK”或卫生检疫合格标志“CIQ”。通过查看这些商标标识，确定所购买化妆品的合法性。不买无生产厂家和无商品标志的伪劣产品，不买过期或临近过期的产品。一般膏、霜、蜜之类的化妆品应买1年内出厂的产品。

2. 选择化妆品时，看品质，确定化妆品的优劣性。

化妆品的品质是我们选择化妆品时要考虑的重要问题。只有标识正规、品质优良的化妆品，消费者用起来才有安全保障。化妆品品质的鉴别要掌握以下3个原则：

（1）看质地：首先直接用肉眼观察化妆品的质地是否均匀、细腻、不含杂质。一般来讲，化妆品质地越细腻越好，因为质地越细腻，其附着力越好，便可以均匀地涂抹在皮肤上，维持和发挥作用的时间也越长，感觉也越舒服。如果通过肉眼观察无法准确判断化妆品质地的优劣，可以在面部以外的皮肤上进行测试。方法是用手指取少量化妆品，轻轻地涂一薄层在前臂内侧皮肤上，几秒钟后，如果化妆品能均匀而且紧密地附着在皮肤上，且有润滑、舒适的感觉，皮肤上不留有条纹的痕迹时，便是质地细腻的化妆品；反之，如果涂抹后出现粗糙感、拖滞感，或皮肤上留有拉抹不开的微粒（磨面制品除外），甚至皮肤出现干痒、刺痛，那么这种化妆品就是质地较差的劣质化妆品。若出现混浊、油水分离或出现絮状物，膏体干缩、裂纹等现象，则一定要弃掉不用。

（2）嗅气味：优质的化妆品气味纯正，淡雅清幽，沁人心脾。有的化妆品气味很浓烈，可以给人强烈的感官刺激，但其香气纯正，没有刺鼻的怪味，一般是因制作过程加入过量的香料所致,并不属质量问题。如果化妆品气味混浊、刺鼻,可能是化妆品存放时间太久或保存不当,发生变质。现在市面上出现了无香化妆品,这种化妆品不添加香料,没有任何香味,专门为那些不喜欢香味或者对香料过敏的消费者设计。

(3) 观色泽:优质的化妆品应该颜色鲜明,清淡柔和。如果质地细腻却无光泽,其原因可能是制造时添加的色素不当、失真,没有进行配色。也可能是产品存货时间太久,超过保质期等。如果化妆品变色,多是细菌产生色素所致,一般会在化妆品表面形成红、黑、绿等霉斑。这样的化妆品不能使用。在购买时,可将化妆品少量抹在前臂内侧,在光线充足的地方观察颜色是否鲜明、均匀,是否形成明显的色条,同时还要看是否与自己的肤色相称。

3. 选择化妆品时,看成分,确定化妆品的安全性。

选用化妆品时,尽量先弄清楚化妆品的化学成分。不要选用含铅、砷、汞等重金属成分的化妆品。这些成分虽有相应的美白、祛斑等作用,但危害极大。如果长期使用含有这些物质的化妆品,可以造成肝、肾、神经系统、造血系统的损害,引发皮炎、色素沉着,甚至导致癌症。不要选用含激素的化妆品,这类化妆品虽然短期使用对皮肤有嫩白效果,但长期反复使用将造成皮肤及全身性的损害,并使皮肤对激素产生依赖性。停用后会有不适,皮肤可能出现红、肿、痒、痛等症状,最后导致激素依赖性皮炎,顽固难愈。

4. 选择化妆品时,根据年龄、肤质、季节等特点,确定化妆品的适用性。

选择化妆品时,必须考虑到年龄、肤质、季节等因素,选择适合自己的产品。根据年龄特点,分别选用婴幼儿用、青少年用、成年用、中老年用化妆品。

皮肤大致分为油性、干性、中性,混合性和敏感性五大类,正确选用化妆品,必须了解自己的皮肤属于哪一类型。一般来讲,油性皮肤者不宜选择油脂含量高的化妆品,而干性皮肤者适合使用含油脂较高的油/水型化妆品,以滋润皮肤。中性皮肤者选择范围可大些,可使用弱酸性、油脂含量适中的膏霜类化妆品。混合性皮肤者依据不同部位的特点选用适宜的化妆品,敏感皮肤要用不含香料和色素的化妆品。

春季天气干燥,应注意保湿;夏季紫外线强度大,要注意防晒;冬季注意营养皮肤,重在增加皮肤的含脂和含水量。

第二节　合理选用化妆品

1. 熟悉化妆品的种类、性能,明确使用目的,是合理选用化妆品的基础。

化妆品种类繁多,按产品功能可分为清洁类、护肤类、护发类、美容类、美发类、特殊用途类等;按照适用年龄可分为婴幼儿用、青少年用、成年用、中老年用等;按照性状可分为膏霜类、乳液类、粉饰类、棒状类等。了解化妆品的种类和性能,才能根据使用目的和皮肤类型,选择适用的化妆品。

2. 根据皮肤 pH 值合理选用化妆品。

正常成年人皮肤的平均 pH 值为 4.5～6.5,呈弱酸性,皮肤保持弱酸性与汗液成分中的乳酸和氨基酸、皮脂中的脂肪酸有关。这种弱酸性皮脂膜对酸、碱均有一定的缓冲能力,还可以抑制某些细菌滋生,是天然的保护层。当肌肤表面受到弱酸、弱碱性物质刺激时,皮肤的 pH 值虽有短暂变化,但能很快在一定时间内自动调整,恢复到原来的 pH 值。这种性能称为皮肤的中和性能或皮肤缓冲性。皮肤的中和性能增强,就能抵抗过敏原,使肌肤保持健康；如果中和性能减弱，皮肤就会因中和不了酸碱刺激而出现相应的皮肤损害，如潮红、炎症及各种皮疹等。所以中和能力是皮肤健康的关键。任何改变皮肤表面正常酸度的体内、体外因素均可减弱或破坏皮肤的中和性能。所以要选择接近自己皮肤 pH 值的化妆品，以减少外界化学因素对皮肤的损害。一般来讲，具有弱酸性而缓冲作用较强的化妆品是较理想的护肤品。

3. 根据皮肤的类型合理选用化妆品。

对皮肤类型的分类方法有很多种。目前多根据皮肤含水量、皮脂分泌状况、皮肤 pH 值以及皮肤对外界刺激的反应性不同，将皮肤分为五种类型。

（1）中性皮肤：是较为理想的皮肤类型。其角质层含水量为 10%～20%，pH 值为 5.0～5.6。中性皮肤的特点是皮肤表面光滑细嫩，质地、肤色均匀，皮脂分泌量适中，不干燥，不油腻，有弹性，无明显脱屑或油脂分泌，皮肤呈弱酸性，对外界刺激适应性较强。但此类皮肤易受季节变化影响，夏天偏油腻，冬天偏干燥。所以中性皮肤也需要正确的护理，包括清洁、保湿和防晒化妆品的合理使用，一般可用弱酸性、油脂含量适中的化妆品。通常，在夏季应选择乳液型护肤霜，以保证皮肤的清爽光洁；秋冬季节可选用油性稍大的膏剂，以防止皮肤的干燥粗糙。中性皮肤的清洁可选用碱性小的美容皂或洗面奶清洁面部。

（2）干性皮肤：又称干燥型皮肤。其角质层含水量 10%以下，pH 值为 4.5～5.0。干性皮肤的特点是皮脂分泌量少，皮肤干燥、细腻、缺乏光泽和弹性，皮肤酸度较低，对外界刺激（如气候、温度变化）较敏感，易出现皮肤皲裂、脱屑和皱纹。干性皮肤护理最重要的是保证皮肤得到充足的水分。洁面宜选用不含碱性物质的膏霜型洁肤品或对皮肤刺激小的含有甘油的香皂，避免抑制皮脂和汗液的分泌，使得皮肤更加干燥。日常护理宜选用油脂较多的油包水型护肤品，如冷霜、香脂、乳液等，产品中要含保湿因子和营养成分。

（3）油性皮肤：也称多脂型皮肤。其角质层含水量为 20%左右，pH 值为 5.6～6.6。油性皮肤的特点是皮脂分泌旺盛，皮肤外观油腻发亮，呈脂溢性外观，毛孔粗大、易黏附灰尘，但弹性好，不易生皱纹，对外界刺激一般不敏感。对于油性皮肤的人，洁面最好用弱酸性的洗面奶或碱性较弱的美容皂。皮肤护理宜选用含油脂较少的的水剂、霜剂、啫喱类化妆品，不宜使用油性和易阻塞毛孔的粉剂化妆品。

（4）混合性皮肤：是干性、中性或油性皮肤特点混合存在的一种皮肤类型。混合性皮肤的特点是面部的 T 字部位（额、鼻、口、下颌）呈油性，额头、鼻部表现油腻光亮，下颏经常起小的痤疮，且毛孔粗大。而双颊、双颞部等表现为中性或干性皮肤。混合性皮肤最大的问题就是夏季油性部位更加油腻，冬季干性部位更加干燥甚至蜕皮。所以选用护肤品时，夏季可用适合中性和油性皮肤的护肤品；冬季则可用适合中性和干性皮肤的护肤品，以增加皮肤的屏障，防止水分丢失。

（5）敏感性皮肤：敏感性皮肤最大的特点是皮肤对外界刺激的反应性强，易受刺激而产生皮炎。此类皮肤应该选择温和而偏弱酸性的洁面乳，护理品宜选择无刺激性的化妆品，如不含色素、香料、乙醇、防腐剂的产品。初次使用前应做好皮肤敏感性试验，方法是：选用化妆品时，首先在前臂内侧皮肤上薄涂一层欲选购的化妆品，24～48 小时后观察，如无过敏反应，方可在面部使用。敏感性皮肤不宜使用磨砂膏、去死皮膏等，避免较薄的角质层受到伤害。

4. 根据季节变化合理选用化妆品。

（1）春季：春季是人体功能活跃的季节，皮肤代谢加快，皮脂腺和汗腺的分泌活动增强。万物复苏的同时，昆虫、花粉增多，皮肤易出现红斑及日光性皮炎、接触性皮炎、荨麻疹等过敏性皮肤病。春季风沙相对较多，春风带来的粉尘与皮脂混合，易造成皮肤粗糙。紫外线强度也逐渐增高。所以春季皮肤护理重在防敏感、清洁和防晒。化妆品要在膏、霜、蜜类之间灵活选用，尽量选用含油脂少但具有保湿功效的化妆品。注意皮肤的清洁，同时适当使用防晒产品。

（2）夏季：夏季有皮肤代谢快、皮脂腺和汗腺分泌旺盛、皮肤油腻、紫外线强度大、气候干燥或潮湿、变化较快的特点。由于日光曝晒，易造成皮肤伤痛，色斑加重。所以夏季皮肤护理的重点在清洁和防晒。清洁用品需要选择一些温和、去污力强的洗面乳或浴液；护肤用品宜选用水包油型的蜜类，而不宜使用含油脂量较高的霜膏类化妆品；夏季宜化淡妆，使用液态水质粉底。否则会阻碍汗液和皮脂的分泌，而引发粉刺和皮肤炎症。夏季紫外线辐射强度最大，尤其要做好全天候防晒工作，要选择 SPF 和 PA 指数较高的防晒化妆品。

（3）秋季：秋季的特点是气温逐渐降低，干燥而多风沙。皮脂腺和汗腺分泌减慢，皮肤逐渐干燥粗糙，弹性降低。秋季护肤的重点应集中在滋润、滋养、防干燥等方面。此时化妆品的选择应以柔润皮肤，增加皮肤含脂、含水量为目的，如各种营养奶液、营养霜和以保湿为主、具有修复受损细胞功能的低油度面霜等，都是较理想的选择。秋季也要注意防晒。

（4）冬季：冬季的特点是气候多寒冷干燥，皮肤血管收缩，皮肤代谢活动明显降低，油脂和含水量明显减少，皮肤容易出现粗糙和脱屑现象。此时护肤的重点在于增加皮肤营养，补充水分，提高皮肤活性。清洁用品应选用性质温和且有润肤作用的洁面奶或洁面乳，少用或不用强力去油脂的洁面啫喱，勿用碱性皂，最好温水洁面。化妆品可选用油脂含量高且含有保湿成分的润肤霜、保湿乳和保湿精华等。唇部干裂是冬季常见的问题，应特别注意唇部的保养，可选用含有蜂蜡、茶油和芦荟成分的润唇膏。

5. 根据地域特点合理选择化妆品。

不同的地域具有不同的气候特点，对皮肤会产生不同的影响。北方地区气候偏寒冷干燥，风沙大，皮肤新陈代谢受阻，容易产生干燥、皱纹、黑眼圈等诸多皮肤问题。化妆品应选择滋润、含水多的保湿霜，给肌肤提供充足的营养，促进其新陈代谢。南方气温较高，紫外线强度也较大，因此要特别注意防晒。南方的空气湿度较大，所以南方人的皮肤一般比较滋润，不需要专门使用补水或保湿功能很强的护肤品。但空气湿度大，皮肤上的汗液不易蒸发，不利于毛孔中的分泌物排出，所以也不要使用含油分过高的护肤品，以免堵塞毛孔，影响皮肤的正常呼吸。北方护肤重在保湿和营养，而南方护肤重在清洁和防晒。这是由于不同地域对皮肤产生不同影响所决定的。

6. 根据年龄合理选用化妆品。

婴幼儿皮肤薄嫩，屏障功能差，渗透性是成人的 3 倍，对干燥、寒冷、潮湿等环境因素及碱性、酸性等化学刺激敏感，抵抗能力较弱。所以婴幼儿宜选用婴幼儿专用化妆品或无刺激性、少油的营养性雪花膏与蜜类护肤品。25 岁以下的年轻人，皮肤胆固醇含量较高，汗腺和皮脂腺分泌较旺盛，可以选用具有保湿成分的水/油型产品，尽量不用营养霜。尤其青春期容易出现痤疮、毛囊炎等问题，应加强清洁，适当使用保湿、控油产品。25 岁以后，皮肤生长期已过，皮肤自然保湿因子和胆固醇含量逐渐减少，皮脂分泌减少，皮肤粗糙，容易出现皱纹和色斑。此时应注重对皮肤防晒、保湿、抗皱以及美白等多重保护，化妆品选用营养性化妆水、保湿性霜类和蜜类化妆品，需加用眼霜以预防眼周皱纹。50岁以后，皮肤变薄萎缩，干燥松弛，失去弹性，对环境更加敏感。尤其是女性进入绝经期后，雌激素分泌减少，皮肤问题更加突出。应选择含较多油脂、保湿因子及维生素等成分的护肤品，适当使用含α-羟酸、维A酸、抗氧化剂等抗衰老成分的产品。

7. 根据性别进行选择。

女性往往是化妆品消费的主力军，所以女性化妆品受关注的程度远远高于男性。但随着经济成长以及消费观和价值观的改变，越来越多的男性开始关注自己的皮肤。从生理上来看，男性与女性的皮肤结构基本一致，但男性的角质层较厚（平均比女性厚16%），皮脂腺分布密度较大，皮脂分泌旺盛，因而皮肤酸度较高，毛孔粗大，较粗糙。毛孔易被油污堵塞，形成粉刺或暗疮。男性护肤重在保持清洁，控制水油平衡。可选用温和且可控油保湿的洁面乳彻底清洁面部，护肤品最好选用男士专用产品。这类产品针对男性皮肤特点设计，一般香味较淡，无明显油腻感，给人以清新自然感。

第三节　合理使用化妆品

合理、正确地使用化妆品，可以滋润、保护皮肤，延缓皮肤衰老，满足人们的求美心理。相反，若使用不当，非但达不到美化的目的，还可能损害皮肤。所以消费者在合理选择化妆品的基础上，还要正确、合理地使用化妆品。

1. 掌握化妆品的正确使用顺序。

要达到理想的美容护肤目的，掌握正确使用化妆品的顺序非常重要。化妆通常分为洁肤-护肤-彩妆三步骤。在护肤品使用过程中，以护肤品的质地类别区分使用顺序，一般遵循“先水，再乳，最后油”的原则。例：化妆水-精华液-凝胶-乳液-乳霜-防晒霜。如果你先使用霜状的滋润度较高的产品，在肌肤外层就会形成一层保护膜，那么分子较小的水状、精华液类产品就很难再被肌肤吸收，无法发挥作用。彩妆品使用是在护肤完成以后再按下列顺序使用：粉底-定妆粉-眼部化妆品（眼影、眉笔、眼线笔、假睫毛）-唇部化妆品（唇膏、唇彩）-胭脂。

2. 掌握化妆品安全的使用方法。

化妆品根据功能不同，可分为洁肤品、护肤品、美容用化妆品、特殊用途化妆品。各类化妆品的安全使用方法在前面章节已作了详细介绍。正确使用化妆品，不仅能保证安全，还可以使化妆品发挥最大功效。例：泡沫型洁面乳要在手心充分揉搓出泡沫后，再用泡沫来洁面，这样表面活性剂才能充分发挥作用，洁面效果好。使用营养性及药物性化妆品时，可配合面部腧穴按摩，有助于营养的吸收及药物成分的渗入。

3. 不使用被污染、超过保质期的化妆品。

化妆品在储存、运输、使用过程中可能会造成二次污染，或存放时间过久、超过保质期，可使化妆品变质，出现气泡、酸败、霉斑、色泽、剂型改变和异味。如果不慎使用，会使皮肤感染或过敏，甚至腐蚀皮肤，引发严重皮肤炎症或癌变，因此要做好防范工作。首先购买时要选取经卫生部批准的优质产品；其次，使用时保持手部清洁，尽量不要用手指直接取用乳液、膏霜类化妆品，而用竹签或专门取用化妆品的小工具，避免把细菌带入化妆品中。

4. 特殊人群慎重使用化妆品。

儿童不宜使用成年人的化妆品，因为儿童皮肤脆弱且吸收性能好，成人化妆品中的香料、防腐剂等化学成分作为半抗原进入儿童体内，可能产生免疫反应，皮肤出现红斑、瘙痒等过敏现象。有些女性化妆品含有雌激素，儿童长期使用还可导致性早熟，所以儿童应使用专业儿童化妆品。

孕妇尽量不用彩妆化妆品。粉底液、眼影等彩妆化妆品多含有铅、汞等重金属，孕妇涂抹后，可能会通过循环进入胎儿体内，影响胎儿发育。为确保安全，孕妇的护肤品也要以无香料、无刺激的奶液或霜剂为主。

5. 不用激素类化妆品，慎用药妆化妆品。

激素和药妆化妆品一般会在短期内收到明显效果，但长期使用会使皮肤产生激素依赖或使面部致病菌产生抗药性，为以后皮肤治疗带来困难。

第四节　化妆品引起的不良反应

随着化妆品使用越来越广泛，某些化妆品所引起的皮肤不良反应也越来越受到关注。化妆品发生不良反应的原因主要有两方面，一方面是化妆品本身的原因，包括化妆品的质量低劣、重金属或杂质含量超标、微生物污染、化学原料的毒性刺激及药物的毒副作用等；另一方面是消费者方面的原因，包括消费者自身为敏感体质、产品使用或选择不当、使用前没有认真阅读产品说明或没有做相应的皮肤敏感试验等。化妆品的不良反应主要表现在与化妆品密切接触部位，如皮肤、毛发、指甲等。轻者只有自觉症状而无明显的皮损，表现为敏感性皮肤。重者则出现明显的皮肤损害，表现为化妆品皮肤病。常见的有以下几类：

1. 敏感性皮肤　指耐受性差的皮肤。表现为使用者自觉不能耐受涂抹在皮肤上的任何护肤品和化妆品，可出现烧灼感、刺痛感、紧绷感、瘙痒或其他各种皮肤不适，通常在停用后可自行恢复。

2. 化妆品接触性皮炎　在化妆品皮肤病中最常见，占化妆品皮肤病的50%～70%。是指由于接触化妆品而引起的刺激性接触性皮炎和变应性接触性皮炎。表现为程度不同的红斑、丘疹、水肿及水疱，破溃后可有糜烂、渗液及结痂，自觉局部瘙痒、灼热或疼痛，严重者可表现为皮炎、红斑鳞屑、头面部红肿、眼周皮炎伴发结膜炎，手掌、手指出现汗疱疹样和接触性荨麻疹样表现。

3. 化妆品光感性皮炎　是指化妆品中的光感物质在光照条件下引起的皮肤黏膜炎症性改变。一般将非免疫性机制引起的光敏感称作光毒性反应，由免疫性机制引起的光敏感称作光变态反应。表现为多形态的皮损，可出现红斑、丘疹及小水疱，自觉瘙痒，局部皮肤出现浸润、增厚、苔藓样变化等。皮损主要发生在涂抹化妆品后的光照部位，停用化妆品后仍有皮疹发生，再次接触光敏物质后可发病。

4. 化妆品皮肤色素异常　是指接触化妆品的局部或其邻近部位发生的慢性皮肤色素沉着或色素脱失。其中以色素沉着较为常见。通常有明确的化妆品接触史，皮肤色素异常发生在接触化妆品的部位。

5. 化妆品痤疮　是指接触一定时间化妆品后，在局部发生的痤疮样皮损或造成毛囊炎症。可因化妆品对毛囊口的机械堵塞引起。可单独发生，也可继发于接触性皮炎、光感性皮炎后。一般表现为黑头粉刺、炎性丘疹及脓疱等。停用可疑化妆品后，痤疮样皮损可明显改善或消退。

6. 化妆品毛发损害　是指应用染发剂、洗发护发剂、发乳、发胶、眉笔等化妆品后引起的毛发脱色、变脆、脱落、断裂、分叉等改变。与化妆品中所含的染料、去污剂、表面活性剂及其他添加剂有关。

7. 化妆品甲损害　是指应用美甲化妆品所致的甲本身及甲周围损伤或炎症改变。多由使用劣质美甲产品或美甲工具使用不当，刺激甲板及甲沟引起。

化妆品引起的皮肤不良反应有3个特点：

(1) 发病前有明确的化妆品接触史。

(2) 皮损的原发部位是使用该化妆品的部位。

(3) 有相应的化妆品皮肤病临床表现。

当出现化妆品不良反应时，要立即停止使用该产品，在专业人员的指导下进行相应的检查或皮肤试验，配合诊断机构积极治疗，以免导致严重后果。详见本套教材《美容皮肤治疗技术》。

（程敏辉）

12 第十二章 化妆品的生产设备及工艺

第一节　化妆品的生产设备

化妆品的制备，大多是物料间的物理混合、物态变化等，较少发生化学反应，因而所用的生产设备耐高温、耐高压要求不高。同时，化妆品的生产又是典型的多品种、少批量的生产方式，多采用间歇操作。这就要求化妆品的生产设备应具有小批量、多品种的生产，易于拆卸和清洁，不易受污染等特点。

化妆品的生产设备大体可分为产品的制造设备和成型充填包装设备两大类。按照生产设备的应用，又可分为膏霜类化妆品常用设备、粉剂类化妆品常用设备、液体类化妆品常用设备和其他类设备。

一、膏霜类化妆品常用设备

膏霜类化妆品的常用设备主要有夹层加热锅、乳化搅拌设备、胶体磨和真空脱气装置等。

（一）夹层加热锅

一般采用不锈钢锅体，主要为夹套式，有效容积 200～1000L。将膏霜类化妆品原料置于锅中，加热时向夹套内通入蒸汽，使原料受热溶解或熔化。

（二）搅拌设备

搅拌设备的主要部件是搅拌桨，安装在蒸汽夹层锅内，其种类很多，有平式、锚式和螺旋式等。根据搅拌桨的不同，搅拌设备又分为简单搅拌机、均质搅拌机和真空乳化搅拌机。

1. 简单搅拌机　在蒸汽夹层锅内附以搅拌桨及刮刀、混合叶片、定子、转子等的搅拌机。搅拌效果不好，乳化效率低，常用于制作粒度要求不高的低档膏霜类化妆品。

2. 均质搅拌机　是一种高剪切分散机，可制造出效果稳定的良好乳剂。主要部件是均质搅拌头，由转子和定子两部分组成，转子为涡流搅拌桨。均质搅拌机的转速为 100～16 000r/min，多为无极调速，适用于生产流体或半流体状膏霜类化妆品。

3. 真空乳化搅拌机　是生产膏霜类化妆品的先进搅拌设备，应用非常普遍，工作容量为 100～1000L，搅拌速度多为 350～3500r/min。真空均质乳化机会用泵抽出机内气体至一定真空度，使物料在真空中进行乳化。真空下乳化具有很多优点：物料不会因蒸发损失；几乎不产生气泡，增加膏霜表面光洁度；减少细菌对产品的污染，防止产品氧化变质；且真空条件下搅拌机的转速快，可提高乳化效率。一般真空乳化搅拌机附设自动控温装置，适合较大规模生产。

（三）胶体磨

胶体磨是一种剪切力很大的混合乳化设备，呈锥形，由铸钢磨体和不锈钢转子、定子组成，外有水冷外套，利用石磨原理工作。胶体磨转子和定子表面的间隙可根据生产需要调整，化妆品的粗制品从其狭缝中通过时，定子、转子高速运转所产生的剪切力能迅速将固体、液体及胶体同时粉碎至微粒化，进行均匀混合、乳化，是制作膏霜类产品最重要的机械分散设备。

（四）三辊研磨机

三辊研磨机是在铸铁的机架上装有3只不同转速的，采用不锈钢或花岗岩制成的轧辊。根据不同产品对细腻程度的要求，可适当调整前后轧辊与中间轧辊之间的间隙，以研磨出不同粗细颗粒的膏体，适用于研细膏霜类化妆品的膏体颗粒。

（五）膏体灌装机

膏体灌装机是活塞式填充机，由不锈钢材质制成，工作原理是采用泵将灌装物推入容器内，并用活塞行程进行容积定量控制。

（六）覆膜机与扎包机

为使化妆品免受污染并避免拆封，已灌装产品的瓶或管常用热覆膜机再覆盖一层塑料薄膜，将其全部密封，并用自动扎包机和封箱机对化妆品进行外包装，保证运输安全。

二、粉剂类化妆品常用设备

生产粉剂类化妆品常用的设备有混合机、粉碎机、筛粉机、灭菌器、自动压制粉饼机和包装机等。

（一）混合机

混合机主要承担粉体原料的预备混合、整个粉体的调料混合，如调色、调香等。一般用不锈钢材质制成，附有搅拌器，投入原料后，开动搅拌器便可将物料搅拌均匀。

混合机大致分为固定型和旋转型。固定型是机体本身不动，内部装有螺旋叶片式搅拌器；旋转型是机体本身旋转，有V型、圆筒型、正立方型和双重圆锥型等型式。

（二）粉碎机

粉碎机是用来粉碎粉体原料以达到生产要求细度的设备，为制作粉剂类化妆品的主要设备。粉碎机种类很多，有剪切粉碎型、研磨粉碎型、压缩粉碎型、冲击压缩粉碎型几种，一般冲击压缩粉碎型中的球磨机是最常用的。

（三）筛粉机

筛粉机主要用于筛除混入产品的粗颗粒，以达到所要求的细度。香粉、粉饼、爽身粉等一般粉剂类化妆品通常采用200～325目细度的粉料。

机械自动筛粉机主要由电动部分、筛网和框板构成。由于筛孔较细，化妆品工业用的筛粉机常附装不同形式的刷子，在粉料过筛时不断地在筛孔上刷动，使粉料易于筛过。

（四）灭菌器

粉质原料含细菌较多，因此配料前必须进行灭菌。化妆品生产常用的灭菌方法有高温灭菌、紫外线灭菌、放射线灭菌和气体灭菌等，粉料灭菌通常采用环氧乙烷气体灭菌法。环氧乙烷为环醚类化合物，常温下为无色气体，有毒、易燃、易爆，由专用钢瓶贮存，应妥善保管。操作时要求严格遵守操作规程，注意保护人身安全。

（五）自动压制粉饼机

自动压制粉饼机是将散粉加工成粉饼所用的设备，主要由油压机、粉饼盘、加粉模具和自动控制等装置组成。一般每分钟自动压制 15～30 块粉饼，配置电脑的更新设备可逐一检查产品的重量、硬度等，得到质量均一的产品，使生产批量化、管理自动化。

（六）包装机

包装机主要由贮料斗和计量装置组成。包装时，计量装置定量地将粉状产品装入包装器内。

三、液体类化妆品常用设备

生产液体类化妆品常用的设备有水处理机、配料锅、贮存罐、过滤机和液体灌装机等。

（一）水处理机

水处理机的种类较多，目前已推出纳滤膜水处理机。其主要部件为纳滤膜，结构略为疏松，类似反渗透膜的水处理机。纳滤膜是荷电膜，能进行电性吸附。水处理通过絮凝、沉降、砂滤和加氯消毒等除去水中的悬浊物和细菌，通过纳滤膜还可脱去各种有机物质、无机物质及微生物。

（二）配料锅

配料锅多采用不锈钢、搪瓷或玻璃材料，其规格、容量可根据生产规模确定。配料锅内常附有机械搅拌设备，通过搅拌使料液混合均匀。

（三）贮存罐

贮存罐多采用不锈钢、搪瓷或玻璃材料制成，对刚配制好的液体化妆品粗制品进行贮存陈化处理。一般置于阴凉通风处或地下室 1～3 个月，使料液间充分发生物理、化学反应，协调成品香气，提高产品质量。

（四）过滤机

过滤机是制作液体化妆品的重要设备，用于过滤液体粗制品中含有的杂质和因冷却而析出的蜡质或其他沉淀物，主要有板框式压滤机、叶滤机、转筒式真空过滤机等种类。其中板框式压滤机具有占地面积小、过滤面积大、构造简单、易于操作和使用可靠等优点，常用于香水、化妆水、染发水等化妆品及液体原料的过滤。

（五）液体灌装机

液体灌装机主要由贮槽和自动计量装置组成，可自动地进行计量和灌装，灌装效率很高。其贮槽的大小、计量数量的多少可根据产品需要进行调整。适用于流动性好、黏度低的液体类化妆品，如化妆水、香水等。

四、其他类设备

（一）唇膏机

唇膏机是专门用于唇膏生产的机器，有两种成型方式。

1. 金属模成型　即将熔融的唇膏注入金属制的分开式模具中，冷却后脱模、成型。采用这种方法的生产设备还有浇注锅、唇膏模托架和模具冷却器等。

2. 自动成型　采用唇膏自动生产机，由尖拱、封壳成型生产流水线组成，将唇膏自动注入尖拱型罩中进行成型，生产线自动脱罩。

(二) 封口(尾)机

对于塑料复合材料软管或硬质塑料瓶等在灌装产品后进行封口(封尾)的机器，有多种类型，如热风封口机、超声波封口机和电热封口机等。

常用的热风封口机是将热风吹进软管尾部内壁表面处，塑料迅速热熔，热风停止后，尾部在加压下完成封口。

(三) 喷码机(喷印机)

喷码机是用在为化妆品包装物(瓶、管、盒、盖)喷印条码及各种标记(如生产批号、限期、使用日期、合格字样)的设备，利用"喷墨射印技术"设计，根据不同喷印内容，经光电感应器给每个"墨滴"充上不等的电量，不同带电量的墨滴会形成来回扫描的墨线，在受印物上留下所喷印的信息。

喷码机可在玻璃、塑料、金属、纸张等不同材料、任何形状的包装物上喷印，且喷印速度快，可与任何化妆品生产流水线相匹配。

第二节　化妆品容器和包装

包装，可看作是产品运输、经销、贮存和最终使用过程的配套体系，是确保产品在安全条件下以最低成本被安全地运送至最终消费者手中所涉及的技术措施。包装包括个体包装、内包装和外包装。化妆品作为一种兼备生活必需品和嗜好品特性的消费品，其容器和包装的设计不仅要从审美的角度进行，更应该在维持和提高其基本保护功能外，力求高功能、多功能、提高品质、加大市场影响力。

一、容器和包装的基本功能

(一) 容器的基本特性

化妆品容器的特性主要是具有保护内容物的功能，表现在以下 7 个方面。

1. 内容物渗透性　采用无渗透性的金属箔，制成复合管或复合膜防止渗透。

2. 光透过性　采用不透明乳白的容器，或将透明容器放入纸盒等遮光容器中，避免日光直接照射。

3. 耐气候性　包装容器应具有耐光、耐热、耐湿和耐水等特性。

4. 耐冲击性　进行综合性强度确认试验以确保质量。

5. 耐压性　选用大强度塑料，加厚瓶壁，合理设计瓶型等方式增加容器的耐压性。

6. 耐微生物性　容器必须清洗和消毒干净，才可用于灌装化妆品。

7. 抗静电性　尤其注意在低湿度条件和敞开式货架上。

此外，化妆品容器还应具有容器材料与内容物的配伍性，即耐药品性和耐腐蚀性；要具备使用的功能性和安全性；生产的可行性；经济性和促销性等几方面特性。

(二) 包装的基本功能

包装可看作是产品运输、经销、贮存和最终使用过程的配套体系，应具备：容纳产品；防止产品溢出和泄漏；保护产品；识别产品厂家、规格；展示产品主要特性、使用方法；增加产品销售魅力等基本功能。

包装作为产品的外表，不仅反映产品风格和形象，也反映生产和经营者的风格和形象。因此，包装不仅要具有以上的基本功能，还要具有个性的外观和良好的装饰功能，要根据产品主要销售对象的特点设计造型和色调，激起消费者的购买欲望。

二、容器和包装的使用材料

化妆品容器和包装使用的材料不仅要实现其基本功能，还要注意与内容物的适应性，须耐药、耐腐蚀，要使用方便、安全，要适应大规模连续性生产等诸多方面。

化妆品容器和包装使用的材料一般有塑料、金属、复合夹层材料、玻璃、纸和纸板、木材等，其加工工艺过程包括塑料加工、金属工艺、印刷工艺、机械设计和模具加工等。

（一）塑料

塑料是指以合成树脂为主要成分，在一定温度和压力下塑制成型的高分子合成原料，是化妆品和洗涤用品最常用的包装材料。其优点是：成本较低；加工容易，可制成较复杂的包装容器；容易印刷和装饰；有柔软性，便于挤压出内容物；使用安全，不易破损。

塑料按其树脂性质可以分为热固性树脂和热塑性树脂两类。

1. 热固性树脂　热固性树脂具有加热时引起化学反应，经过压制成型后硬化，若再加热会分解的性质。在容器包装制品中，主要用作盖帽和密封垫。

2. 热塑性树脂　热塑性树脂具有加热时熔融，可用各种方法加工成型，冷却后凝固，再加热时，只要不超过其分解或氧化温度则会重新熔化的性质。

化妆品容器用热塑性树脂包括：

（1）聚乙烯（PE）：具有真正的热塑性，有较低的水蒸气渗透性，适用作水基液体或乳液基洗涤产品的包装容器。

（2）聚丙烯（PP）：具有耐外界应力的破坏和良好的扭曲特性。可以反复折弯 7000 万次而不断，适合于制造单按式瓶盖。

（3）聚氯乙烯（PVC）：主要用作塑料薄膜、香脂衬料。缺点是生物降解性差，燃烧时产生有害的氯化物，世界上一些国家已禁止使用。

（4）聚苯乙烯（PS）：是很硬和脆的塑料，较常使用其改性的共聚物，具有透明、有光泽、耐冲击性好、有耐油性等优点。常用于制造雪花膏容器，袖珍式、细圆条杆状容器（如睫毛油容器）和瓶盖等。

（5）聚对苯二甲酸乙二醇酯（PET）：具有优良的光学性质，近似于硬玻璃，透明，有光泽，耐药性和外观都很好，对气体和水蒸气渗透性低，常用于纸箱外包装、复合夹层材料、高档化妆品的容器。

（二）玻璃

玻璃是沿用最早的化妆品包装材料，至今仍广泛使用。玻璃容器的优点包括：光学性能好，能看清内容物，化学惰性，不与内容物反应（碱性内容物除外），不会产生不愉快的气味，完全不透气和水蒸气，耐热性好，不变形，抗压强度大，可加工出外形精美的各种造型，密度较大，有重量感。缺点是：耐冲击强度小，易破损，破碎玻璃会损害其他物品，重量较大，流通运输成本较高。

常用的玻璃材料是钠钙玻璃，制成透明或着色的玻璃瓶，多用于药物、化妆水和乳液等产品。此外还有乳白玻璃，用于膏霜类化妆品；铅玻璃和磨砂玻璃，可用于高档化妆品或香水。

（三）金属

主要指铝、锡、铁、铜和不锈钢等，一般常用透明保护层或电镀方式防锈和增加美观。最多用于制作软管或口红盒。

其中铝质轻，易加工成型、耐腐蚀，广泛用作气溶胶容器，口红、袖珍型、染眉毛制品和铅笔型制品的容器；黄铜为铜和锌的合金，呈金黄色，相对密度较高，主要用于袖珍型容器和口红的容器，以及一些化妆品的附件；马口铁主要用于气溶胶的容器；不锈钢主要用于气溶胶阀门的弹簧和其他一些需耐腐蚀的配件。

（四）复合夹层材料

化妆品和洗涤用品的包装有多种要求，如诱人的外观，不渗透水和挥发性的油类等，采用单一的包装材料很难满足这些要求。复合夹层材料把塑料外观及其防腐蚀作用和铝的不可渗透性以及可折叠性优化组合起来，主要用于可折叠的管包装（如染发剂管）。可克服包装管不能被折叠的缺点，在灌装对铝有作用的内容物和一些遇金属会催化变色的产品时更具意义。复合夹层管加工过程较复杂，成本较高，但在一些特殊化妆品和高档化妆品中仍应用广泛。

（五）纸类包装材料

纸类包装材料有纸板、纸和波纹纸板，主要用于外包装，如纸盒、纸箱、标签、说明书和肥皂包装。

包装用纸主要有：牛皮纸、蜡光纸、玻璃纸、植物羊皮纸和薄纸等类型。包装用纸板主要有：粗白纸板、有衬层粗纸板、双层纸板、白衬粗纸板等。波纹纸板的凹槽的高度和密度不同，可根据产品的包装要求选用，主要用于外包装，运输时对产品起保护作用。

第三节　化妆品的生产工艺

化妆品的品种繁多，类型各异。其生产制备工艺既有共性部分又各有区别。按照生产工艺的类同性，化妆品生产过程主要分为：乳膏类、固体类、液洗类、水剂类、气溶胶类、面膜类等化妆品的生产工艺。

一、乳膏类化妆品的生产工艺

乳膏在化妆品中应用非常广泛，包括膏霜和乳液。膏霜是指在常温下为近固态或半固态的乳化制品，黏稠度较高，按乳化性质不同分为水包油型乳化体（膏），典型代表为雪花膏和油包水型乳化体（霜），即冷霜、香脂两类。当膏霜中水相比例较大时，乳化制品的黏稠度降低，在重力下可倾倒，这样的乳化制品称为乳液或奶液。乳膏种类较多，其生产工艺略有差别，一般的工艺流程简图如图 12-1 所示。

1. 油相的处理　先将油相组分在不断搅拌下加热至 70～75℃，使其完全溶解混合并保

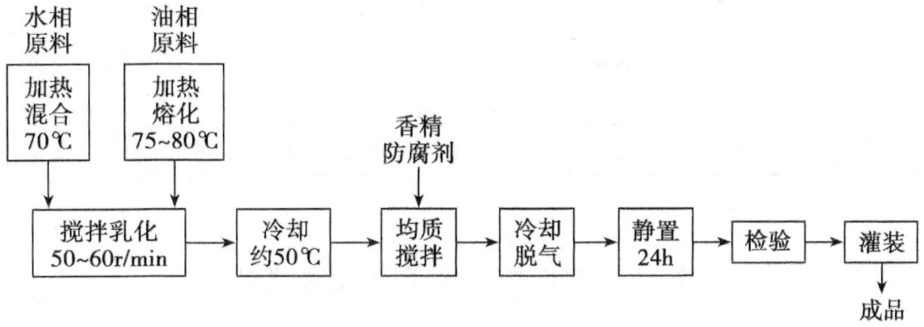

图 12-1　乳膏类化妆品的工艺流程简图

持在 70℃。避免过度加热和长时间加热，引起原料成分变质。

2. 水相的处理　将亲水性成分如甘油等保湿剂加入精制水中，加热至 70℃。乳化前避免长时间加热，引起黏度变化。

3. 乳化　将油相和水相混合均匀后进行乳化，有两种添加方法：将油相加入水相则为膏（水包油型），将水相加入油相中则为霜（油包水型）。一般乳化温度为 70～75℃，比各油分的最高熔化温度高 5～10℃为宜。

乳化完成后加入防腐剂，以获得在水中的最大防腐剂浓度且分布均匀。待温度降至约 50℃时加入香精，如果温度过高会使香精挥发，或香味变化，颜色变深。

乳化过程中组分添加的速度、搅拌条件、乳化温度和时间、乳化器的种类、均质的速度和时间等对膏霜质量都有很大的影响，应注意严格控制。

4. 冷却与脱气　乳化后，乳化体系要经加热搅拌脱气后冷却至接近室温。冷却的方式一般是将冷却介质通入反应釜的夹套内，边搅拌边冷却。冷却时的速度、剪切应力、终点温度等对乳化体系的粒子大小和分布都有影响，必须根据不同乳化体系，选择最优化的条件。

5. 灌装　一般制备出的膏霜要贮存 1 天或数天后，经检验，质量合格再用灌装机灌装成成品。

二、固体类化妆品的生产工艺

固体制剂化妆品除了粉剂外，还包括粉饼、唇膏和香皂，它们生产工艺各异，下面分别进行介绍。

（一）粉剂类

粉剂类化妆品是指以粉类原料为主体，配制成外观呈粉状的一类制品，如香粉、爽身粉、痱子粉等，常用于面部美容及身体吸汗或防痱、止痱。

粉剂类化妆品应有良好的滑爽性、黏附性、吸收性和遮盖力。配制的关键是将各物料均匀混合，先通过粉碎、磨细，将粉末粗细、体积调制相似，再经混匀、过筛、加香加脂、包装得成品。其工艺流程简图如图 12-2 所示。

（二）粉饼

粉饼的生产工艺与粉类生产工艺类同，不同的是需要压制成型。为使粉饼能压制成型，

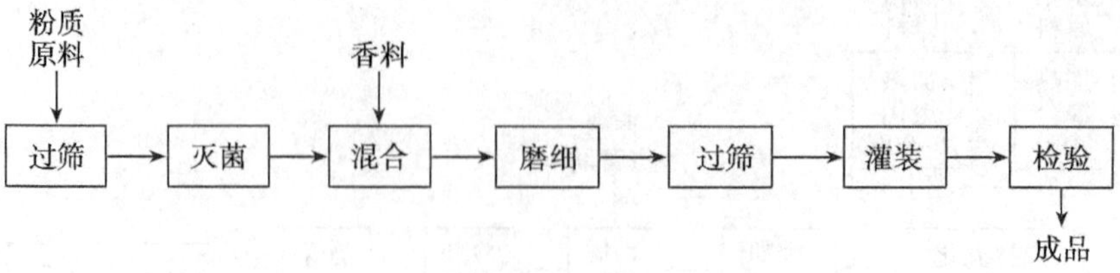

图 12-2　粉剂类化妆品的工艺流程简图

需加入胶质或羊毛脂等脂肪物，增强粉质的胶合性能。

粉饼生产的工艺流程大致为胶合剂的制备、粉料灭菌、混合、磨细、过筛、加香加脂、压制成型和包装。其中压制成型过程要注意控制压力，防止粉饼松散或开裂。粉饼生产工艺流程简图如图 12-3 所示。

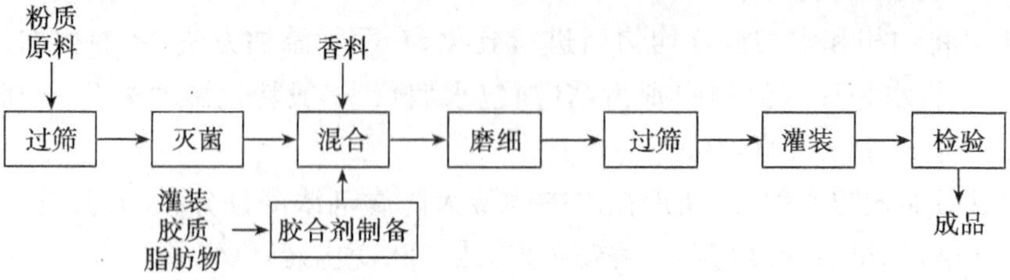

图 12-3　粉饼的工艺流程简图

（三）唇膏

唇膏是滋润、保护嘴唇，增加面部美容及修正嘴唇轮廓的美容化妆品。唇膏基质组分主要包括：染料溶剂、油脂和蜡类、香精和防腐剂等。其工艺流程可分为：颜料的研磨，颜料相与基质混合，铸模成型，脱模，包装。其中颜料粉体在基质的均匀分散是唇膏制造的关键。唇膏的工艺流程简图如图 12-4 所示。

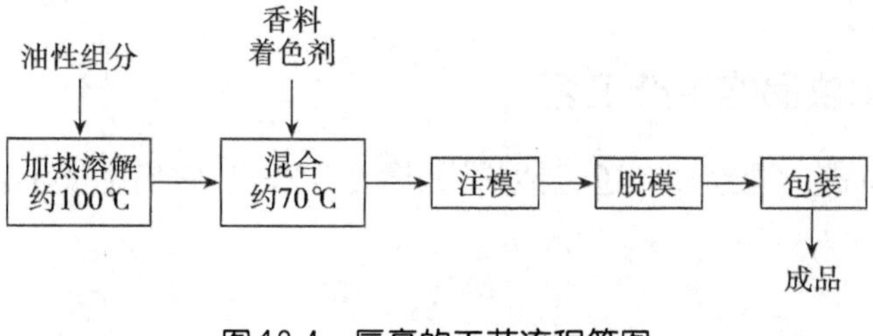

图 12-4　唇膏的工艺流程简图

（四）香皂

香皂是以脂肪酸钠和其他表面活性剂为主要原料，添加品质和外观改良剂，经过加工成型后制成的产品。其工艺流程是将油脂、碱等原料置于煮皂设备中，加热进行皂化反应，生成皂基，皂基干燥后添加香料等改良剂，再经过搅拌、研磨等过程制得。香皂的工艺流程简图如图 12-5 所示。

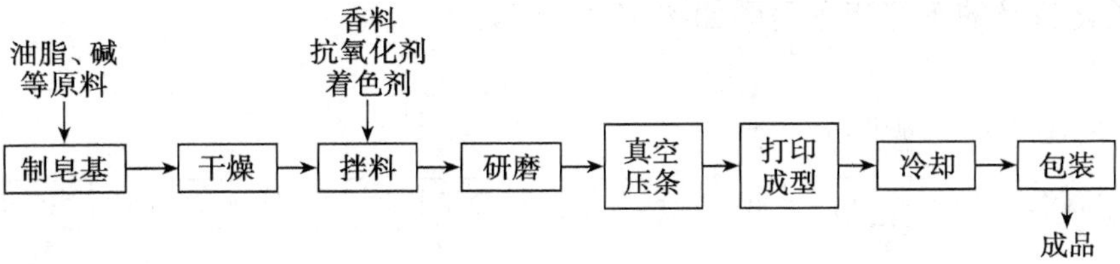

图 12-5　香皂的工艺流程简图

三、液洗类化妆品的生产工艺

液洗类化妆品主要是指以表面活性剂为主的均匀水溶液，如香波、浴液等。液洗类化妆品生产过程中没有化学反应，工艺较简单，以各物料的混合配制为主。根据所用基质原料的不同，一般有两种配制方法。

1. 冷混法　适用于不含蜡状固体或难溶物质的配方。其工艺流程简图如图 12-6 所示。

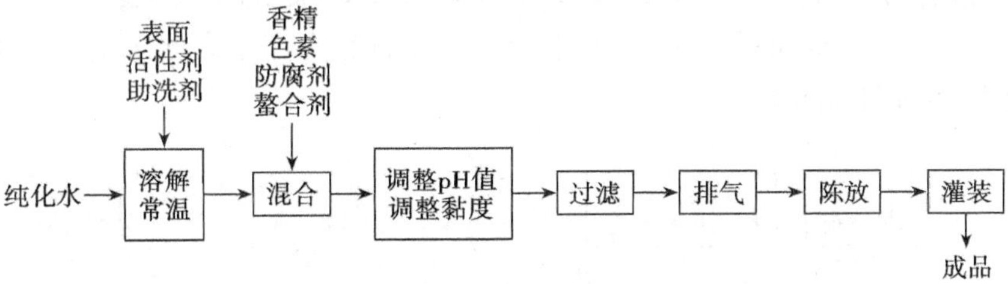

图 12-6　液洗类化妆品冷混法的工艺流程简图

2. 热混法　适用于含有蜡状固体或难溶物质(如珠光或乳浊制品)的配方。其工艺流程简图如图 12-7 所示。

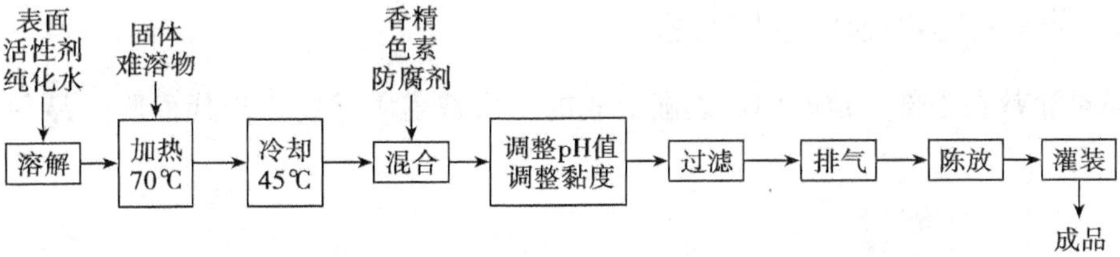

图 12-7　液洗类化妆品热混法的工艺流程简图

热混法的温度不宜过高(一般不超过 75℃)，以免破坏配方中的某些成分。

四、水剂类化妆品的生产工艺

水剂类化妆品是以水、乙醇或水-乙醇溶液为基质的透明液体类产品，如香水、化妆水、育发水等。水剂类化妆产品必须保持清晰透明，香气纯净无杂味，不能产生混浊和沉淀。水剂类化妆品一般都在不锈钢设备内制备，也可用搪瓷或搪锡的混合配料锅。含乙醇量多时，各装置都应采取防火防爆措施。

水剂类化妆品的工艺流程简图如图 12-8 所示。

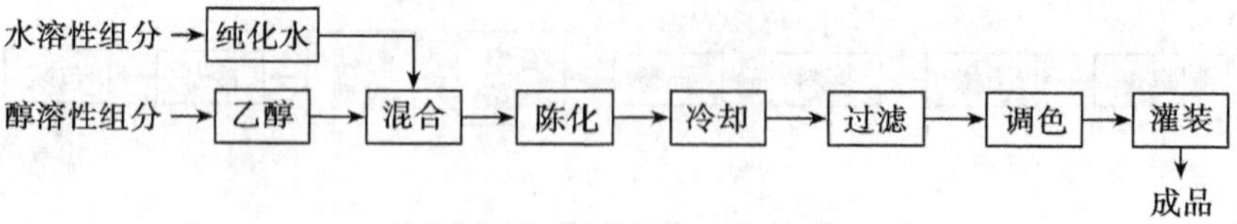

图 12-8　水剂类化妆品的工艺流程简图

其中陈化和过滤是生产过程中的主要操作，使溶液香气完全调和，并使原液中的不溶物质充分沉淀、过滤，得到清晰透明的产品。

五、气溶胶类化妆品的生产工艺

气溶胶类化妆品也称气压式化妆品。这种产品使用时只要用手轻轻一按，内容物就会自动喷出来，因此其包装形式与普通制品不同，需要有喷射剂、耐压窗口和阀门。

气压制品的生产工艺简单分为：主成分的配制和灌装、喷射剂的灌装、器盖的接轧、漏气检查、重量和压力的检查及最后包装，其中与一般化妆品生产最大的区别就在于压气的操作。其工艺流程简图如图 12-9 所示。

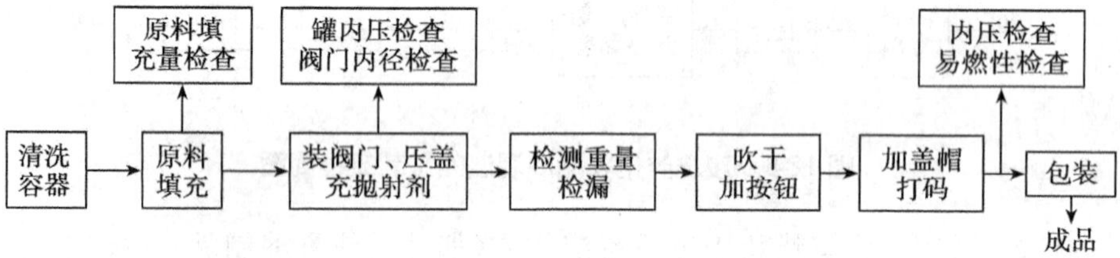

图 12-9　气溶胶类化妆品的工艺流程简图

六、面膜类化妆品的生产工艺

面膜是涂敷在面部一定时间后逐渐形成的一层覆盖膜状物。现代面膜的品种很多，可

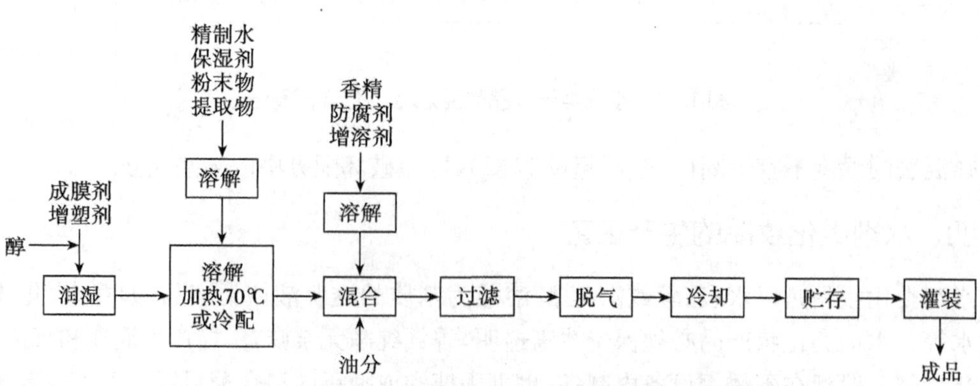

图 12-10　面膜类化妆品的工艺流程简图

分为剥离型和非剥离型两大类。按基质类型又分为蜡基面膜、橡胶基面膜、乙烯基面膜和水溶性聚合物基面膜等，现以水溶性聚合物基面膜为例，简单说明面膜的制备工艺，其中成膜剂是面膜的关键，多用高分子聚合物。制备成膜剂溶液时要注意时间充足，须让分子充分溶胀、溶解。其工艺流程简图如图 12-10 所示。

（刘　波）

13 第十三章 化妆品的卫生规范与质量控制

第一节 化妆品的卫生规范

一、化妆品卫生规范

为了确保化妆品的卫生质量，加强化妆品的卫生监督与管理，国家于1999年发布了《化妆品卫生规范》，并于2002年进行了修订。随着化妆品行业的快速发展，化妆品安全性评价方法和检验技术的不断提高，国家于2007年再次对《化妆品卫生规范》进行了修订。此次修订借鉴了欧盟、美国、日本等国家和地区的最新化妆品法规和标准，并广泛听取了企业、行业协会和监督部门等利益相关单位的意见。《化妆品卫生规范》(2007年版)于2007年1月4日发布，自2007年7月1日起正式实施。

新版《化妆品卫生规范》修订了化妆品禁、限用原料名单，增加了788种禁用原料；将卫生部2005年发布的《染发剂原料名单》纳入到规范的限用原料名单中；对防腐剂、防晒剂、着色剂、染发剂中部分原料进行调整，包括删除、增加和改变限用条件等。此次修订还增加了几种新的禁、限用原料的检测方法；增加两种防晒化妆品长波紫外线(UVA)防晒效果评价方法(人体法和仪器法)；增加防晒化妆品防水功能的测定方法和标识要求等。

新版《化妆品卫生规范》的基本内容包括：总则、毒理学试验方法、卫生化学检验方法、微生物检验方法和人体安全性和功效评价检验方法五个部分。

(一) 总则

规定了化妆品原料及其终产品的卫生要求，适用于在中华人民共和国境内销售的化妆品，引用欧盟化妆品规程(76/768/EEC)修订。

总则中对化妆品卫生和包装的要求如下：

1. 一般要求　在正常以及合理的、可预见的使用条件下，化妆品不得对人体健康产生危害。

2. 原料要求　根据《化妆品卫生规范》要求，化妆品禁用组分1208种，其提取物及制品均禁用的组分78种，限用物质73种(包括其使用范围、最大允许使用浓度、其他限制和要求以及标签上必须标印的使用条件和注意事项)。

化妆品组分中限用防腐剂56种，限用防晒剂28种，限用着色剂156种和染发剂93种。这几类物质的使用必须是《化妆品卫生规范》中所列物质，并必须符合该规范的附表中所列规定，包括最大允许使用浓度、其他限制和要求以及标签上必须标印的使用条件和注意事项。

3. 终产品要求　化妆品必须使用安全，不得对施用部位产生明显刺激和损伤，且无感染性。化妆品中微生物学质量和有毒物质控制应符合下列规定：

（1）眼部化妆品及口唇等黏膜用化妆品以及婴儿和儿童用化妆品菌落总数不得大于500CFU/ml或500CFU/g(CFU：colony forming units，菌落形成单位)。

（2）其他化妆品菌落总数不得大于1000CFU/ml或1000CFU/g。

（3）每克或每毫升产品中不得检出粪大肠菌群、铜绿假单胞菌和金黄色葡萄球菌。

（4）化妆品中真菌和酵母菌总数不得大于100CFU/ml或100CFU/g。

（5）化妆品中有毒物质不得超过如下限量：汞1(mg/kg)(含有机汞防腐剂的眼部化妆品除外)、铅40(mg/kg)、砷10(mg/kg)、甲醇2000(mg/kg)。

4. 化妆品包装要求　化妆品的直接接触容器材料必须无毒，不得含有或释放可能对使用者造成伤害的有毒物质。

（二）毒理学试验方法

《化妆品卫生规范》规定了化妆品原料及其产品安全性评价的毒理学检测要求。

1. 化妆品原料的检测　化妆品的新原料需进行下列10种毒理学试验：

（1）急性经口和急性经皮毒性试验。

（2）皮肤和急性眼刺激性/腐蚀性试验。

（3）皮肤变态反应试验。

（4）皮肤光毒性和光敏感试验*(原料具有紫外线吸收特性需做该项试验)。

（5）致突变试验(至少应包括一项基因突变试验和一项染色体畸变试验)。

（6）亚慢性经口和经皮毒性试验。

（7）致畸试验。

（8）慢性毒性/致癌性结合试验。

（9）毒物代谢及动力学试验*(试验方法参照GB7919-87化妆品安全性评价程序和方法)。

（10）根据原料的特性和用途，还可考虑其他必要的试验。

2. 化妆品产品的检测　一般情况下，新开发的化妆品产品在投放市场前，应根据产品的用途和类别进行相应的试验，以评价其安全性。产品的检测项目应根据实际情况确定，如为每天使用的化妆品需进行多次皮肤刺激性试验；进行多次皮肤刺激性试验者不再进行急性皮肤刺激性试验；间隔数日使用的和用后冲洗的化妆品须进行急性皮肤刺激性试验；与眼接触可能性小的产品不需进行急性眼刺激性试验。

化妆品产品的检测包括下列16种试验：

（1）急性经口毒性试验。

（2）急性经皮毒性试验。

（3）皮肤刺激性/腐蚀性试验。

（4）急性眼刺激性/腐蚀性试验。

（5）皮肤变态反应试验。

（6）皮肤光毒性试验。

（7）鼠伤寒沙门菌/回复突变试验。

（8）体外哺乳动物细胞染色体畸变试验。

（9）体外哺乳动物细胞基因突变试验。

（10）哺乳动物骨髓细胞染色体畸变试验。

（11）体内哺乳动物细胞微核试验。

（12）睾丸生殖细胞染色体畸变试验。

（13）亚慢性经口毒性试验。

（14）亚慢性经皮毒性试验。

（15）致畸试验。

（16）慢性毒性/致癌性结合试验。

（三）卫生化学检验方法

规定了化妆品禁、限用原料的卫生化学检测方法的相关要求，适用于化妆品产品中禁、限用成分的检测。

对所有化妆品都需要检验的项目有汞、铅、砷、甲醇（除发用化妆品）。

对特殊用途化妆品还必须针对其特殊成分进行检验：如直发产品中游离氢氧化物；育发类化妆品中氮芥、斑蝥素；染发类化妆品中 *p*-苯二胺等 8 种染料组分；洗、护发类及护肤类化妆品中 α-羟基酸；去头屑洗发类化妆品所含二硫化硒中的硒、甲醛、水杨酸、酮康唑、氯咪巴唑和吡罗克酮乙醇胺盐等去屑剂（防腐剂）；脱毛类、烫发类和其他发用类化妆品中巯基乙酸及其盐类和酯类；祛斑类化妆品和香波中氢醌、苯酚；祛痘除螨类化妆品中盐酸米诺环素、二水土霉素、盐酸四环素、盐酸金霉素、盐酸多西环素、氯霉素和甲硝唑含量；除臭类化妆品中可溶性锌盐。

此外，必须检测化妆品中镉、总硒、硼酸和硼酸盐的含量；化妆品的 pH 值、化妆品中雌三醇等 7 种性激素、15 种防晒剂、12 种防腐剂、维生素 D_2 和 D_3、防晒化妆品的抗 UVA 能力。

（四）微生物检验方法

规定了化妆品微生物学检验的基本要求，适用于化妆品样品的采集、保存及供检样品制备。

化妆品微生物检测的项目有：菌落总数、粪大肠菌群、铜绿假单胞菌、金黄色葡萄球菌、真菌和酵母菌五项。

菌落是指细菌在固体培养基上发育而形成的能被肉眼所识别的生长物。菌落总数（aerobic bacterial count）是指化妆品检样经过处理，在一定条件下培养后（如培养基成分、培养温度、培养时间、pH 值、需氧性质等），1g（1ml）检样中所含菌落的总数。测定菌落总数用于判明样品被细菌污染的程度，是对样品进行卫生学总评价的综合依据。

（五）人体安全性和功效评价检验方法

适用于化妆品终产品的人体安全性和功效性评价。评价的主要内容是：

（1）化妆品人体皮肤斑贴试验：适用于检验防晒类、祛斑类和除臭类化妆品。检测化妆品终产品及其原料对人体皮肤潜在的不良反应。

（2）化妆品人体安全性检验：适用于检验健美类、美乳类、育发类、脱毛类化妆品。

（3）防晒化妆品防晒效果人体试验：适用于防晒指数（sun protection factor，SPF）测定、SPF 值防水试验以及长波紫外线防护指数（protection factor of UVA，PFA 值）的测定。

二、市场监管体系

为保障消费者身体健康，确保化妆品的卫生质量和使用安全，加强对化妆品的监督管理，我国政府发布了一系列关于化妆品管理的法规和条例。这些法规的发布和实施对化妆品行业的发展起到积极的推动作用，也标志着我国化妆品工业逐渐走向标准化、法制化、国际化。

（一）化妆品卫生标准系列

卫生部于 1987 年 5 月 28 日发布了《化妆品卫生标准》系列，于 1987 年 10 月 1 日起实施。它包括：

1. GB7916—1987《化妆品卫生标准》　在国内从事化妆品生产、销售，包括进口化妆品都必须遵守本标准。一般要求化妆品必须外观良好，不得有异臭；不得对皮肤和黏膜产生刺激和损伤作用；必须无感染性，使用安全。

对原料及产品的要求大致与《化妆品卫生规范》相同，并强调化妆品标签上应用中文注明产品名称、生产企业、产地，包装上要注明批号。对含药物化妆品或可能引起不良反应的化妆品，尚需注明使用方法和注意事项。

2. GB/T 7917. 1～4—1987《化妆品卫生化学标准检验方法(汞、砷、铅、甲醇)》。

3. GB/T 7918. 1～5—1987《化妆品微生物标准检验方法(总则、细菌总数测定、粪大肠菌群、铜绿假单胞菌、金黄色葡萄球菌)》。

4. GB 7919-1987《化妆品安全性评价程序和方法》。

此外，根据化妆品在使用过程中出现的种种问题，国家技术监督局和卫生部又联合发布了一些标准，于 1998 年 12 月 1 日起实施。

GB 17149. 1—1997《化妆品皮肤诊断标准及处理原则(总则)》；

GB 17149. 2—1997《化妆品接触性皮炎诊断标准及处理原则》；

GB 17149. 3—1997《化妆品痤疮诊断标准及处理原则》；

GB 17149. 4—1997《化妆品毛发损害诊断标准及处理原则》；

GB 17149. 5—1997《化妆品甲损害诊断标准及处理原则》；

GB 17149. 6—1997《化妆品光感性皮炎诊断标准及处理原则》；

GB 17149. 7—1997《化妆品皮肤色素异常诊断标准及处理原则》。

（二）化妆品卫生监督条例

为加强化妆品的卫生监督，保证化妆品的卫生质量和使用安全，保障消费者健康，1989 年 9 月 26 日经国务院批准，由卫生部发布了《化妆品卫生监督条例》(以下简称《条例》)，于 1990 年 1 月 1 日起实施。凡从事化妆品生产、经营的单位和个人都必须遵守本条例。规定未取得《化妆品生产企业卫生许可证》的单位，不得从事化妆品生产。

《条例》中规定化妆品经营单位和个人不得销售下列情况化妆品：未取得《化妆品生产企业卫生许可证》的企业所生产的化妆品，无质量合格标记的化妆品，标签、小包装或者说明书不符合规定的化妆品以及未取得批准文号的特殊用途化妆品和超过使用期限的化妆品。并且规定了做广告宣传时，不得对化妆品名称、制法、效用或者性能有虚假夸大，不得使用他人名义保证或以暗示方法使人误解其效用，不得宣传医疗作用。

为使《条例》执行起来有章可循，卫生部又先后制定并发布了一系列规章和规范性文件。

1.《化妆品卫生监督条例实施细则》(以下简称《细则》)　由国务院卫生行政部门制定，1991 年 3 月 27 日由卫生部发布。旨在加强有关部门协作，健全化妆品卫生监督检验机构，增强监督检验技术能力，提高化妆品卫生监督人员素质，保证《条例》的贯彻实施。此细则对化妆品的生产、卫生质量和使用安全的监督、特殊用途化妆品与进口化妆品的审批及处罚等作了更详细和明确的规定。

为加大化妆品卫生监督力度，提高执法效率，2005年5月20日，卫生部又发布了《修改〈化妆品卫生监督条例实施细则〉第四十九条、第五十条的通知》(发布文号：卫监督发[2005]190号)。对上述《细则》作出两项修改，一是将《细则》第四十九条修改为：《条例》中规定没收的产品，由卫生行政部门监督销毁。二是将第五十条修改为：吊销《化妆品生产企业卫生许可证》、撤销批准文号由原批准机关批准。此通知自2005年6月1日起施行。

2.《化妆品卫生监督检验实验室资格认证办法》 1992年1月21日由卫生部发布。此认证办法对化妆品原料和产品检测的准确性与可靠性提供了有力的保障。

3.《关于审批特殊用途化妆品的有关规定的通知》 1992年7月6日发布。规定同一产品不得同时申请或具有药品及特殊用途化妆品批准文号。

4. 对使用的几种化妆品原料的规定

(1) 1992年7月23日，卫生部发出《关于祛斑类产品停止使用氢醌的通知》。

(2) 1994年7月20日，卫生部通知指出，防腐剂"吡啶硫铜锌"在化妆品中最大允许浓度为0.5%。

(3) 1996年11月28日，卫生部通知指出，对皮肤有一定刺激性的果酸(α-羟基酸，AHA)，在化妆品中的限制浓度暂定为6%(质量分数)。

(4) 2007年4月26日，卫生部通知批准，"4-甲氧基水杨酸钾"作为化妆品原料使用，要求其在化妆品中最大允许使用浓度为3%。

(三)《化妆品生产企业卫生规范》

为加强化妆品生产企业的卫生管理，保障化妆品卫生质量和消费者的使用安全，卫生部依据《化妆品卫生监督条例》及其实施细则制定，并于2007年发布了《化妆品生产企业卫生规范》(2007年版)，于2008年1月1日起正式实施，同时废止2000年下发的《化妆品生产企业卫生规范》。

新版《化妆品生产企业卫生规范》考虑了在我国目前条件下的可操作性和我国化妆品行业的发展以及适应国际贸易的需要，具有一定程度的先进性。它强化了化妆品生产企业作为化妆品卫生安全第一责任人的责任，对各类化妆品生产企业提出了更加明确具体的要求，同时也便于企业准确执行。同时也为卫生行政部门对化妆品企业的卫生许可和日常卫生监督工作提供了具有针对性的法规依据。

2007年版《化妆品生产企业卫生规范》规定了化妆品生产企业的选址、设施和设备、原料和包装材料、生产过程、成品贮存和出入库、卫生管理及人员等的卫生要求，凡在中华人民共和国境内从事化妆品生产的企业都应遵守。

(四)《化妆品卫生行政许可检验规定》

为规范化妆品卫生行政许可检验工作，卫生部依据《化妆品卫生监督条例》及其实施细则和《化妆品卫生规范》(2007年版)等法规制定，自2007年7月1日起实施(以产品检验受理日期为准)，同时废止《化妆品检验规定》(2002年版)。

《化妆品卫生行政许可检验规定》适用于化妆品卫生行政许可检验工作，规定了检验程序、检验报告的编制、检验项目、检验时限和样品数量等要求。其包括项目为微生物检验、卫生化学检验、毒理学试验及人体安全性和功效评价检验。

（五）化妆品的包装、标识规定

1. GB 5296.3-2008《消费品使用说明—化妆品通用标签》 标签指粘贴、连接或印在化妆品销售包装上的文字、数字、符号、图案和置于销售包装内的说明书。此标准由国家质量监督检验检疫总局和国家标准化管理委员会颁布，于 2009 年 10 月 1 日起正式实施，代替 GB 5296.3-1995《消费品使用说明—化妆品通用标签》，适用于在中华人民共和国境内销售的所有化妆品。

新标准要求化妆品标签必须标注：化妆品的名称、生产者的名称和地址、净含量、保质期及各类许可证号或特殊的批准文号等。新标准较 1995 年版更加明确要求了化妆品销售包装的可视面上应真实地标注化妆品全部成分的名称，且成分表应以"成分："的引导语引出。同时，成分表中的成分名称应按加入量降序排列，所有的成分都要以简体中文标注。对于进口化妆品，则必须在外包装的中文标签上标明成分。因此，今后类似"美白导入因子"、"天然植物萃取成分"等虚名将不允许再出现在包装上。

2.《化妆品标识管理规定》 化妆品标识是指用于表示化妆品名称、品质、功效、使用方法、生产和销售者信息等有关文字、符号、数字、图案以及其他说明的总称。《化妆品标识管理规定》于 2007 年 8 月 27 日由国家质量监督检验检疫总局发布，自 2008 年 9 月 1 日起施行，加强了对化妆品标识的监督管理，要求化妆品标识应当真实、准确、科学、合法。

此规定要求化妆品标识不得标注：夸大功能、虚假宣传、贬低同类产品的内容；明示或者暗示具有医疗作用的内容；容易给消费者造成误解或者混淆的产品名称以及其他法律、法规和国家标准禁止标注的内容。同时强调化妆品标识不得与化妆品包装物（容器）分离；内容应清晰、醒目、持久，使消费者易于辨认、识读；不得利用字体大小、色差或者暗示性的语言、图形、符号误导消费者；不可擅自涂改化妆品标识中的化妆品名称、生产日期和保质期或者生产批号和限期使用日期；不可标注法律、法规禁止的其他标注形式。

（六）《化妆品进出口监督检验管理办法》

为规范进出口化妆品监督检验管理工作，由国家出入境检验检疫局根据《中华人民共和国进出口商品检验法》及其实施条例和《化妆品卫生监督条例》等法律法规的有关规定制定，自 2000 年 4 月 1 日起施行，原国家商检局 1992 年发布的《进出口化妆品检验管理规定》（国检检〔1992〕223 号）及 1997 年发布的《进出口化妆品检验管理规定的〈补充规定〉》（国检检〔1997〕159 号）同时废止。

本办法适用于下列进出口化妆品的监督检验管理：列入《出入境检验检疫机构实施检验检疫的进出境商品目录》的，其他法律、法规规定须由检验检疫机构实施检验的和国际条约、双边协议要求检验的化妆品。

第二节　化妆品的质量控制

质量，一般意义是指产品好或坏的程度，根据 ISO8402—1994 标准（或 GB/T6583-1994），质量是反映实体（即可单独描述和研究的事物）满足明确和隐含需要的能力和特性的总和。这个广义的含义表明质量不仅要反映满足用户需要的性能、可靠性、可维修性等指标，又要反映兼顾供需双方利益的经济要求和追求物美价廉基础上的适宜要求。

质量控制就是为达到质量要求所采取的作业技术和活动。这类技术和活动的目的在于监视过程并排除在质量控制中所有阶段上导致不满意的原因，以取得经济效益。质量控制不仅是建立独立的质检部门，测定和报告产品的质量，这只能监督和提出建议，而不能控制产品的质量。真正能控制产品质量的是那些直接参加生产产品的人，是生产体系中所有工作人员的结合，包括生产操作工人、维修工程师、服务人员，甚至部门的主管和经理也起重大作用。

化妆品的质量控制应实行结构完整的综合质量保证体系，以生产出符合质量标准的产品，确保消费者使用的最终产品安全、有效和稳定。这一体系包括规范、原料和包装的控制、每批生产的控制、最终产品的控制四个方面。

一、规范

规范，是评估制造过程任何特定阶段是否达到正确结果所必需的，用于确定原料、过程和产品的要求。要做到良好的质量控制，规范要有以下 3 种类型。

（一）原料的规范

包括：原料的外观描述、鉴定试验、物理和化学实验、贮存条件以及安全方面的各项要求。对于包装材料也要规范到组件的规格，甚至指定所有被批准使用的材料的类型和品级。

（二）工艺过程的规范

需要具体规范到每批生产量，要有完整的配方，配方构成至少包括原料的名称、代码和每批生产各种原料的质量。规范遵守的安全要求，特别是任何有危险的原料和可能发生溢出时应注意的事项及需要采取的措施。

（三）产品的规范

包括：外观描述；颜色、感觉、气味等物理实验；活性物或防腐剂评估等化学实验；对微生物的控制，以及最终产品包装的外观、标签位置、日期打码和充填高度等都要有相应要求。

二、原料和包装的控制

（一）原料

需要有一体系保证原料在整个生产过程中受到控制。该体系的目的是防止未经测验或不合格的原料用于生产，体现在原料厂家的选择、检验标准制定、入厂检验、保存和使用等几个方面。要保存记录，提供可追溯性，以备需要时查阅参考，并有助于监督原料供应商和防止生产有缺陷的产品。原料在使用前检验合格，生产时才能按照既定配方投料，并做到物料间的平衡。

（二）包装组件

包装组件包括瓶、罐、盒、盖、商标纸和外包装纸盒等，其检收原则与原料的相似，也包括材料厂家的选择、检验标准制定、入厂检验、保存和使用等方面，须确保不会影响化妆品成品在出厂后的质量和使用。一般包装组件的包装数目较大，单从 1～2 箱中取样不具有代表性，最好按照统计质量控制方法取样，增大取样量。

（三）供应商的产品检验证明

对于有信誉的供应商，每批产品都有检验合格证明，有的还附有检验单，说明供应产品经过检验，符合规范要求。如果核实供应商有可靠的商业和技术上的信誉，能做到检验严格，提供数据完整，有能力保证原料的质量，便可减少对原料的抽检，节约时间和资源。

如果原料经过中间供应商，则应特别注意审核，并按安全规程进行接收，做好记录。一经发现有影响终产品质量的不合格来料，应该告知相关方，按照相关规定进一步处理。

三、每批生产的控制

对于生产的控制是质量保证体系重要的阶段。这部分主要的要求是延伸从原料控制系统开始的可追溯性的连锁链，有助于对生产过程的监督和防止制造不合格产品，保持在整个生产过程中对质量的控制。

生产各个步骤都要有相关的操作规程指导人员操作，不能因人员更替而影响产品质量，每阶段生产都要有生产记录和监控记录，确保生产过程可控可查。

每个生产阶段必须实施卫生控制，并按照工艺规程要求的控制点，对生产出的化妆品进行取样检验。

四、最终产品的控制

最终产品的控制是完成了产品可追溯性连锁链，并提供由灌装线输出产品的永久性记录。监督灌装线的工作是确保产品应有的质量，防止不合格产品运送至消费者手中最后的机会。

灌装线上抽样是作为产品的最终检验，不合格产品不得出厂。每批产品均应标明批号，检验记录要求归档，一旦发生质量问题可以追溯，并对同批次产品进行快速召回。

在装箱前对抽样的质量和体积、包装、打码、标签等进行核查。抽样质量或体积偏差应合乎相应产品的规范。

（刘 波）

主要参考文献

1. 裘炳毅.化妆品化学与工艺技术大全.北京:中国轻工业出版社,1997
2. 贺孟泉.美容化妆品学.北京:人民卫生出版社,2002
3. 赖维,刘玮.美容化妆品学.北京:科学出版社,2006
4. 万勇,李宁.美容应用化妆品学.南昌:江西高校出版社,2000
5. 李明阳.化妆品化学.北京:科学出版社,2002
6. 刘华钢.中药化妆品学.北京:中国中医药出版社,2006
7. 黄桂宽,李雪华.实用美容化学.北京:科学出版社,2002
8. 黄儒强.化妆品生产良好操作规范(GMPC)实施指南.北京:化学工业出版社,2009
9. 王培义.化妆品——原理·配方·生产工艺.第2版.北京:化学工业出版社,2006
10. 李东光.洗涤剂化妆品原料手册:化妆品原料手册.北京:化学工业出版社,2005
11. 章苏宁.化妆品工艺学.北京:中国轻工业出版社,2007
12. 姬学亮.洗涤剂和化妆品生产技术.北京:科学出版社,2006
13. 杨彤,田燕.美容药物的配制与应用.北京:人民军医出版社,2005

附录 实训指导

实训一 乳剂的配制

【实训目的】

1. 掌握两种乳剂（油/水型、水/油型）的实验室配制方法。

2. 熟悉乳剂的配制原理。

【实训原理】

乳剂，系指一种或一种以上的液体以细小液滴的形式分散于另一种与之不相混溶的液体中得到的一种非均相液体制剂（也称乳浊液）。其基本组成：水相（W），即水或水溶液；油相（O），即与水不相混溶的有机液体；乳化剂，即防止油水分层的稳定剂。其他组成：防腐剂、调味剂、抗氧化剂等。

按乳化的性质分为水包油（O/W）或油包水（W/O）两型，此外，还有水包油包水（W/O/W）型和油包水包油（O/W/O）型复合型乳剂。常采用稀释法和染色镜检等方法进行鉴别。

1. 乳剂的性质　液滴的分散度高，使用时吸收快，生物利用度高；外用可改善皮肤、黏膜的透过性，减少刺激；水包油型乳剂还可掩盖某些不良味道。

2. 乳剂的配方设计原则

（1）室温下应保持良好流动性，无水分析出。

（2）颗粒小，分布均匀。

（3）使一般干燥的皮肤变柔软、光滑，且有润湿作用。

（4）在皮肤上无黏腻感，不影响汗液排出。

（5）色泽洁白，香气怡人，对人体皮肤无刺激或过敏。

一般在轻工业中标准为：pH 值 4.5～8.5。一般控制在 4.5～6.5 较好，与皮肤的 pH 值接近，更利于皮肤的吸收和保护皮肤。

3. 乳化技术　乳液是由水相和油相所组成的，乳液的制备一般是先分别制备出水相和油相，然后再将它们混合而得到。

要获取高质量的乳化体，一是要有合理的配方，二是要有科学的乳化技术。科学的乳化在乳化时需考虑到油相、水相的加料顺序、方法、速度、时间和各相的温度，以及乳化剂的位置、油相和水相的浓度、性质及乳化温度、搅拌的类型及时间和冷却速度。如果乳化技术控制不好，将会导致产品乳化的失败。

4. 乳化剂　乳化剂通常为表面活性剂，种类大致可分为三类：一是表面活性剂类，即阴离子型乳化剂（如硬脂酸钠、油酸钠、十二烷基硫酸钠等）、非离子型乳化剂（如脂肪酸山梨坦、聚山梨酯、氧乙烯脂肪醇醚类、聚氧乙烯聚氧丙烯共聚物类）和两性离子型乳化剂 3 种；

二是高分子化合物类的天然乳化剂（如阿拉伯胶、明胶、磷脂、胆固醇等）；三是固体粉末类乳化剂（如氢氧化镁、二氧化硅、白陶土、氢氧化钙、硬脂酸镁等）。

再如果胶、蜂蜡、单硬脂酸甘油酯、硬脂酸、硬脂醇等，为辅助乳化剂。

乳化剂的选择应根据乳剂的类型、乳化剂性能及给药途径决定。通常情况会将乳化剂组成混合乳化剂来使用，以防止单独使用乳化剂所产生的不稳定性。

5. 乳剂的制备方法　乳剂的制备方法有油中乳化剂法（干胶法）、水中乳化剂法（湿胶法）、新生皂法及两相交替加入法等。小量制备时可用乳钵或瓶中振摇制得，大量生产可用机械法制备，如搅拌机、乳匀机、胶体磨等器械。

其中干胶法是先将乳化剂与油混合均匀，按一定比例加水，乳化成初乳，再逐渐加水稀释至全量。湿胶法是将胶先溶于水中制成胶浆作为水相，将油相分次加入含乳化剂的水相中，使成初乳，再加水稀释至全量。

【仪器与试剂】

仪器：天平、称量纸、温度计、烧杯、量筒、滤纸、玻璃棒、水浴锅、试管。

试剂：羊毛脂、白油、油酸、三乙醇胺、二丁基羟基甲苯、蒸馏水、香精、丙烯酸聚合物、丙二醇、去离子水、肉豆蔻酸异丙酯、环甲基聚硅氧烷、硬脂醇、硬脂酸、硬脂酸甘油酯、PEG-100硬脂酸酯、四月桂酸季戊四醇酯、蜂蜡。

【实训步骤】

1. 水包油型护肤乳液（O/W）型

(1) 配方（质量份）：

水包油型护肤乳液配方

组分	质量份(g)	组分	质量份(g)
A:羊毛脂	15.0	二丁基羟基甲苯	1.5
白油	35.0	蒸馏水	424.0
油酸	15.0	C:香精	适量
B:三乙醇胺	7.5		

(2) 步骤及方法：

1) 用天平、称量纸和烧杯分别称取羊毛脂15g、白油35g、油酸15g（A组），在烧杯中混合。将烧杯置于水浴锅中加热至75℃，用玻璃棒按同方向不断搅拌至均匀。

2) 用量筒量取424ml蒸馏水，天平称取1.5g二丁基羟基甲苯和7.5g三乙醇胺（B组）。将3种物质在烧杯中混合均匀，放入水浴锅中加热至75℃。

3) 使水浴锅保持75℃恒温，将A组慢慢加入B组中，用玻璃棒按同一方向不停搅拌，使两相混合均匀、乳化。

4) 均质化后取出冷却，并加入香精，即成。

本品特性：油腻感很小，用后肤感舒适，适合温暖季节和日间使用。

2. 油包水型护肤乳液（W/O）型

(1) 配方（质量份）：

油包水型护肤乳液配方

组分	质量份(g)	组分	质量份(g)
A:丙烯酸聚合物	15.0	PEG-100 硬脂酸酯	6.0
丙二醇	7.0	环甲基聚硅氧烷	1.0
去离子水	137.4	硬脂醇	1.0
B:硬脂酸	2.0	四月桂酸季戊四醇酯	8.0
硬脂酸甘油酯	4.0	蜂蜡	4.0
肉豆蔻酸异丙酯	2.0	C:三乙醇胺	1.6

(2)步骤及方法:

1)用天平、称量纸和烧杯分别称取丙烯酸聚合物 15g 和丙二醇 7g,用量筒量取 424ml 蒸馏水(A 组),放入烧杯中混合均匀。将烧杯在水浴锅中加热至 75℃,并用玻璃棒按同方向不断搅拌至均匀。

2)用天平、烧杯、称量纸称取肉豆蔻酸异丙酯 2g,环甲基聚硅氧烷 1g,硬脂醇 1g,硬脂酸 2g,硬脂酸甘油酯 4g,PEG-100 硬脂酸酯 6g,四月桂酸季戊四醇酯 8g 和蜂蜡 4g(B 组)。在烧杯中将如上 8 种物质混合均匀,并放入水浴锅中加热至 75℃。

3)搅拌下将 A 组分加入 B 组分中,乳化、混合均匀后,再加入 C 组分,继续搅拌,调和均匀,冷却至室温,即制得成品。

本品特性:滋润效果较好,主要用于春秋季节护肤、润肤。

【注意事项】

1. 乳化温度要高于两相中所含有高熔点物质的熔点,且两相混合时温度需保持接近相同。尤其是对含有较高熔点(70℃以上)的蜡、脂油相成分,进行乳化时,不能将低温的水相加入,以防止在乳化前将蜡、脂结晶析出,造成块状或粗糙不均匀乳状液。

2. 搅拌速度要均匀适中,搅拌速度过高会将气泡带入体系,使乳剂不稳定。

【思考题】

1. 乳化剂有哪几类?制备乳剂时应如何选择乳化剂?

2. 影响乳剂物理稳定性因素有哪些?

(刘 波)

实训二 霜剂的配制

一、润肤霜的配制

【实训目的】

1. 了解润肤霜美容化妆品的制备原理。

2. 了解润肤霜中各组分的作用。

3. 掌握配制润肤霜美容化妆品的基本操作技术。

4. 掌握使用显微镜对乳化体进行观察。

【实训原理】

润肤霜是对皮肤具有滋润和保护作用的膏霜的统称,是美容化妆品中最主要产品之一。

其作用是在皮肤表面形成一薄层护肤的乳化脂膜，可隔离外界环境的刺激，补充皮肤天然存在的游离脂肪酸、胆固醇及油脂的不足，防止皮肤水分挥发而达到滋润和保护的目的。润肤霜的油性成分含量一般为10%～70%。主要有O/W型和W/O型两种，市面上主要以O/W型润肤霜为主。

1. 性状及使用功效　白色或浅色、均匀、细腻的膏体，涂抹时皮肤滋润而不油腻，pH值为4.0～6.5，具有润滑、柔软皮肤的性能。

2. 润肤霜的配方设计原则

(1) 外观洁白美观，富有光泽、质地细腻。

(2) 手感良好，质地均匀，黏度合适，易于倾出、挑出或挤出。

(3) 易于在皮肤上铺展和分散，不泛白，不起条。

(4) 擦在皮肤上具有较好的亲和性，易于均匀分散。

(5) 具有良好的湿润但无黏腻感。

(6) 具有清新怡人的香气。

3. 主要成分　润肤霜的主要成分有油性滋润剂、乳化剂、保湿剂、香精、色素和防腐剂等。

(1) 油性润肤剂：油性润肤剂是一类温和的能使皮肤柔软、柔韧的亲油性物质，常用的油性润肤剂主要有：①动植物油脂，如橄榄油、亚麻油、茶油、蓖麻油、蛇油、深海鱼油等；②蜡类，如蜂蜡、霍霍巴蜡、羊毛脂及其衍生物等；③烃类，如液体石蜡、固体石蜡、凡士林等；④高级脂肪酸，如月桂酸、棕榈酸、硬脂酸等；⑤高级脂肪醇，如月桂醇、油醇等，是良好的滋润剂、助乳化稳定剂；⑥酯类，如肉豆蔻酸异丙酯、棕榈酸异丙酯等；⑦硅油及其衍生物，如聚硅氧烷和甲基聚硅氧烷；⑧磷脂，如卵磷脂和脑磷脂。

(2) 乳化剂：润肤霜常用乳化剂主要有阴离子表面活性剂和非离子表面活性剂。常用的阴离子表面活性剂主要有脂肪酸盐、烷基硫酸钠、脂肪醇磷酸酯等。常用的非离子表面活性剂有单硬脂酸甘油酯(单甘酯)、失水山梨醇酯(司盘类)及其聚氧乙烯衍生物(吐温类)、脂肪醇醚等。

【仪器与试剂】

仪器：水浴锅、玻棒、pH计、烧杯、量筒、台秤、显微镜。

试剂：试剂组分及其质量分数见配方1。

【实训步骤】

1. 设计润肤霜配方　根据润肤霜产品的质量特点进行配方设计。本实验可参见配方1进行。

配方1　润肤霜配方组成及含量

组　分	质量分数(%)	组　分	质量分数(%)
A:硬脂酸	4.0	尼泊金酯	适量
蜂蜡	3.0	B:聚氧乙烯单月桂酸酯	1.0
角鲨烷	10.0	三乙醇胺	0.3
十六醇	8.0	丙二醇	10.0
橄榄油	10.0	去离子水	加至100
羊毛脂衍生物	2.0	C:香精	适量
单硬脂酸甘油酯	3.5	柠檬酸	适量

2. 称(量)取原料各组分及水相、油相原料的准备。

如果试做样品为10g,则按照配方1称(量)取各原料。对于活性物质或热敏性物质如维生素、香精、色素及防腐剂则可以看作特殊成分,通常是在后配料时加入。本实验中油相原料为硬脂酸、蜂蜡、角鲨烷、橄榄油、羊毛脂衍生物、十六醇、单硬脂酸甘油酯及尼泊金酯,记为A;水相原料为三乙醇胺、丙二醇、聚氧乙烯单月桂酸酯及去离子水,记为B;其他组分如柠檬酸、香精记为C。

3. 加热　在200ml烧杯内加入A组分,混合,在水浴上加热搅拌至全熔,得澄清透明油相,于85℃保温5分钟杀菌,备用。在另一个同样大小的烧杯内将B组分混合,进行水浴加热至约90℃保温5分钟杀菌,备用。

4. 乳化体的制备　当A相与B相温度相差不大时,将上述已经预热的A相溶液缓慢加入B相中,在匀速定向搅拌下发生乳化过程,此时体系慢慢由透明变成乳白,表明乳化体已经开始形成。继续搅拌,体系的黏度将不断增大,当黏度不再增大时,用柠檬酸或磷酸调整pH值至4.0～6.5。

5. 冷却　撤走热源,继续定向定速搅拌,使物料自然降温。

6. 后配料　继续搅拌,当体系温度降至50℃时,加入香精。

7. 装瓶　当温度降至40℃时,停止搅拌,静置冷却至室温,装瓶即可。

实验所制得的产品应该洁白、颗粒细腻、稠度适中,在皮肤上容易涂抹,且涂后无刺激。合格的产品用显微镜检查的结果是大部分颗粒的直径在1～10μm,呈球形,分布均匀。久置后不出现渗水、干缩、变色、霉变、发胀等现象。

【注意事项】

1. 水相、油相原料在混合乳化前一定要完全溶解。

2. 水相、油相混合乳化前温度一定要相同或相近,且温差不能超过10℃。

3. 活性成分及热敏物质一般在后配料、低温时期才能加入。

【思考题】

1. 润肤霜中起润肤作用的是哪些成分?

2. 为什么热敏物质一般在后配料、低温时期才能加入?

3. 指出本实验乳化剂的组成。

4. 简述乳化作用的机制。

二、防晒霜的配制

【实训目的】

1. 了解防晒霜化妆品的制备原理。

2. 掌握防晒霜化妆品的配制方法。

3. 了解防晒霜化妆品中各组分的作用。

【实训原理】

1. 性状及功效　白色或浅色、均匀、细腻的膏体,易涂抹、无油腻感,具有保护皮肤、防止皮肤晒黑或晒伤的功能。

2. 配方设计原则

(1) 产品的目标SPF值及PA值:根据市场的需要确定产品SPF值及PA值。现在市场上防晒产品主要还是针对UVB来进行研发和生产，很少考虑对UVA的防护，所以本实验主要考虑对UVB紫外线的防护，确定产品的SPF值在15～30。

(2) 产品的目标人群：根据产品主要销售对象确定防晒剂类别和用量。对于皮肤易过敏的人群，不应该使用对氨基苯甲酸类的防晒剂。

(3) 产品的目标成本：与其他组分相比，防晒剂的价格较昂贵，特别是有机防晒剂，尤其要考虑其成本。

(4) 耐水或防水性能：防晒制品的耐水和防水性能直接影响其防晒功效的持久性。

3. 主要成分　防晒霜的组成和润肤霜的组成基本相同，但防晒霜添加了适当的防晒剂。无机防晒剂主要采用微粒状的二氧化钛、氧化锌、氧化铁、高岭土等，其中以氧化锌、二氧化钛为最好，这是由于它们的散射作用最强，光稳定性好，无刺激，安全性高。但氧化锌和二氧化钛都是亲水性粉体，制备时易浮粉，涂抹时附着性差，通常采用环状有机硅氧烷进行包覆处理，使之与乳化体融合。

对于有机防晒剂，允许使用的有机防晒剂主要有对氨基苯甲酸类(防UVB)、水杨酸类(防UVB)、肉桂酸类及二苯甲酮(防UVA)等。除了使用有机、无机防晒剂以外，也有报道采用植物如芦荟、沙棘、人参、甲壳素等提取液作为防晒剂。

要想获得安全的具有较高防晒性能的防晒霜，防晒剂的选择非常重要，可以使用单一的无机和有机防晒剂，也可以复配使用。

【仪器与试剂】

仪器：水浴锅、玻棒、pH计、烧杯、量筒、台秤、高速均质机。

试剂：试剂组分及含量见配方2。

【实训步骤】

1. 设计润肤霜配方，本实验可参见配方2进行。

配方2　无机防晒剂配方组成及其质量分数

组分	质量分数(%)	组分	质量分数(%)
A：凡士林	13.0	超细氧化锌	10.0
蜂蜡	2.5	黄蓍树胶	0.2
羊毛脂	3.5	甘油	5.5
二甲硅油	0.5	Tween-60	6.0
Span-60	8.5	去离子水	加至100
尼泊金甲酯	适量	C：香精	适量
B：超细二氧化钛	4.0		

2. 称(量)取原料各组分及水相、油相原料的准备。

如果试做样品为10g，则按照配方2称(量)取各原料。本实验中油相原料为凡士林、蜂蜡、羊毛脂、二甲硅油、Span-60及尼泊金甲酯，记为A；水相原料为二氧化钛、氧化锌、甘油、黄蓍树胶、Tween-60及去离子水，记为B；其他组分如柠檬酸、香精，记为C。

3. 加热　在200ml烧杯内加入A，混合，在水浴上加热搅拌至全熔，得澄清透明油相，于85℃保温5分钟杀菌，备用。在另一个同样大小的烧杯内将黄蓍树胶及部分去离子水在加热条件下进行溶解，待其溶解完全后，加入B组分其他原料，在转速为2000r/min的高速均质机上进行分散5分钟后，水浴加热至约90℃保温5分钟杀菌，备用。

4. 乳化体的制备　当A与B相温度相差不大时，将上述已经预热的A相溶液缓慢加入B相中，维持转速为1500r/min进行均质乳化。继续搅拌约10分钟后，调整产品pH值至中性。

5. 冷却　撤走热源，继续定向定速搅拌，使物料自然降温。

6. 后配料　继续搅拌，当体系温度降至50℃时，加入香精。

7. 装瓶　当温度降至40℃时，停止搅拌，静置冷却至室温，装瓶即可。

【注意事项】

1. 水相、油相混合乳化前温度一定要相同或相近，且温差不能超过10℃。

2. 活性成分及热敏物质一般在后配料、低温时期才能加入。

【思考题】

1. 防晒剂中起防晒作用的是哪些成分？

2. 简述防晒剂的作用机制。

3. 紫外线吸收剂分为哪几类？

（何秋星）

实训三　溶液剂的配制

【实训目的】

1. 掌握溶液剂的实验室配制方法。

2. 熟悉溶液浓度的表示方法和影响溶解速度的因素。

3. 了解增加溶液剂溶解度的方法与影响溶解速度的因素。

【实训原理】

1. 溶液剂的含义和分类　溶液剂一般为药物的澄明溶液。溶剂通常为水、乙醇、油或二甲亚砜等。溶液型化妆品有润肤化妆水、收敛性美容水、防晒油等。

2. 溶液浓度表示方法

(1) 百分浓度：用%符号表示。系指溶液100ml中含有溶质若干克或毫升。如0.9%氯化钠溶液系指在100ml溶液中含氯化钠0.9g。

(2) 比例浓度：《中华人民共和国药典》规定如下。

1) 溶液后记示的“(1-10)”等符号，系指固体溶质1.0g或液体溶质1.0ml加溶剂使成10ml的溶液。未指明用任何溶剂时，均系指水溶液。

2) 两种或两种以上液体的混合物，品名间用半字线“-”隔开，其后括号内所示的“：”符号，系指各液体混合时的容量比例。

3) ＜规格＞项下的“：”符号，如1ml：10mg，系指1ml中含有药品10mg的制品。

3. 增加溶解度的方法与影响溶解速度的因素

(1) 增加药物溶解度的方法：溶解度系指在一定温度（25℃±2℃）时，溶质在溶剂中的最大溶解限度。一般用1份溶质（1g或1ml）溶于若干溶剂中表示。

1) 将酸性或碱性药物制成盐类：某些不溶或难溶的有机药物，若分子中有酸性或碱性基团者，可分别用碱或酸将其制成盐类，以增大在水中的溶解度。

2）选择适宜溶剂或用复合溶剂：在不影响药物疗效的前提下，根据药物性质选择适宜溶剂，即“相似者相溶”的原则，使其溶解成溶液。水与乙醇、甘油和丙二醇等组成复合溶剂，可增大某些难溶于水的有机药物的溶解度。选择溶剂时还应注意毒性、副作用、刺激性、吸收及疗效等问题。

3）添加助溶剂：助溶系指药物由于配合剂的作用而增大其溶解度的过程。用于助溶的配合剂称为助溶剂。常用的助溶剂有三类：①无机化合物，如碘化钾、氯化钠等；②有机酸及其钠盐，如苯甲酸钠、水杨酸钠、枸橼酸钠、对羟基苯甲酸钠等；③酚胺类化合物，如烟酰胺、脲等。

（2）影响溶解速度的因素：

1）温度：一般情况是温度愈高，药物溶解愈快。但遇热不稳定的药物，溶解时不宜加热。

2）搅拌：搅拌可以加速溶质饱和层的扩散，使溶解速度加快。在药物溶解时应不断搅拌。

3）粒度：药物的粒度系指固体药物粒子的大小，通常用粒径表示。药物的粒度愈小，颗粒愈细，溶解也愈快。

（3）溶液剂的制备方法：溶液剂的制备方法有溶解法、稀释法和化学反应法 3 种。根据药物性状和原料情况选择应用。

1）溶解法：是制备溶液剂的主要方法，适于固体药物的制备。其操作步骤为：称量、溶解、滤过、检查与包装等过程。制备时应注意以下几点：①一般先用处方量 1/2～4/5 的溶剂溶解药物；②处方中如有附加剂或溶解度较小的药物，应将其先溶解，再加其他药物；③处方中所用溶剂是非水溶剂如乙醇、油等，制备时所用器材均应干燥，以免制品中混入水而出现混浊；④当处方中有甘油等黏稠液体时，量取后加少量水稀释，搅匀后再倾出。

2）稀释法：当原料是浓溶液或易溶性药物的浓贮备液时，需用稀释法制备。制备方法是：取一定量的浓溶液加规定溶剂，稀释至所需浓度即可。采用稀释法制备时应注意以下几点：①搞清原料浓度和所需稀溶液的浓度，计算时注意浓度单位应统一；②浓溶液如为腐蚀性或有挥发性的药物，操作要迅速，配制完毕后立即密闭。

3）化学反应法：适用于原料药物缺乏等情况。采用此法应考虑其他产物对药剂的影响。制备方法一般是将药物分别溶解于适量的溶剂中，然后将其中一种药物溶液缓慢加到另一种药物溶液中，搅拌使反应完全即可。

4. 化妆品中常见的溶液剂类型

化妆水：一般为低黏度、流动性好的透明液状化妆品，它大都在洁肤洗面之后、化妆之前使用，故有化妆水之称。

随着化妆品工业的发展，化妆水的品种和功能也在不断地扩展，使它具有良好的润肤、养肤及紧肤作用。由于该类产品少油腻、不黏稠、滑爽，使用感觉舒适，而且它一般不含或少含表面活性剂成分，对皮肤刺激小，而逐渐受到消费者的喜爱。另外，它在制备上也较简单，所以目前化妆水有较好的上市率。

1）润肤水：或称为柔肤水，它是一种可使皮肤柔软，保持皮肤滋润、光滑的溶液剂化妆品。

润肤水的主要成分有：①润肤剂：如天然油脂橄榄油、沙棘油、霍霍巴油、羊毛脂及硅氧烷类等都有良好的柔软皮肤作用，各种支链脂肪醇、酯也具有滋润、软肤作用；②保湿剂：甘油、丙二醇、丁二醇、山梨醇、聚乙二醇、透明质酸、吡咯烷酮羧酸钠及乳酸盐等；③增稠剂：天然胶质、水溶性高分子化合物如黄原胶、羟乙基纤维素等；④增溶剂：一般为亲水性强的非离子表面活性剂，如聚氧乙烯脂肪醇醚、聚山梨醇系列、聚氧乙烯氢化蓖麻油等；⑤溶剂：水、乙醇。此外，其还含有香精、色素、防腐剂等。在润肤水的配方中，还可以加入各种天然植物或中草药提取液，赋予产品独特的功效。

2）紧肤水：亦称为收缩水、收敛水。这是一种具有收敛皮肤毛孔、绷紧皮肤、用后皮肤显得细腻的化妆品，故适合油性皮肤和皮肤毛孔粗大者使用，宜于夏季化妆前使用。

紧肤水的成分除了前述的润肤剂、保湿剂等之外，另还需要添加收敛剂。

收敛剂通常为能使皮肤表层的蛋白质成分凝结的一类物质。皮肤经收敛剂作用后，可使表皮绷紧、毛孔缩小、汗腺口膨胀，从而使皮肤收敛，显现出细腻的外观。收敛剂为有机酸类和铝、锌、铋盐类等。

化妆品中常用的收敛剂有苯酚磺酸锌、羟基氯化铝、乳酸等。

【实验仪器与试剂】

仪器：电子天平、称量纸、温度计、电子恒温水浴箱（温度误差为±1℃）、搅拌器、烧杯、玻璃棒、量筒、滤纸。

试剂：见实训步骤。

【实训步骤】

1. 配方1　嫩肤水的制备

A相：1,3-丁二醇	4g
吡咯烷酮羧酸钠	5g
蒸馏水	加至总量100g
丙二醇	4g
羟苯甲酯	0.1g
B相：0.5%透明质酸溶液	10g
CO-40	0.2g
杰马BP	0.3g
香精	0.05g

2. 步骤与方法

（1）取蒸馏水适量加热至90℃消毒灭菌20分钟，等温度降至50℃左右时缓慢加入透明质酸溶液搅拌溶解备用。

（2）另称取A相组分混合搅拌加热至80℃，持续20分钟。

（3）再取香精与CO-40搅拌混匀后，加入透明质酸溶液、杰马BP混合均匀，等A相组分搅拌降温至45℃左右时加入，搅拌均匀降至室温，即得。

【操作注意事项】

1. A相、B相原料在混合前一定要完全溶解。

2. A相、B相混合前温度一定要相同或相近，但相差不能超过10℃。

3. 活性成分及热敏物质一般在后配料、低温时期才能加入。

附其他溶液剂配方两个可供选择，其制备过程与配方1相似。

配方2　防晒爽肤水

A相:	丙二醇	6.0g
	海藻多糖	3.0g
	甘草酸二钾	0.3g
	NMF-50	3.0g
	EDTA-2Na	0.05g
	尿囊素	0.2g
	蒸馏水	加至总量100.0g
B相:	七叶树提取液	5.0g
	CO-40	0.2g
	丝肽液	3.0g
C相:	杰马BP	0.3g
	香精	0.05g

配方3　养颜柔肤水

A相:	丙二醇	4.0g
	NMF-50	3.0g
	EDTA-2Na	0.05g
	羟苯甲酯	0.1g
	蒸馏水	加至总量100.0g
B相:	天然黄瓜提取液	5.0g
	无糖葡萄酒	20.0g
	玫瑰精油	0.02g
	CO-40	0.2g
	杰马BP	0.3g

（张春娜）

实训四　凝胶剂的配制

【实训目的】

1. 掌握凝胶剂的实验室配制方法。

2. 熟悉凝胶剂的主要原料及质量要求。

【实训原理】

1. 凝胶剂的定义　凝胶是一类含有两组分或两组分以上的包含液体的外观为透明或半透明的半固体胶冻和其干燥体系（干胶）大分子的网络体系的通称。

凝胶性质介于固体与液体之间，为高分子物质的一种特有结构状态。凝胶化妆品是较新的一类化妆品，凝胶其英文为gel，国内现常把凝胶直译称为“啫喱”。凝胶有水溶性凝胶和油溶性凝胶两类，水溶性凝胶中含有较多的水分，可以补充给皮肤，具有保湿及清爽的效果，适于干性皮肤和夏季使用；油溶性凝胶含有较多的油分，对皮肤具有保湿、滋润作用，适用于干性皮肤和冬天使用。

2. 凝胶剂的主要原料

（1）凝胶剂：这是一种使产品形成凝胶的物质，目前在化妆品中主要使用的凝胶剂有天然胶质和水溶性高分子化合物。

1）天然胶质：常用作凝胶剂的有黄原胶（汉生胶）、角叉胶、海藻酸钠和明胶等。

2）水溶性高分子化合物：常用作凝胶剂的有纤维素衍生物，如羧甲基纤维素钠、羟乙基纤维素、羟丙基纤维素和阳离子纤维素聚合物（如聚季铵盐－10等）及丙烯酸聚合物系列产品、芦芭胶、丙烯酸酯共聚物等。

（2）中和剂：丙烯酸聚合物形成凝胶是在碱的中和作用下形成的，常用的中和剂有强碱氢氧化钠和弱有机碱三乙醇胺。中和剂的用量控制在使凝胶的pH值为7.0左右。

3. 凝胶剂的质量要求

（1）混悬凝胶剂中颗粒应分散均匀，不应下沉结块，并应在标签上注明“用前摇匀”。

（2）局部用凝胶剂应均匀、细腻，无黏固的块粒，在常温时保持胶状，不干涸或液化。

（3）凝胶剂必要时可加入保湿剂、防腐剂等稳定剂，以及促进皮肤、黏膜吸收的附加剂。

（4）除另有规定外，凝胶剂应置避光密闭容器中，置阴凉处（不超过25℃）贮存，并防止结冰。

（5）凝胶剂应安全、无毒、无刺激性。

【仪器与试剂】

仪器：电子天平、称量纸、温度计、电子恒温水浴箱（温度误差为±1℃）、搅拌器、烧杯、玻璃棒、量筒、滤纸。

试剂：见实训步骤。

【实训步骤】

1. 配方1　保湿凝胶的制备

A相：卡波姆2020	0.8g
1,3-丁二醇	4.0g
丙二醇	4.0g
羟苯甲酯	0.1g
蒸馏水	加至总量100.0g
NMF-50	2.0g
B相：20%三乙醇胺	3.0g
C相：芦芭胶CG	5.0g
水溶香精	0.1g
杰马BP	0.3g

2. 步骤及方法

（1）量取蒸馏水、1,3-丁二醇、丙二醇混合，搅拌均匀。

（2）另量取卡波姆2020，在慢速搅拌下少量分次撒入，搅拌均匀后，加热至80℃并提高搅拌速度。

（3）当温度降至80℃时加入羟苯甲酯、NMF-50，搅拌均匀后，持续搅拌降温至50℃，加入适量20%三乙醇胺，调整pH 5～6后加入C组分，搅拌至36℃，即得。

附其他凝胶剂配方两个可供选择，其制备过程与配方1相似。

配方2 保湿凝胶

A相：	QM	0.5g
	1,3-丁二醇	4.0g
	丙二醇	4.0g
	EDTA-2Na	0.05g
	蒸馏水	加至总量100.0g
	羟苯甲酯	0.1g
	NMF-50	3.0g
B相：	芦芭胶CG	5.0g
	NaOH(10%水溶液)	1.3g
	杰马BP	0.3g
	香精(水溶)	0.1g
	CO-40	0.3g

配方3 祛斑凝胶

A相：	QM	0.5g
	1,3-丁二醇	4.0g
	丙二醇	6.0g
	蒸馏水	加至总量100.0g
B相：	EDTA-2Na	0.05g
	羟苯甲酯	0.1g
	NMF-50	3.0g
C相：	NaOH(10%溶液)	适量
D相：	熊果苷	5.0g
	亚硫酸氢钠	0.2g
	水溶月桂氮䓬酮	0.5g
	CO-40	0.2g
	十一碳烯酰苯基丙氨酸	1.5g
	香精	0.05g
	杰马BP	0.3g

（张春娜）

实训五 面膜剂的配制

【实训目的】

1. 掌握常用面膜剂的类型、成分和配制方法。
2. 了解常用面膜剂主要成分的作用。

【实训原理】

面膜是常用的护肤类化妆品，其基本功能是在皮肤表面形成不透气薄膜，将皮肤与外界隔绝，使局部温度升高，血液循环加速；同时使汗液分泌增加，角质层含水量上升；因而大大促进面膜中的功能性成分透皮吸收。还可吸附多余的皮脂、角质鳞屑和污物，清洁毛孔。根据其基质的组成，面膜可分为蜡基面膜、橡胶基面膜、乙烯基面膜、水溶性聚合物面膜和土基面膜等。

1. 蜡基面膜　通常由合适熔点的蜡类添加少量凡士林和极性原料组成，常温下为固态，使用前加热熔化，涂于面部。蜡基固化后隔离空气，使局部汗液分泌增加，有助于排出毛孔内污物。

2. 橡胶基面膜　以胶乳为基质，面膜干后可形成弹性不透水薄膜。

3. 乙烯基面膜　以聚乙烯醇或聚乙酸乙烯树脂为基质，添加无机粉体或尼龙粉吸收亲水或亲油性的污物。

4. 水溶性聚合物基面膜　为透明或乳状黏液质地的高黏度凝胶体系，干后可形成柔软膜或固态凝胶，有可剥离型和非剥离型两种。

5. 土基面膜　包括黏土面膜和泥面膜，有膏状和粉状之分，其成分有较强吸附作用，可有效吸附多余油脂和污物，通常作为清洁面膜的主要基质。

【仪器与试剂】

仪器：电子秤、电子恒温水浴箱（温度误差为±1℃）、电冰箱（温度误差为±1℃）、抽气泵、搅拌器、烧杯、玻璃棒、量筒、移液管、布式漏斗、抽滤瓶、胶管、滤纸。

试剂：见实训步骤。

【实训步骤】

1. 蜡基面膜

（1）分别称取精确分量的微晶蜡 13.0g，白蜡 60.0g，十六醇 5.0g，白矿油 20.0g，有机皂土 1.4g 和异丙醇 0.6g，置于大烧杯中。

（2）加热至 45℃，使各组分充分熔化混合即得。

2. 剥离型保湿面膜（乙烯基面膜）

（1）称取聚乙烯醇 15g，加入 10ml 乙醇充分润湿。

（2）分别称取精确分量的海藻酸钠 1g、羧甲基纤维素钠 4g，加入 65ml 蒸馏水，充分混匀。

（3）将以上两相混合，加热至 70℃，并不断搅拌、混匀；置于恒温水浴保温 24 小时。

（4）加入丙二醇 1g，甘油 3g，乳化硅油 1g，香精 0.2ml，充分搅拌混匀即得。

3. 剥离型祛痘面膜（水溶性聚合物基面膜）

（1）取聚乙烯醇(PVA)16g，聚乙烯吡咯烷酮(PVP)4g，加入 10g 乙醇浸泡，再加入蒸馏水至 100g，搅拌均匀至透明黏液状。

（2）加入 1,3-丁二醇 6g，珍珠粉 2g，甘草锌 3g，鱼腥草提取液 5g，防腐剂适量，混合均匀即得。

4. 剥离型祛斑面膜（乙烯基面膜）

（1）取桑叶 30g，薏苡仁 30g，茯苓 20g，山药 20g，当归 20g，加入蒸馏水 1000ml，水煎去渣，将药液浓缩至 100ml，再加入 95%乙醇 200ml，边加边搅拌，冷藏 24 小时。将冷藏液抽滤，水浴 1 小时使乙醇蒸发，药液备用。

（2）取聚乙烯醇 17-88 100g，加入适量蒸馏水浸泡，水浴加热使之溶解。

（3）取羟苯乙酯 1.5g，加入少量 95%乙醇，使之溶解。

(4) 在聚乙烯醇液中加入备用中药药液及羟苯乙酯，搅拌均匀，再加入蒸馏水至1000g，搅拌至冷却，分装即得。

5. 膏状祛斑面膜(土基面膜)

(1) 分别称取精确分量的高岭土20g，滑石粉5g，碳酸镁1g，二氧化钛2g，绿豆粉3g，白芷粉7g，熊果苷2g，氢醌2g，香精0.2g，羟苯甲酯适量，加入甘油10g，蒸馏水加至100g，充分搅拌混合成糊状。

(2) 取棕榈酸异丙酯8g，霍霍巴油7g，加热溶解，加入上述药糊中混匀即得。

【思考题】

1. 根据其基质组成，常用面膜剂可分为哪几类?

2. 简述土基面膜的主要成分。

(王真子)

实训六　化妆品的检测与评价

一、化妆品的理化检验

【实训目的】

1. 掌握化妆品耐热、耐寒及离心等稳定性实验的操作技能。

2. 掌握不同种类化妆品的pH值测定方法。

3. 了解用酸度计测定溶液pH的原理。

4. 掌握酸度计的使用方法。

【实训原理】

化妆品是人们生活中的必需品，其质量的好坏直接影响到消费者的身心健康。为了保证化妆品的质量，必须对化妆品进行各种检验，其中化妆品的理化检验是化妆品中非常重要的检验内容。理化检验包括化妆品的稳定性、pH值、浊度、相对密度和色泽三刺激值等检验，本实训主要介绍化妆品的稳定性、pH值检验。

1. 化妆品的稳定性实验　化妆品的稳定性是评价化妆品质量的重要指标之一，其常用的检测方法有耐热、耐寒和离心等实验。

(1) 耐热实验:耐热实验主要考查化妆品的耐热性能，尤其在膏霜、乳液和液状等类化妆品中。化妆品的性状不同，其耐热要求和实验操作也不相同。一般是将化妆品置于恒温在规定温度的电热恒温箱中，保持一段时间后，观察其变化。合格的化妆品不应有油水分离现象。不同类化妆品的耐热标准参见《化妆品的轻工业行业标准》中的相关理化指标。

(2) 耐寒实验:耐寒实验考查化妆品的耐寒性能，尤其在膏霜、乳液和液状等类化妆品中。一般是将化妆品置于低温的冰箱中，保持一段时间后，恢复至室温，观察其变化。合格的化妆品不应有油水分离、结晶等现象。不同类化妆品的耐寒标准参见《化妆品的轻工业行业标准》中的相关理化指标。

(3) 离心实验:离心实验是检验乳液类化妆品寿命的实验。一般以300r/min(1小时)、3000r/min(30分钟)、10000r/min(10分钟)离心样品后，观察样品的分层、分离情况。不分层或无分离现象的乳液类化妆品为合格产品(含不溶性粉质颗粒沉淀物除外)。

2. 化妆品的pH值测定 化妆品的pH值不仅取决于其原料的品种、来源和配方，而且还取决于存放过程中微生物参与、空气氧化的程度和防腐剂的失效作用等因素。化妆品的pH值过高或过低，除了影响化妆品功效的正常发挥外，还可能造成刺激性皮炎、斑疹皮肤病和毛发损伤等，故对化妆品的pH值都有有效的控制和严格的检验。

测定化妆品的pH值可通过酸度计来测量。酸度计也称pH计，pH计有两个电极，一个是参比电极，其电极电位在一定条件下不变，不随溶液组成和pH的变化而改变；另一个为指示电极，其电极电位与溶液中[H_3^+O]之间符合Nernst方程，能指示溶液的pH或[H_3^+O]的变化。将两个电极插入待测溶液中构成原电池，通过测定原电池的电动势来确定溶液的pH值。

测定化妆品的稳定性和pH值可以评价化妆品的质量以及监督化妆品的质量变化和安全性。

【仪器与试剂】

仪器：电热恒温箱（温度误差为±1℃）、电冰箱（温度误差为±1℃）、离心机、pH计、烧杯、漏斗、量筒、台秤。

试剂：标准缓冲溶液（pH值应尽可能接近试样预期的pH值）。

样品：雪花膏、冷霜、洗面奶、口红、胭脂、香脂、粉底霜、睫毛膏、指甲油、香水、古龙水、香波、护发素、洗发膏、发油、染发剂、烫发剂和氧化剂等。

【实训步骤】

1. 稳定性实验

（1）将电热恒温箱调节到40℃±1℃，把一瓶（盒或袋）包装完整的样品放入电热恒温箱内，保持24小时，取出后观察。无油水分离现象为合格。

（2）将冰箱调节至－5～－15℃，把装入小瓶的样品加盖旋紧，待样品温度达到室温后，将样品放入冰箱中，保持24小时后，取出。待样品恢复至室温，目视检验。对膏霜乳液类样品，应无油水分离现象；对香波，观察有无结晶生成和其他物理状态的变化；发油应无凝析物。

（3）将乳液类化妆品样液装入离心管中，以3000r/min离心30分钟后，观察样品的分层、分离情况。

2. 溶液pH值的测定

（1）试样的制备：

1）稀释法：称取样品1g(精确至0.1g)，加入蒸馏水25ml溶解，加热至40℃，并不断搅拌至均匀，冷却至规定温度，待用。

如为含油量较高的样品，可加热至70～80℃，冷却后除去油块待用；粉状样品可沉淀过滤后，待用。

2）直测法（不适用于粉类、油膏类化妆品及油包水型乳化体）：将适量包装容器中的样品放入烧杯中待用或将小包装去盖后直接将电极插入其中。

（2）pH计校正：按照仪器的使用说明，校正pH计，选择两个标准缓冲溶液，在规定的温度或温度补偿系统下进行校正。

（3）测定：用蒸馏水清洗电极，然后用滤纸吸干。将电极小心插入试液中，电极头浸没在试液中，待pH计显示的数字稳定后，即可读数，即为试液的pH值，记录。pH值的结果以两次测量的平均值表示。

测定完毕后，取出电极洗净、擦干后保存。

【数据记录与处理】

化妆品的理化指标的记录与处理见附表 6-1。

附表 6-1　化妆品的理化指标（稳定性、pH 值）

样品编号	名称	稳定性			pH 值		
		耐热	耐寒	离心分离	测量值 1	测量值 2	平均值
1	雪花膏						
2	冷霜						
3	洗面奶						
4	口红						
5	胭脂						
6	香脂						
7	粉底霜						
8	睫毛膏						
9	指甲油						
10	香水						
11	古龙水						
12	香波						
13	护发素						
14	洗发膏						
15	发油						
16	染发剂						
17	烫发剂						
18	氧化剂						

【思考题】

1. 在耐热和耐寒实验中，温度和时间有无严格的要求？
2. 测定化妆水的 pH 值时，采用稀释法还是直测法？

二、化妆品中有毒物质——铅的检测

【实训目的】

1. 了解二硫腙萃取分光光度法检测化妆品中有毒物质铅的原理。
2. 掌握二硫腙萃取分光光度法测定化妆品中铅含量的方法。

【实训原理】

化妆品中有毒物质主要是指汞、铅、砷和甲醇等，这些毒性物质有的随原料混入，有的在化妆品生产、包装或运输过程中受污染所致。

早在公元前11世纪的商朝，即有"纣烧铅作粉"涂面美容的方法记载。铅粉涂在肌肤上，使其洁白柔嫩，增加美感。但铅也可通过皮肤渗入体内，长期积累不仅造成色素沉积，而且还可能引起重金属中毒。国家《化妆品卫生标准》中规定了化妆品中有毒物质铅的限量为40mg/kg，铅允许作为化妆品的组成成分，但不准超过规定的最大允许浓度，必须在允许的使用范围和使用条件下应用。因此检测铅在化妆品中的含量对化妆品的安全性具有重要意义。

化妆品中铅的检测方法有：分光光度法、原子吸收光谱法和极谱法等。常用的有火焰原子吸收分光光度法和二硫腙萃取分光光度法，本实训采用二硫腙萃取分光光度法测定化妆品中铅的含量。

测试样品经预处理消解后，加入柠檬酸铵、盐酸羟胺和氰化钾等，排除铁、铜、锌等离子的干扰。在弱碱性（pH为8.0～9.0）条件下，加入二硫腙应用液（0.001%三氯甲烷溶液），样液中的Pb^{2+}与二硫腙作用生成红色螯合物，其吸光度与Pb^{2+}在一定范围内成正比。用三氯甲烷提取后，用分光光度法比色测定，与铅标准曲线比较，即可得到样品的铅含量。

二硫腙萃取分光光度法用于化妆品中铅的测定，其最低检出量为1.0μg铅，即若取1g样品测定，则最低检出浓度为1mg/kg。

【仪器与试剂】

仪器：722(721)型分光光度计、电热板、消化管、分液漏斗、容量瓶、移液管、刻度管、比色管、量筒、锥形瓶、烧杯、天平、无铅脱脂棉。

试剂：氨水（1∶1）、硝酸（1%、1∶1、浓）、盐酸（1∶1）、硫酸（10%、浓）、过氧化氢（30%）、高氯酸、酚红指示剂、盐酸羟胺溶液（20%）、柠檬酸铵溶液（20%）、氰化钾溶液（10%）、三氯甲烷、二硫腙应用液（0.001%三氯甲烷溶液）、铅标准溶液、去离子水。

样品：雪花膏、指甲油和香水。

【实训步骤】

1. 样品预处理

（1）湿式回流消解法：称取约1.00g雪花膏或指甲油试样，置于消化管中，水浴加热使瓶颈上样品熔化，流入消化管底部。随同试样做试剂空白。

加入10ml浓硝酸及数粒玻璃珠，由低温至高温加热消解，当消解液体积减少到2～3ml，移去热源，冷却，然后加入2～5ml高氯酸，继续加热消解，缓缓摇动，使溶液均匀，消解至冒白烟，消解液呈淡黄色或无色。将消解液浓缩至约1ml。冷却至室温，定量转移到10ml具塞比色管中，加水定容至刻度。

（2）浸提法（本方法不适用于含蜡质样品）：称取约1.00g香水，置于10ml比色管中。随同试样做试剂空白。

先在水浴上挥发香水中部分乙醇（注意不能蒸干）。加入2ml浓硝酸、5ml过氧化氢，摇匀，于沸水浴中加热2小时，冷却至室温，加水定容至刻度。

2. 标准铅溶液与样品测定

（1）标准系列溶液和样品液的配制：取9个125ml分液漏斗，编号为0～8。0～5号分别加入0ml、0.10ml、0.20ml、0.30ml、0.40ml、0.50ml铅标准溶液，各补加1%硝酸溶液至总体积为50ml。分别取5ml已处理好的雪花膏、指甲油和香水样液，加到6～8号分液漏斗中，加水至总体积为50ml。然后向样品溶液（6～8号）、试剂空白（0号）及铅标准溶液（1～5号）中各加2ml 20%柠檬酸铵溶液、1ml盐酸羟胺溶液、2滴酚红指示剂，用氨水调节至红色出现，然后向各分液漏斗中加入2ml 10%氰化钾溶液，混合均匀。准确加入5ml二硫腙应用液，剧烈振摇，提取1分钟，静置分层，在分液漏斗下颈部塞入少许无铅脱脂棉，然后将三氯甲烷层滤入比色管中。

（2）吸光度A的测定：参照722（721）型分光光度计的使用方法，选择波长λ=510nm和相应的灵敏度档，以空白溶液为参比溶液，以三氯甲烷调零，分别测定各标准溶液的吸光度和待测样品溶液的吸光度。记录于附表6-2。

【数据记录与处理】

1. 测定吸光度的记录

附表6-2 吸光度测定值

实验序号	0	1	2	3	4	5	6	7	8
样品名称	空白	铅标准溶液系列					雪花膏	指甲油	香水
吸光度（A）									

2. 标准曲线的绘制　以铅标准液含铅量为横坐标，与其对应的吸光度为纵坐标，绘制标准曲线。

3. 待测样品铅含量的确定　用样品消化液的吸光度于标准曲线上查得测定样液的含铅量（μg）。

样品中铅含量由下式计算。

$$铅的含量=\frac{(m_1-m_0)\times v}{m\times v_1}$$

式中，m_1——从标准曲线查得样液的铅含量（μg）；

m_0——从标准曲线查得的试剂空白的铅含量（μg）；

m——样品质量（g）；

v——样液总体积（ml）；

v_1——测定时样液取用量（ml）。

【注意事项】

1. 参照分光光度计仪器操作说明书进行操作。

2. 铅标准溶液的配制

（1）取纯度为99.9%的金属铅1.000g，加入20ml（1∶1）硝酸，加热使之溶解后转移至1000ml容量瓶中，用水稀释至刻度。此标准溶液1ml相当于1.00mg铅。

（2）移取上述铅标准液（1）10.0ml置于100ml容量瓶中，加入2ml（1∶1）硝酸，用水稀释至刻度，此溶液1ml相当于100μg铅。

（3）移取上述铅标准液（2）10.0ml置于100ml容量瓶中，加入2ml（1∶1）硝酸，用水稀释至刻度，此溶液1ml相当于10.0μg铅。

3. 盐酸羟胺溶液的配制　质量分数为20%的溶液。取盐酸羟胺20g，加50ml水溶液，加 2 滴酚红指示剂，加体积比为 1∶1 的氨水调至 pH 为 8.5～9.0，用二硫腙三氯甲烷溶液提取，直至三氯甲烷层绿色不变，再用三氯甲烷洗水层两次。此水层以体积比为 1∶1 盐酸调至酸性，加水至 100ml，备用。

【思考题】

1. 测定吸光度时，为什么要用空白溶液作参比溶液？

2. 测定吸光度时，为什么光源的波长为 510nm？

3. 化妆品样品消解时应注意哪些事项？

（李发胜）